例題形式で実力アップ！

C言語
スタートブック
［改訂第4版］

髙田美樹 Miki Takata

CD-ROM
- Embarcadero C++Compiler 10.2.3
- TeraPad 1.09
- サンプルプログラム収録

技術評論社

ご注意

●本書の画面とプログラム

本書の画面とプログラムは、以下の環境で撮影および動作確認を行っております。

OS	Windows 10
コンパイラ	Embarcadero C++ Compiler 10.2.3
エディタ	TeraPad 1.09
実行環境	コマンドプロンプト
Visual Studio	Visual Studio 2019 16.0.0

●プログラムの著作権

付属CD-ROMに収録しているプログラムの著作権は、全て著者に帰属します。これらのプログラムは、本書の利用者に限り無料でご利用いただけますが、転載や再配布などの二次使用は禁止いたします。

●ソフトウェアの著作権

付属CD-ROMに収録している「Embarcadero C++ Compiler」の著作権はEmbarcadero Technologies,Inc.に帰属します。「Embarcadero C++ Compiler」の使用は、エンドユーザー使用許諾契約の規定に従うものとします。

また、「TeraPad」の著作権は寺尾進氏に帰属します。

●本書の掲載内容

本書に掲載されている内容は、情報の提供のみを目的としています。本書を用いた学習は、必ずお客様自身の責任と判断によって行ってください。情報の運用結果について、技術評論社および著者はいかなる責任も負いません。

また、本書の内容は2019年9月時点のものを掲載しておりますので、ご利用の際には変更されている場合もあります。ソフトウェアはバージョンアップされる場合があり、本書の説明とは仕様が変更されてしまうこともあります。

以上の注意事項をご承諾いただいたうえで、本書をご利用ください。注意事項をお読みいただかずにお問い合わせいただいても、技術評論社および著者はご対応いたしかねます。あらかじめご承知おきください。

●Microsoft Windowsは、Microsoft Corporationの米国およびその他の国における登録商標です。
●エンバカデロ・テクノロジーズ製品の名称は、Embarcadero Technologies, Inc.の米国およびその他の国における商標または登録商標です。
●その他、本文中に記載されている製品の名称は、全て関係各社の商標または登録商標ですなお、本文中に™マークおよび®マークは明記しておりません。

はじめに

　現代社会はコンピュータなくしては成り立ちません。朝起きてから夜寝るまでさまざまな形でコンピュータと接しています。電子レンジはワンタッチでコーヒーを好みの熱さにしてくれますし、生活パターンを学習した冷蔵庫はエコモードで運転して節電してくれます。スマートフォンが電車の遅延を教えてくれたり、重たい資料や本はタブレットに収まっていたりと、コンピュータを搭載した機器を手にしない日はありません。そんな機器を使っていて、「この操作、ちょっとめんどうだな、もうちょっと簡単にできないかな」とか「もうちょっとこんなことができたらいいのにな」と思ったことはありませんか？そんなアイディアを自分で実現できたら、それはとても素晴らしいと思います。もちろん、魅惑的なゲームやスマートフォンアプリが一朝一夕にできるわけではありません。が、ゲームもスマートフォンアプリも、エコ仕様の家電だってソフトウエアの作り方、その基本的な考え方は皆同じです。さあ、パソコン1台と本書1冊を手に、ソフトウエア開発の第1歩を踏み出しましょう。

　本書は、最近のコンピュータ言語のベースとなっているC言語を用いて、ソフトウエア開発の基礎の基礎を学習するお手伝いをするものです。プログラミングの習得には、言語の文法事項をさらっただけでは不十分です。どのように考えればよいのかを図解して丁寧に解説しています。C言語は考え方を表現する手段なのです。本書で学習して、しっかりとした考え方の土台を築いてください。

　このたび、3度めの改訂の機会をいただき、内容を一新いたしました。はじめは文字を表示するだけのプログラムですが、少しずつ少しずつ機能を増やし、1冊丸ごとかけて成績処理を行うプログラムに進化していきます。その過程で文法事項を学び、定番のアルゴリズムを学習します。プログラムの成長とともに、きっと読者の皆さん自身の成長を実感されることでしょう。どんなに優れたプログラマにも必ずはじめの一歩があったはずです。本書が皆さんの「第1歩」のお役に立てれば幸いです。

　なお、実習環境として、エンバカデロ・テクノロジーズ社より「C++ Compiler」を、寺尾進氏よりテキストエディタ「TeraPad」を収録することを快諾いただきました。この場を借りまして、御礼申し上げます。

　最後になりましたが、内容を丁寧に読み込み、プログラムを検証し、細部にわたりアドバイスをくださいました植田那美様に厚く御礼申し上げます。出版の機会を与えてくださり、遅々として進まない執筆にお付き合いくださいました技術評論社の早田様はじめ関係の皆様に深く感謝申し上げます。発刊を迎えることができましたのは、皆様のおかげです。ありがとうございました。

2019年夏　髙田　美樹

目次

CONTENTS

付属CD-ROMの使い方 ……………………………………………… 8
サンプルプログラムのダウンロード ……………………………… 8

第1章 プログラミングやってみよう 9

1-01 プログラミングってなんだろう ……………………………… 10
1-02 実習環境の準備 ……………………………………………… 30
1-03 コンパイラのテスト ………………………………………… 46
1-04 初めて書くCプログラム …………………………………… 53
まとめ …………………………………………………………… 68
Let's challenge ………………………………………………… 70

第2章 計算してみよう 71

2-01 データの型 …………………………………………………… 72
2-02 変数の利用 …………………………………………………… 83
2-03 演算 …………………………………………………………… 99
2-04 データの入力 ………………………………………………… 113
まとめ …………………………………………………………… 120
Let's challenge ………………………………………………… 122

第3章 配列を使ってみよう 123

3-01 配列とは何か ………………………………………………… 124
3-02 配列を利用する ……………………………………………… 128
3-03 配列を使って文字列を扱う ………………………………… 140
まとめ …………………………………………………………… 154
Let's challenge ………………………………………………… 156

第4章 制御してみよう 157

4-01 プログラムの流れを制御する ……………………………… 158
4-02 繰り返し構造1 ……………………………………………… 167
4-03 繰り返し構造2 ……………………………………………… 174
4-04 選択構造 ……………………………………………………… 186

4-05	多分岐	195
4-06	繰り返しと選択の組み合わせ	205
	まとめ	216
	Let's challenge	217

第5章 関数を利用しよう　219

5-01	関数とは	220
5-02	関数定義と関数呼び出し	223
5-03	関数に渡す引数	240
5-04	関数からの戻り値	260
5-05	ライブラリ関数	280
	まとめ	307
	Let's challenge	308

第6章 ポインタを使いこなそう　309

6-01	ポインタって何？	310
6-02	ポインタ変数を使う	316
6-03	配列を指すポインタ	325
6-04	ポインタを並べて配列にする	345
6-05	関数の引数にポインタを指定する	356
6-06	ポインタを関数の戻り値にする	378
	まとめ	394
	Let's challenge	396

第7章 構造体でデータを扱おう　397

7-01	構造体を利用するには	398
7-02	構造体型の変数を使うには	402
7-03	構造体型の配列を使う	414
7-04	関数の引数と戻り値に構造体型を指定する	424
7-05	構造体を指すポインタを利用する	437
	まとめ	465

付録 Visual Studioのインストール　467

	主なライブラリ関数一覧	475
	索引	476

本書の構成

　本書は、7つの章と付録およびCD-ROM1枚で構成されています。プログラミングの学習には、実際にやってみること、実習が不可欠です。そこで、本書では、実習に必要な道具を付属のCD-ROMに収録しました。ですから、Windowsが動くパソコンさえあれば手軽に実習を始められます。

　忙しい読者の皆さんには、効率よく学習していただけるように、サンプルプログラムもCD-ROMに収録しました。けれども、収録されたプログラムをただコピーして実行するだけでは、プログラミングの実力はつきません。そこで、収録プログラムは、わざと不完全なものにしてあります。自分で考えて、正しいプログラムに直さなければ期待どおりの結果は得られません。考えながら作業をすることこそが、実力アップの近道と考えます。

　それでは、各章の内容を簡単にご紹介します。

第1章　プログラミングやってみよう

　実習に必要な環境を整えましょう。CD-ROM のままでは、C 言語の実習を始めることはできません。C コンパイラをパソコンに取り込んで、スタンバイ OK です。コンパイラってなあに？それは、是非本文で。さぁ、始めましょう!!

第2章　計算してみよう

　コンピュータは計算が得意です。でも、電卓のように、1 度限りの結果を得るだけではありません。データを蓄えたり、見やすい形に表現したり…。これからプログラミングを進めていく上で、最も基礎となる項目を学習します。

第3章　配列を使ってみよう

　同じ種類のデータがたくさんある、ということは、よくあることです。表に数値を埋めていく感覚で！一括して扱います。

第4章　制御してみよう

　同じ処理を繰り返したり、どちらか一方を選択したりと、そのときの状況に応じて「自動で」処理を行うための方法を学びます。ここまでくると、だいぶ、それらしいプログラムが書けるようになります。

第5章　関数を利用しよう

　大きな建造物も、元を正せば小さな部品の集まりです。プログラムも同じこと。複雑なソフトウェアを分解し、それをスマートに組み合わせる技を学びましょう。

第6章　ポインタを使いこなそう

　C言語最大の特徴ともいえるポインタも、その意味を理解してしまえば、何も怖いものはありません。関数と組み合わせて大きな力を発揮してもらいましょう。

第7章　構造体でデータを扱おう

　まとまったデータをまとめて扱うのが構造体です。構造体、ポインタ、関数を組み合わせて最後の仕上げをしましょう。

付録　Visual Studio のインストール

　Visual Studio を用いて学習されたい方のために、Visual Studio 2019 のインストール方法を掲載しています。

　以上、本書の内容を簡単にご紹介いたしました。それでは、とにかくやってみましょう。プログラミングの扉を開けるのは、貴方自身です!

付属 CD-ROM の使い方

　付属 CD-ROM には、演習に必要なソフトウェアおよびサンプルプログラムが収録されています。コンパイラのインストールおよび設定については p30、サンプルプログラムの実行方法については、p46 の解説をお読みください。

［インストーラ］フォルダ

　無料版「C++ Compiler」および「TeraPad」のインストーラが収録されています。

［sample］フォルダ

　第1～7章の【基本例】および【応用例】で用いる穴あきプログラムおよび完成プログラムを収録しています。穴あきプログラムは演習用に一部が書かれていません。穴あき部分を補ってから実行してください。一方、完成プログラムは、穴あき部分を補った正しい結果が得られるプログラムです。すべての基本例・応用例について収録しています。各演習の解答例としてご活用ください。完成ファイルをアレンジしてプログラムを進化させていく演習では、修正元のサンプルプログラムとしても使用します。

　rei で始まるファイルが穴あきファイル、sample で始まるのが完成ファイルです。そのあとに、章番号 _ 節番号が続き、k が基本例のプログラム、o が応用例のプログラムです。また、発展やコラムのプログラムは、章番号 _h に続き、章ごとの連番になっています。

［readme.txt］ファイル

　付属 CD-ROM の ReadMe ファイルです。

サンプルプログラムのダウンロード

　CD-ROM ドライブのないパソコンをご利用の場合は、下記のサポートページからプログラムをダウンロードすることも可能です。ダウンロード後、解凍してご利用ください。

https://gihyo.jp/book/2019/978-4-297-10600-3/support

　なお、各種ソフトウェアのインストーラは、サポートページでは配布しておりませんので、下記 URL よりダウンロードしてください。

Embarcadero C++ Compiler

https://www.embarcadero.com/jp/free-tools/ccompiler/free-download

TeraPad

https://tera-net.com/library/tpad.html

第1章

プログラミングやってみよう

「百聞は一見にしかず」何でもやってみることが大切です。パソコン1台と本書1冊さえあれば、C言語によるプログラミングを体験学習することができます。本書付属のCD-ROMまたはダウンロードサービスを活用して、効率よく、確実に、プログラミング技術を身につけてください。まず「やってみよう!」

1 プログラミングってなんだろう

プログラミングやってみよう

これからみなさんが学習するC言語、それを取り巻く世界を俯瞰しておきましょう。

STEP 1　コンピュータに仕事をさせるとはどういうことなのか

　今や、毎日の生活にコンピュータは欠かすことができません。仕事でもプライベートでも連絡はメールやメッセージで行いますし、ちょっとした疑問の解決、目的地の場所やルートの検索など、ブラウザの検索エンジンにお世話にならない日はないことでしょう。業務で文書を作成するのも、予算を立てるのも、プレゼン資料を作成するのも、なんでもパソコンで作業する、という方は少なくないと思います。家庭では、電子レンジや炊飯器、風呂釜、冷蔵庫、ガス台に至るまでマイコンが組み込まれ、私たちは知らず知らずのうちにコンピュータにお世話になっています。

▼ 図1　コンピュータと私たちの生活

　このように、毎日の生活のあらゆる場面で活躍しているコンピュータですが、その仕事は、たった3つに集約することができます。

▼ 図2　コンピュータの仕事

▶本書では一冊まるごとかけて、このような成績処理のプログラムを完成させていきます。始めの章では学生数も少なく、評点と評定をキーボードから入力したりしますが、第7章にたどり着くころには、図3のように、入力ファイルからデータを取り込んで、求める結果をファイルに出力することができるようになります。本書一冊の道のりを根気強く進んでいきましょう。

具体的な例で考えてみましょう。あるクラスの学生の成績情報があったとします。これをコンピュータに読み込ませ、一人ひとりの評点と評定を求めて、一覧表にすることを考えます。クラスの平均点と、誰が最高点だったのかについても、求めます。

▼ 図3　成績情報から成績を集計する

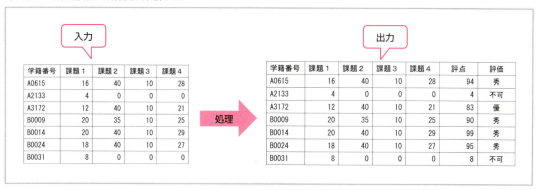

これは、「成績情報を**入力**し、各自の評点と評価、クラスの平均点と最高点を求めるという**処理**を行って、結果を**出力**する」と言い換えることができます。インターネットの検索であっても、炊飯器の炊飯であっても同様です。

▼ 図4 コンピュータの仕事

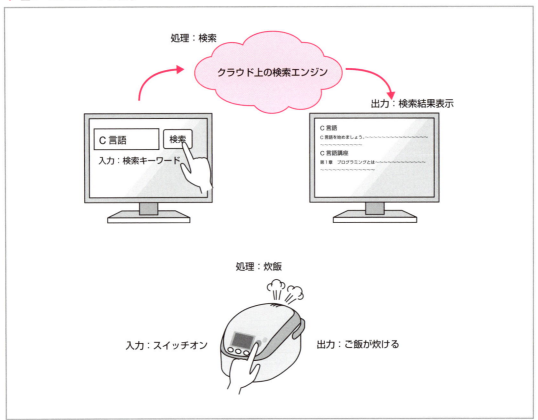

　コンピュータの仕事とは、「入力された情報を加工（処理）して出力する」ことに他なりません。入力は成績ファイルかもしれませんし、スイッチオンかもしれません。出力は、紙かもしれませんし、画面かもしれませんし、燃焼を制御する電子回路基板への信号かもしれません。いずれにしても、重要なのは、

① どのような情報が与えられたとき
② どのような処理を行って
③ どのような結果を得たいのか

を明確にすることです。これらの要求を、コンピュータに全自動で応えてもらうためには、入力の方法や処理の過程、出力の形式など、要求を実現するために必要なあらゆる内容を、あらかじめコンピュータに教えておかなければなりません。そのために必要なのがプログラミング技術です。

STEP 2　プログラミングを学ぶとはどういうことなのか

　コンピュータという「箱」は、与えられた「命令」を忠実に実行する電子回路の集まりです。このような目に見えるものは、**ハードウエア**と呼ばれます。ハードウエアだけでは、仕事をすることはできません。ハードウエアが実行すべき「命令」を与える必要があります。一つひとつ「命令」を与え、手取り足取り教えてあげなければなりません。この「命令の集まり」を**ソフトウエア**といいます。では、コンピュータにどのように「命令」すればよいのでしょうか？

　コンピュータ内部では、あらゆる情報は「0」と「1」で表現されます。数値も、文字も、そして、「足し算しなさい」とか「比較しなさい」という命令まで、「0」と「1」の組み合わせで表現します。こんな感じです。

　　`0100 1000 1111 1101 0111 0011`

　もし、人間がこんな風に「0」と「1」で命令しなければならないとしたら、それはそれは大変です。効率が悪い上に、間違いだらけになってしまいそうです。

▼ 図5　「0」と「1」の羅列にお付き合いするのは勘弁してほしい

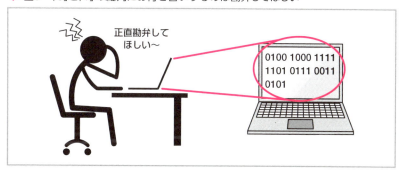

　なんとか人間の言葉に近い言語で「命令」を与えたいのですが、あくまでもコンピュータは「0」と「1」しか理解することができません。

▼ 図6　コンピュータは人間の言葉を理解できない

そこで、コンピュータに命令を与えることに特化した人工的な言語を作り、自動で「0」と「1」の羅列に翻訳することが考えられました。このような言語を**プログラミング言語**といい、自動で翻訳するソフトウエアを**コンパイラ**といいます。翻訳を自動で正確に行うためには、言語仕様を細かく決めなければなりません。つまり、人間の方がちょっとだけ妥協して、規則に従った命令書を作成し、コンパイラが自動翻訳してくれれば、私たちは人間の言葉に近い言語でコンピュータに「命令」を与えることができるというわけです。

▼ 図7　コンパイラによる自動翻訳

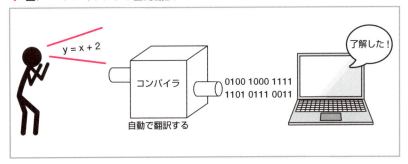

みなさんは、プログラミング言語を学んで、コンピュータに対する「命令書」を作成できる人になってください。「命令書」は**プログラム**と呼ばれ、プログラムを作成する作業を**プログラミング**といいます。

人間の言葉にも、日本語・英語・ドイツ語・・とたくさんあるように、プログラミング言語も、用途に応じてたくさん開発されました。例えば、Windows上で動作する画面を伴ったアプリケーションであれば、Visual C++やJavaなどがよく使われています。ブラウザを使ったインターネットを介したサービスの提供であれば、HTMLとCSS、それにJavaScriptやPHPを組み合わせたシステム構築が考えられます。統計解析やデータマイニングでは、RやPythonが普及していますし、スマートフォンのアプリであればSwiftなど、デバイスに特化した言語を習得する必要があります。C言語はこのようなプログラミング言語の一つです。C言語はハードウエアに直結したプログラムから、画像処理などの各種アプリケーションまで作成できるオールラウンドな言語であると同時に、プログラミング言語の基礎となる言語です。

▶「命令書」といっても、紙の束ではありません。命令が記録されたファイルを指しています。

コラム　プログラミング言語の変遷

1. 機械語

コンピュータが理解できる唯一の言語であり、「0」と「1」の羅列で、あらゆる命令と情報を表現します。機械語で書かれたプログラムは、ハードウエアに直結していて移植性が低く（注1）、また、人間が読むにはあまりにもわかりにくいプログラムです。しかし、機械にとっては、唯一、このまま理解して実行することができる**実行可能プログラム**です。

▼ Figure1　機械語による実行可能プログラム

```
0101001010011101101010100101001111010100100101011010
```

2. アセンブリ言語

機械語の命令を、もう少し人間にわかるような記号に置き換えた言語です。アセンブリ言語の命令と機械語の命令が一対一で対応し、命令を逐一機械語に翻訳して実行します。そのため、高速で処理するプログラムを書くことができますが、機械語同様、移植性の低いものとなります。アセンブリ言語は文字ですから、そのままではコンピュータは理解できません。機械語に翻訳する必要があります。翻訳を行うソフトウエアを**アセンブラ**といいます。

▼ Figure 2　アセンブリ言語によるプログラム

3. 高級言語

もっと人間の言葉に近い形の言語です。C言語もその1つです。JavaやC#なども該当します。アセンブリ言語同様、機械語に翻訳して実行します。より人間の言葉に近いので、効率よくプログラミングを行えますし、言語仕様がハードウエアに依存しないため、移植性の高い（注1）プログラムを書くことができます。高級言語を機械語に翻訳するソフトウエアを**コンパイラ**といいます。

▼ **Figure 3** 高級言語によるプログラム

```
if (taro > itirou)
{
    taro_rank = 'A';
    itirou_rank = 'B';
}
```
ソースプログラム(注2)

→ コンパイラ →

```
010100101001110
101101010100101
001111010100100
10101101010
```
実行可能プログラム

(注1)他の種類のコンピュータ(特にCPUの異なるマシン)でも、プログラムをほとんど手直しすることなく、コンパイルし直すだけで動作することを「移植性が高い」といいます。機械語は、CPU固有の命令ですから、他のCPUのマシンでは全く理解できません。つまり、機械語は「移植性が低い」言語です。

(注2)アセンブリ言語または高級言語で記述されたプログラムのことを**ソースプログラム**といいます。また、ソースプログラムを記録したファイルはソースファイルと呼ばれます。単に「ソース」と称して、両方を指すこともあります。

STEP 3　仕事をさせるには、どのような命令をしたらよいのか

　コンピュータの話を続ける前に、ちょっと寄り道をします。もし、東京から大阪に行くとしたら、どうやって行きますか？新幹線、飛行機、電車、バス、自家用車、オートバイ・・。自転車や徒歩は現実的ではないかもしれませんが、道路が繋がっている限り、不可能ではないでしょう。あなたはどの方法が一番「正しい」と思いますか？

▶東京から大阪に行く方法は、図8のすべてが「正しい」方法です。東京・大阪と言っても広いですから、空港に便利な場所もあれば、新幹線の駅の方が近い場所もあるでしょう。あまりお金がないときは、夜行列車やバスで行くかもしれません。青春の旅行であれば自転車も「あり」でしょうし、江戸時代であれば徒歩かもしくは馬しか方法がありませんでした。つまり、その時の環境や目的に応じていくつかある手段の中から、最もふさわしい方法を「選択」することが求められます。

▼ 図8　東京から大阪に行く方法を選択

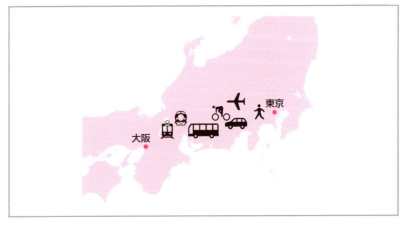

　もう一つ寄り道をします。カレーライスを作りましょう。材料は、牛肉、玉ねぎ、人参、ジャガイモとカレールーです。どうやって作りますか？

① ジャガイモをさいころに切り、水にさらす。
② 玉ねぎをくし形に切る。
③ 人参を乱切りにする。
④ 牛肉を一口大に切る。
⑤ 材料を水とともに鍋に入れ、火にかける。
⑥ 十分に煮込んだら、カレールーを加えて仕上げる。

　こんなところでしょうか。ここで、①から④は、どの順に調理しても問題はありませんね。人参を先に切ろうが、玉ねぎを先に切ろうが、結果は同じになります。しかし、煮込む前には、材料を切った方がいいでしょう。丸のまま煮込んでも、カレーは作れるでしょうけれど、火が通るのに時間がかかりそうです。また、先にカレールーを入れてしまうと焦げてしまうかもしれません。このように、カレー作りには、調理の順番が大切な項目と、どっちが先でもよい項目があります。

▼ 図9　丸のままゆでると時間がかかる

　それでは、いよいよ本題に入りましょう。プログラムを作成するには、プログラミング言語の文法を勉強しなければなりませんが、それだけでは十分ではありません。どのような手順で命令すればコンピュータが思い通りに働いてくれるのかを考える必要があります。東京から大阪に行く手段を選択したり、カレーをおいしく作るための手順を決めたりするのと同じです。このように、目的を達成するための手順を**アルゴリズム**といいます。
　例えば、成績情報からクラスの成績を集計するには、どうしたらよいでしょうか？クラス全体の平均点を求めるだけではなく、最高点や最低点を求めたり、成績順に並べ替えたりしたいときは、どうしたらよいでしょうか？並び替えに

は、すでに確立されたいくつもの方法があり、データの総数や状況などにより、最もふさわしい方法を選択することになります。試験を受けていない人を対象から外すなど、特別な条件を満たした結果を得るためには、手順を自分で考え出さなければなりません。いずれにしても、手順が明確になっていなければ、いくらプログラミング言語の文法に熟知していても、プログラムを作成することはできません。文法とアルゴリズムは、プログラムを作成する上で、互いに欠かすことのできない両輪なのです。

STEP 4 ソフトウエアの開発現場では何が行われているのか

コンピュータは、動き出したら、原則として途中で止めて考え直すことができません。従って、プログラムは、発生するかもしれないあらゆる可能性を考慮し、その時々に対する処理をすべて包含していなければなりません。起こりうるエラーや人間が操作ミスを犯した場合の対処、場合によっては、停電や回線不通などのアクシデントにも対応しなければならないこともあるでしょう。これらのすべてを熟慮し、どんなソフトウエアにするのかを決定する作業を設計といいます。

設計作業は、概ね以下のように行います。

▶ソフトウエア全体を俯瞰してから、詳細を決定していく設計方法を**トップダウン**といいます。これとは逆に、細かい項目を徹底的に洗い出し、その後、まとめていく方法もあります。これを**ボトムアップ**といいます。場面に応じて使い分けます。

▼ 図10 プログラム作成の流れ

問題の分析と基本計画 どんな機能や性能のソフトウエアにするのかを考えます。

↓

外部設計 どんな操作をしたら、どんな結果が得られるようにするのか、操作や表示などの人間が触れる部分を決定します。

↓

内部設計 プログラムやデータをどんな構成にするか、見えない部分の構成を決定します。プログラミング言語の選択を行い、アルゴリズムを考案します。

↓

▶本書の学習の範囲は、コーディング以降です。

コーディング ソースプログラムを作成します。ソースプログラムは、文字だけで構成されたテキストファイルです。そのため、プログラムを打ち込むためのツールとして、テキストエディタを用います。いわゆるワープロソフトでは、テキストファイルにならない場合が多いので、不向きです。

↓

▶コンパイルやリンクのときに発生するエラーは、主に、書かれたプログラムがC言語で定められた文法に違反している場合です。正しく翻訳できるよう、C言語の文法をしっかり学びましょう。

コンパイル・リンク（ビルド） ソースプログラムを機械語に翻訳（コンパイル）し、あらかじめ用意されたプログラムと連結（リンク）して、実行可能プログラムを作成します。プログラムが誤って記述されていると、翻訳することができず、エラーとなります。ソースプログラムを手直しして、エラーがなくなるまで、やり直します。

↓

▶期待した結果にならないことはよくあることです。むしろ一発でうまくいくことの方が稀と言ってもよいくらいです。誤りの原因を探求し、やり遂げてください。デバッグ作業には経験がモノを言います。取り組んでいるうちに、デバッグのツボがわかってきます。諦めずに前進しましょう。

▶期待したとおりの結果が出ないとき、プログラムの間違いを**バグ**といいます。バンキングシステムが一部機能しなくなってしまったり、鉄道の自動改札が動作できなくなってしまったりというトラブルが実際に起きています。原因はプログラムのミス、つまりバグでした。生活の奥深くにまでコンピュータが入り込んでいる昨今では、バグが大きな社会問題になることもあります。デバッグはとても重要な作業です。あらゆる状況を想定してテストすることは、非常に難しいことです。

デバッグ 作成したプログラムを実行してみましょう。期待どおりの結果が出るでしょうか？ワクワクする瞬間ですね！期待した結果が出ないときは、どこかが間違っています。場合によっては問題の分析からやり直さなければならないかもしれません。内部設計やソースプログラムを見直して正しい結果が得られるまでやり直します。このような作業を**デバッグ**といいます。

↓

完成

STEP 5　C言語にはどんな特徴があるのか

ソフトウエアは、Windowsなどのようにハードウエアと直接関わる**基本ソフトウエア**と、ワープロや表計算などのように実際の仕事を行う**アプリケーションソフトウエア**とに分けられます。

C言語は、UNIXという基本ソフトウエア上で動作するユーティリティを開発するために作られました。まるで、大きな施設を建造するために、まず資材を運ぶ道路や鉄道を作ったようなものです。後にUNIXは大部分がC言語で書き換えられました。

▼ 図11　C言語はUNIXとともに普及した

その後、C言語は、優れた特徴のため、アプリケーションソフトウエアの開発にも利用されるようになりました。種々のプログラミング言語が生まれている昨今であっても、画像処理やセキュリティ分野など多くのアプリケーションの開発に用いられています。

C言語の特徴を以下に列挙します。

1. 構造化プログラミング向き言語

プログラムは一度作って終わりではありません。もっと便利に、もっと快適に、という人間の飽くなき欲望に対応したいこともあります。世の中のニーズや環境の変化に対応せざるを得ないこともあります。ですから、「後でプログラムを見たとき、何をやっているのかわからない」「他の人には理解できない」、そのようなプログラムは、たとえ正しい結果が得られたとしても失格です。将来性

▶基本ソフトウエアはオペレーティングシステム (OS) とも呼ばれ、ハードウエアとアプリケーションソフトウエアの間を取り持つ役割を担っています。パソコンで音楽を聞きながらネットサーフィンをし、メールが受信され、時計が動く、こうやっていくつもの仕事を同時にこなすことができるのは、基本ソフトウエアが複数のアプリケーションソフトウエアの交通整理をしているからです。その他、各種周辺機器の制御やメモリの管理など、コンピュータの動作を裏側で支える縁の下の力持ち、それが基本ソフトウエアです。

や拡張性を担保するために、すっきりした、わかりやすいプログラムを書くべきです。そのための技法の一つが「構造化プログラミング」です。C言語は、構造化プログラミングに則った、わかりやすいプログラムが書けるように工夫されています。構造化プログラミングの技法については、第4章でしっかり身につけましょう。

🔴 2. データ型が豊富

　文字や数値などの普通のデータのほか、データが記憶されている場所（アドレス）をデータと同様に扱うことができます。また、データをまとめて扱える仕組みも大きな特徴です。アドレスを扱うポインタについては第6章で扱います。また、データをまとめて扱う仕組みとして、配列は第3章で、構造体は第7章でそれぞれ学習します。

🔴 3. 関数によるモジュール化

　C言語は、すべてのプログラムを「関数」と呼ばれる形式で書きます。関数は、部品のようなものです。どんなに大きくて複雑な建造物、例えばスカイツリーであっても、小さな部品を組み合わせて構築されています。プログラムも小さな部品に分けて作成し、その部品を組み立てることで、効率よく書くことができます。上手に部品に分けることができるかどうかが、プログラミング上達の決め手でもあります。C言語では部品を関数という形で実現します。第5章でしっかり学んでください。

🔴 4. コンパクトな言語仕様

　C言語では「文法」として決められている規則がとても少なく、覚えなければならないことは少ししかありません。そのかわり、ライブラリ関数という便利な関数がたくさん用意されており、入出力や文字列処理などのよく使う機能は、関数を呼び出しさえすれば使えるようになっています。

🔴 5. "低水準"な高級言語

　C言語は、もともと基本ソフトウエアを開発するために作られた言語ですから、それまではアセンブリ言語でしか書けなかったハードウエアに直結した部分のプログラムを書くことができます。本書では、「コマンドプロンプト」と呼ばれる画面で実習を行います。いわゆるマウスで操作する画面ではなく、文字しか扱うことができません。今時‥？と思われるかもしれませんが、技術者としてコンピュータを操る「基本」を身につけましょう。

6. 移植性が高い

　C言語で書かれたプログラムは、特別にハードウエアに密着している部分でなければ、ほとんど変更することなく、コンパイルし直すだけで、別のハードウエアでも実行することができます。このようにどのハードウエアでも通用するプログラムを移植性の高いプログラムといいます。したがって、本書での実習は、ほぼすべての環境で通用する技術となります。

STEP 6 ― **コマンドプロンプトとは何か**

　これから本書で実習するプログラムは、Windowsの画面を伴いません。とは言え、画面がなければ、キーボードから入力することも、結果を表示することもできません。ここでは、人間とコンピュータとのコミュニケーションを担うために、**コマンドプロンプト**という「画面」を使います。ソースプログラムの作成（入力）はテキストエディタで行いますが、コンパイルやプログラム実行の指令、実行結果の表示など、全ての実習をコマンドプロンプト画面で行います。

　コマンドプロンプトは、原則としてマウスが使えません。コンパイルやプログラムの実行など、コンピュータに対する命令は、キーボードから文字列で指令しなければなりません。これを**コマンド**といいます。プログラミングの本質を理解し、体験するために、「画面」というお化粧をとっぱらった裸のコンピュータと付き合っていきましょう。それでは、早速、コマンドプロンプトを体験してみます。

1. コマンドプロンプトの起動

　Windows 10でコマンドプロンプトを起動するには、

① 左下の検索窓に「cmd」と入力します。
② 表示されたコマンドプロンプトをクリックします。表示された黒い画面がコマンドプロンプトです。

▶コマンドプロンプトでコマンドを入力する代わりに、Microsoftが提供しているVisual Studioを利用して実習するという方法もあります。Visual Studioは、ソースプログラムの入力、コンパイル（Visual Studioではビルドと言います）、実行までの一連の操作をWindowsの画面上で行います。このようにソフトウエア開発に関わるすべての作業を一体で行うことができるソフトウエアを統合開発環境（IDE）といいます。実際の開発現場では、作業の効率向上のため、Visual Studioをはじめとした統合開発環境を利用することが少なくありません。本書では、Visual Studioのインストールから使い方までを付録で紹介しています。

▶Macでは、ターミナルが、Windowsのコマンドプロンプトに相当します。Macの場合は、文字コードをutf-8に変更してから実行してください。

▶Windows 7以降には、PowerShellと呼ばれるもう少し高級なアプリケーションも装備されていますが、本書では、より広く使われているコマンドプロンプトを利用します。

1
プログラミングやってみよう

▶**Windows 8.1での操作**
左下のスタートボタンをクリックし、スタート画面を表示させます。
右上の検索アイコン🔍をクリックして「cmd」と入力、コマンドプロンプトをクリックします。

▶**Windows 7での操作**
左下のスタートボタンをクリックし、下部の検索窓に「cmd」と入力、プログラムの項目に表示されたcmdをクリックします。

▼ **図12　コマンドプロンプトの起動**

▼ **図13　起動されたコマンドプロンプト画面**

2. コマンドとプロンプト

コマンドプロンプトの画面には、

　　　`C:¥Users¥user>`

などのように表示されます。この「>」より左側の部分を**プロンプト**といい、現在この画面で作業の対象となっているフォルダを表示しています。これを**カレントフォルダ**といいます。

この例では、C:ドライブの中にあるUsersという名前のフォルダのさらにその中にあるuserという名前のフォルダがカレントフォルダです。また、「>」の右側にはカーソルが表示されます。このようにプロンプトとカーソルが表示されているときは、ユーザからのコマンド入力を待っている状態です。

▶一番右の¥userの部分には、コンピュータにログインしたときのユーザ名が表示されます。お使いの環境によってそれぞれ異なりますので、読み替えてください。

3. コマンドプロンプトの操作

試しにコマンドを入力してみましょう。まず、カレントフォルダを変更してみます。

  cd c:¥

と入力して最後にEnterキーを押してください。

☐はキーボードからの入力を表す

「>」の左側が変更されましたか？カレントフォルダがC:ドライブの直下に変更されました。

つぎに、実習用のフォルダとしてC:ドライブの直下にCstartという名前のフォルダを作成してみます。コマンドプロンプト画面で

  mkdir Cstart

と入力してEnterキーを押してください。

▶mkdirは、フォルダを作成するコマンドです。ここでは、Cstartという名前のフォルダをC:ドライブの直下に作成します。

▶☐で囲んだ部分を入力しEnterキーを押してください。

▶Cstartはフォルダ名です。必ずしもCstartという名前でなければならない、ということではありません。お好みの名前をお使いいただいても支障ありません。

☐はキーボードからの入力を表す

コマンドプロンプト画面には、何も変化がありませんので、Cstartというフォルダが作成されていることをエクスプローラで確認しておきましょう。

24

▶エクスプローラを表示するには、Windows画面下部のタスクバーにある ▣ をクリックします。

▼ 図14　作成したフォルダの確認

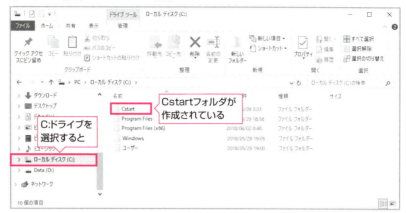

カレントフォルダをCstartに変更しておきましょう。はじめに試したカレントフォルダを変更するコマンドを使います。

☐ はキーボードからの入力を表す

このフォルダは、何もファイルが保存されていない、カラの状態です。エクスプローラで確認してみてください。

▼ 図15　作成したフォルダの中はからっぽ

コマンドプロンプト画面でもフォルダ内のファイルの一覧を確認することができます。

以下のように入力して Enter キーを押してください。

```
dir
```

```
C:¥Cstart>dir
 ドライブ C のボリューム ラベルがありません。
 ボリューム シリアル番号は ****-**** です

 C:¥Cstart のディレクトリ

2017/03/12  00:13    <DIR>          .
2017/03/12  00:13    <DIR>          ..
              0 個のファイル              0 バイト
              2 個のディレクトリ   **,***,***,*** バイトの空き領域

C:¥Cstart>
```

□ はキーボードからの入力を表す

カレントフォルダをC:ドライブの直下に戻してみます。cdコマンドを使います。

▶「..」の意味は、次ページのコラムを参照。

```
C:¥Cstart>cd ..

C:¥>
```
カレントフォルダがc:の直下に戻った

□ はキーボードからの入力を表す

今回使ったコマンド

```
cd
dir
```

は、これからの実習で非常によく使いますので、是非覚えておいてください。

● 4. タスクバーにピン留め

コマンドプロンプトは、C言語の実習を行う上でお世話になるものですから、簡単に起動できるように、タスクバーにピン留めしておきましょう。コマンドプロンプト画面が表示されている状態では、タスクバーにコマンドプロンプトのアイコンがあります。このアイコンを右クリックし、「タスクバーにピン留めする」をクリックしてください。これで、コマンドプロンプト画面を閉じても、タスクバーにはアイコンが残っており、次回からは、ここをクリックすると、簡単にコマンドプロンプト画面を起動することができます。

▶**Windows 8.1の場合**
タスクバーのアイコンを右クリック、「タスクバーにピン留めする」をクリックしてください。

▶**Windows7の場合**
タスクバーのアイコンを右クリック、「タスクバーにこのプログラムを表示する」をクリックしてください。

▼ **図16** コマンドプロンプト画面をピン留め

コラム　ファイルとフォルダ

　皆さんは、ハードディスクなどに、ワープロで作った文書や写真、音楽ファイルなどを日常的に保存していることと思います。文書ばかりでなく、写真や音楽もファイルです。また、ワープロソフトや、これから皆さんが使おうとしているコンパイラも、ファイルです。Windowsそのものがとてつもなく大きなファイルの集合体であり、大容量のハードディスクを備え、あらゆるファイルをハードディスクにしまっておくのが当たり前になりました。このような大きな部屋（ハードディスク）に、どんどん荷物（ファイル）を入れて行ったら、何がどこにあるのか、探すのが大変です。そこで、巨大なハードディスクをいくつかの部屋に分けることにしました。その分けられた部屋を**フォルダ**（またはディレクトリ）といいます。1つのフォルダの中を更にいくつかの部屋に分けたいときには、フォルダの中にフォルダを作ることができます。このようにフォルダが入れ子になっていることを**階層**といいます。

　Windowsでは、複数のハードディスクやUSBメモリを使うことができます。その一つひとつをドライブと言い、アルファベット＋「:」の識別子がつけられています。多くのパソコンでは、Windowsが保存されているメインのハードディスクが「Cドライブ」となっていて「C:」と表します。その直接のフォルダを**ルート**といい、

　　　C:¥

と表します。「直下」と呼ばれることもあります。コマンドプロンプトの練習では、C:ドライブの直下にCstartというフォルダを作成しました。

　次の図は、ハードディスク（C:ドライブ）にファイルやフォルダが保存されている様子を模式的に表したものです。

▼ **Figure 4** ファイルとフォルダの階層構造(Windows)

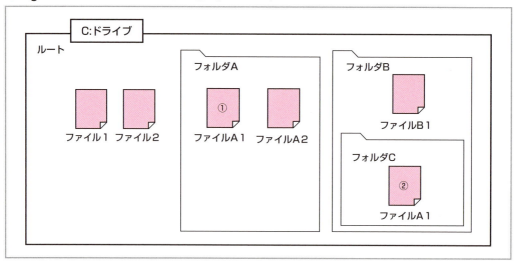

一つひとつのファイルやフォルダは、以下のように表現します。

ルート内に存在するファイルは2つです。ルートの記号「C:¥」に続けてファイル名を指定します。

　　C:¥ファイル1

　　C:¥ファイル2

フォルダも2つあります。同様にフォルダ名を指定します。

　　C:¥フォルダA

　　C:¥フォルダB

フォルダAには、「ファイルA1」と「ファイルA2」という2つのファイルが保存されています。これらは、ルートからフォルダをたどって、

　　C:¥フォルダA¥ファイルA1　　・・・①

　　C:¥フォルダA¥ファイルA2

と表記します。一方、フォルダBにあるファイルは、ファイルB1とフォルダCです。さらにフォルダCには、ファイルA1というファイルが存在しています。これらのファイルは同様に、

　　C:¥フォルダB ¥ファイルB1

　　C:¥フォルダB¥フォルダC¥ファイルA1　　・・・②

と表記します。このような住所(ファイルがどこのフォルダにあるか)付きのファイル名を**パス**といいます。

上の例のように、ルートから順にフォルダをたどって表記するパスを**絶対パス**といいます。図中の①と②は、ファイル名は同じですが、存在している場所が異なります。もしかしたら、内容は同じかもしれませんが、別のファイルとして扱われます。それは、ちょうど、3年A組の鈴木一郎君と、2年C組の鈴木一郎君とは、名前は同じでも別の人物である、というイメージです。

絶対パスは、常にドライブのルートを基準にする表記法ですが、これに対し、ルート以外のフォルダを基準として表記する方法を**相対パス**といいます。たとえば、フォルダBからフォルダC内のファイルA1を表すには、

　　　フォルダC ¥ ファイルA1

となります。相対パスでは、先頭にドライブ名がつきません。相対パスで基準のフォルダより上（外側）の階層を表すには、「..」と書きます。

　たとえば、フォルダBからファイル1を表すには、

　　　..¥ファイル1

と書き、フォルダBからフォルダA内のファイルA 1を指定するには、

　　　..¥フォルダA ¥ ファイルA1

と表記します。

　コマンドプロンプトのcdコマンドでは、絶対パス・相対パスの両方を指定することができます。

● 例）相対パス

カレントフォルダーを内側の階層に移動

カレントフォルダーを外側の階層に移動

● 例）絶対パス

カレントフォルダをルートに移動

□ はキーボードからの入力を表す

プログラミングやってみよう

実習環境の準備

本書付属のCD-ROMからコンパイラをインストールして、実習環境を整えましょう。

▶インストールとは、ソフトウエアをパソコンで使える状態にすることです。

C言語のコンパイラは、有償・無償含めて、いくつもの種類があります。また、C言語を拡張したC++コンパイラを利用しても、C言語のソースプログラムをコンパイルすることができます。どのコンパイラを使っても、同じように実習することができますので、すでにコンパイラをお持ちの方は、それをお使いください。

▶「C++ Compiler」は、無償で利用できるCコンパイラです。使用条件などは、付属のマニュアルをよく読んでください。

ここでは、付録のCD-ROMに収録されている「C++ Compiler」を利用する場合を例に、インストールの方法を説明します。

STEP 1 コンパイラを用意しよう

本書では、C++ CompilerをCD-ROMに収録しています。BCC102.zipをCD-ROMからパソコンにコピーしてください。せっかくですから、先ほど作成したCstartフォルダにコピーすることにしましょう。

▶コピーするフォルダは、Cstartでなくても可能です。ご自分の都合のよいフォルダにコピーしてください。その場合は、「Cstart」をコピーしたフォルダ名に読み替えてください。

▼ 図17　BCC102.zipをパソコンにコピー

▶コピーの方法は、いくつかあります。コピーしたいファイルのアイコンを右クリックしてコピー、コピー先のフォルダを右クリックして貼り付けする方法、ショートカットを使う方法などです。慣れた方法でコピーしてください。

CD-ROMドライブがない方は、以下のURLからダウンロードすることができます。

https://www.embarcadero.com/jp/free-tools/ccompiler/free-download

個人情報を入力の上、ダウンロードしてください。

STEP 2　コンパイラをインストールしよう

　収録されている（または、ダウンロードした）コンパイラは、圧縮されています。下記の手順で解凍してください。

　エクスプローラでBCC102.zipをダブルクリックします。

▼ 図18　保存されたBCC102.zip

　下図が表示され、展開しています。

▼ 図19　展開中

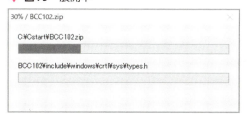

　解凍が終了すると、解凍されたフォルダが表示されます。

▼ 図20　解凍されたフォルダの内容

フォルダの内容が図20のようであれば、コンパイラの解凍は成功です。デスクトップ上にフォルダのアイコンができています。

▶解凍先は、デスクトップ上でなくても構いません。ご都合のよい場所に移動することもできます。

▼ 図21　デスクトップ上のアイコン

図20のフォルダの内容は、これからC++ Compilerを使ってC言語の実習をする上で、すべて必要なものです。さらに、「bin」フォルダの中も見てみましょう。

▼ 図22　binフォルダの内容

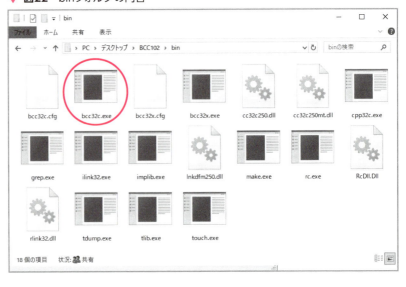

ここに「bcc32c.exe」というファイルがあることを覚えておいてください。

コラム　拡張子を表示させる方法

エクスプローラでは、ファイル名の拡張子が表示されていない場合があります。拡張子は、ファイルの種類を明示するものですから、表示しておくことをお薦めします。エクスプローラ画面の「表示」タブをクリックし、「ファイル名拡張子」の項目にチェックを入れてください。

▼ Figure 5　拡張子の表示

Windows 8.1では、Windows 10と同様に設定します。Windows 7では、以下の手順で設定します。

エクスプローラの「整理」メニュー（①）から「フォルダと検索のオプション」（②）を選択します。

▼ Figure 6　フォルダオプションの表示（Windows 7）

「表示」タブ（③）をクリックします。

▼ **Figure 7** フォルダオプション画面1（Windows 7）

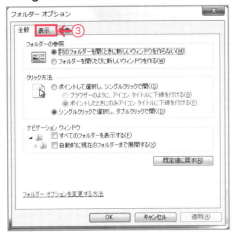

詳細設定を下方にスクロールして（④）、「登録されている拡張子は表示しない」のチェックを外します（⑤）。「適用」「OK」をクリックします（⑥、⑦）。

▼ **Figure 8** フォルダオプション画面2（Windows 7）

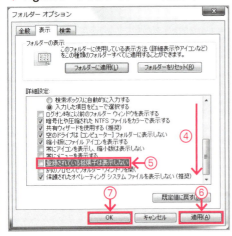

STEP 3　コンパイラを認識させよう

　今インストールしたC++ CompilerがどのフォルダにC保存されているのかを、コンピュータに知らせておかなければなりません。そのような作業を**パスの設定**といいます。手順は以下のとおりです。

画面左下の検索窓に「コントロールパネル」と入力（①）すると、図23のように「コントロールパネル」が選択できます。これをクリックします（②）。

▼ 図23　コントロールパネルの表示

「表示方法」が「大きいアイコン」または「小さいアイコン」（③）のときは、図24のような画面が表示されますので「システム」をクリックします（④）。

▼ 図24　コントロールパネル1

「表示方法」が「カテゴリ」（⑤）のときは、図25のような画面が表示されますので、「システムとセキュリティ」をクリックします（⑥）。

▼ **図25　コントロールパネル2**

「システム」をクリックします（⑦）。

▼ **図26　システムプロパティ**

　表示方法がどちらであっても、以下の画面が表示されますので、画面左の「システムの詳細設定」をクリックしてください（⑧）。

▼ **図27　システム**

「システムのプロパティ」画面が表示されます。「環境変数」ボタンをクリックします（⑨）。

▼ **図28　システムのプロパティ**

環境変数画面が表示されます。この画面でC++ Compilerがどこにあるのかをパソコンに知らせる設定を行います。

この設定を現在ログインしているユーザだけに適用したい場合には図29の上段（○○のユーザ環境変数）を、お使いのパソコンにログインできる全てのユーザに適用したい場合には、下段（システム環境変数）を使います。ユーザ環境設変数（上段）・システム環境変数（下段）のいずれにしても、Pathの行をクリックして選択（⑩）してから「編集」ボタンをクリックしてください（⑪）。「path」の項目がない場合は、「新規」ボタンをクリックして図34に進んでください。

▶ここでは、上段の「ユーザ環境変数」を編集していきます。慣れていない方は、こちらがお勧めです。

▼ 図29　環境変数

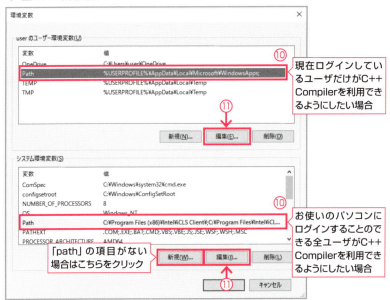

▶特に、下段の「システム環境変数」の編集を失敗しますと、最悪の場合、Windowsを通常に起動することができなくなることがあります。

環境変数は、パソコンのシステムにとって非常に重要な情報が記録されています。**作業は慎重に行ってください**。

「path」の項目がすでにあり、「編集」ボタンをクリックして図30の画面が表示されている場合は、ここから続きます。

1行目が選択されているときは、空白部分をクリックして選択を解除してください（⑫）。

▶変数値に表示される内容は、お使いのパソコンにより異なります。図と同じでなくても全く問題ありません。そのまま操作を続けてください。

▼ 図30　パスと追加する画面

それから「参照」ボタンをクリックします(⑬)。

▼ **図31　環境変数を追加する**

コンパイラを解凍したフォルダ内の「bin」フォルダを選択し(⑭)、「OK」をクリックして画面を閉じます(⑮)。

▼ **図32　フォルダの参照**

コンパイラのパスが追加されていることを確認してください。

▼ **図33** コンパイラのパスが追加されている

図33のOKボタンをクリックして画面を閉じ（⑯）、環境変数画面・システムのプロパティの順に「OK」をクリックして画面を閉じてください。これでパスの設定は終了です。正しく設定できたかどうかのテストに進んでください（p41）。

「path」の項目がなく、「新規」ボタンをクリックして図34の画面が表示されているときは、ここから続きます。
変数名に「path」と入力し、ディレクトリの参照をクリックしてください。

▼ **図34** 「path」の項目がないとき

図32の画面が開くので、同様にコンパイラを解凍したフォルダ内の「bin」フォルダを選択し、「OK」をクリックして画面を閉じます。これで「path」の項目とコンパイラのパスの指定ができました。順に画面を閉じてください。

パスの設定が正しく行えたかどうかテストしてみましょう。コマンドプロンプトを起動し、

　　bcc32c

と入力し[Enter]キーを押してください。以下のように表示されれば、パスの設定は成功しています。

▼ 図35　コンパイラのテスト

```
C:\Users\user>bcc32c
Embarcadero C++ 7.30 for Win32 Copyright (c) 2012-2017
Embarcadero Technologies, Inc.
bcc32c.exe: error: no input files

C:\Users\user>
```

▶プロンプトに表示されているカレントフォルダがどのフォルダであっても同じ結果になります。C:ドライブの直下であっても、ログインユーザのフォルダであっても同じです。

▶コンパイルすべきソースファイルを指定していないというエラーメッセージが表示されていますが、このエラーが出るということは、コンパイラは正しく実行されているということです。次のステップで、ソースプログラムを指定して、実際にコンパイルします。

▶パスの設定に失敗しているときは、
「'bcc32c' は、内部コマンドまたは外部コマンド、操作可能なプログラムまたはバッチファイルとして認識されていません。」
と表示されます。パスの設定をやり直しましょう。

今、コマンドプロンプトで「bcc32c」と入力したのは、binフォルダ内の「bcc32c.exe」というファイルを実行したことに他なりません。図22で確認しておいたことを思い出してください。

▼ 図36　binフォルダの内容

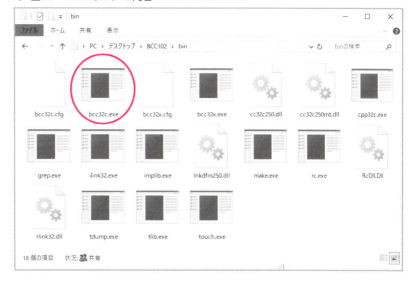

このようにアプリケーションを実行するための入力がコマンドであり、コマンドが入力されたとき、そのアプリケーションがどこにあるのかをコンピューターに知らせる作業がパスの設定なのです。

以上でコンパイラの準備ができました。

STEP 4 テキストエディタを準備しよう

最後に、ソースプログラムを作成するためのテキストエディタを準備します。ソースプログラムは、文字のみで構成しますので、Wordのようなワープロソフトは不向きです。Windowsでは、標準で「メモ帳」というテキストエディタが使えますが、もう少し機能が充実したエディタが無料で入手できます。ここでは、TeraPadというテキストエディタのインストール方法を紹介します。

▶テキストエディタであれば、どのソフトウエアでも支障なく実習できます。すでに使い慣れたエディタがある方は、そちらをお使いください。

本書のCD-ROMに収録してあるtpad109.exeを「Cstart」フォルダにコピーし、エクスプローラで、このファイルをダブルクリックしてください（①）。

▶CD-ROMドライブのないパソコンをお使いの方は、制作者のホームページからダウンロードすることができます。以下のURLからダウンロードしてください。
https://tera-net.com/library/tpad.html

▼ **図37** TeraPadのインストール開始

▶Tpad109.exeをコピーするフォルダはCstartでなくてもよいです。都合のよいフォルダにコピーしてください。

「はい」をクリックして（②）許可してください。

▼ **図38** インストールを許可

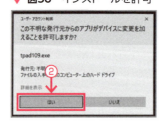

42

「次へ」をクリックして（③）進みます。

▼ 図39　TeraPadのインストール手順1

「次へ」をクリックして（④）進みます。

▼ 図40　TeraPadのインストール手順2

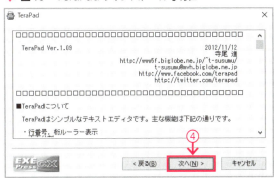

インストールするフォルダを指定しますが、特に変更する必要がなければこのまま「次へ」をクリックします（⑤）。

▼ 図41　TeraPadのインストール手順3

インストールするフォルダがないとき、自動で作成することを許可するため「はい」をクリックします（⑥）。

▼ **図42** TeraPadのインストール手順4

最後に「次へ」をクリックします（⑦）。これでテキストエディタのインストールは完了です。

▼ **図43** TeraPadのインストール手順5

試しにデスクトップに作成されたショートカット（　　）をダブルクリックして起動してみましょう。

▼ **図44** TeraPadの画面

▶最初は、難破しそうな小さな船ですが、だんだんと大きな船に成長していきましょう。

以上で準備は整いました。いよいよC言語の大海原に漕ぎ出しましょう。

1-02 実習環境の準備

コラム C言語の歴史

　C言語は、1972年、アメリカAT&Tベル研究所で生まれました。生みの親は、この研究所のDennis M.Ritchieという研究員です。当時、彼は、ミニコンピュータのオペレーティングシステム（基本ソフト）を開発していました。オペレーティングシステムは、コンピュータのハードウエアを動かす中核となるソフトウエアですから、機械語のように機械に直結したプログラムが書けて、なおかつ、高級言語のように人間の言葉に近く、さらにハードウエアを変更しても、そんなに書き換えなくてもよいような、そんな都合のよいプログラミング言語が欲しかったのです。そこで、まず、プログラミング言語と、それを翻訳するコンパイラを自ら作ることにしました。B言語と呼ばれていた言語を改良しました。B言語もオペレーティングシステムを開発するために作られた言語でした。Bの次に開発されたので、「C言語」と名づけられたと言われています。

　生みの親、Ritchieは、Brian W.Kernighanと一緒にC言語のきまりを「The C Programming Language」（注1）という本にしました。この本は、「K&R」という愛称で、C言語を志すプログラマの教科書でもあり、また、C言語の規格書でもありました。

　C言語は、始めはオペレーティングシステム用に作られた言語でしたが、使ってみるとアプリケーションの開発にも便利でしたので、ミニコンピュータばかりではなく、もっと小さなパーソナルコンピュータや、もっと大きな大型コンピュータでも動くCコンパイラが開発されるようになりました。みんなが使うようになると、新しい機能が追加されたり、もともとK&Rでは曖昧だった点があったりと、コンパイラによって、少しずつ微妙に文法が異なる"方言"ができてしまいました。そこで、1989年ANSI（American National Standards Institute：米国国内規格協会）が細かい規格をまとめました。さらに、1990年には、ISO（International Organization for Standardization：国際標準化機構）規格も制定されました。これで、Cも立派な国際人になったのです。日本でも、1993年JIS X3010が制定されました。その後、ISOの規格は、1999年、ならびに2011年（注2）の2度の改訂を経て、現在に至っています。多くのコンパイラは、ISOの規格に沿ったものですが、開発の進捗などにより、必ずしも最新の規格であるとは限りません。本書に収録しているC++ Compilerは1999年の規格に準拠していますので、本書も原則として1999年の規格に則っています（注3）。

（注1）日本語訳は、石田晴久訳「プログラミング言語C」共立出版
（注2）1999年に制定された規格はC99、2011年に制定された規格はC11と呼ばれます。
（注3）最新の規格でなくても、プログラミングを学習する上で何ら支障はありません。

1-03 コンパイラのテスト

プログラミングの前に、コンパイルから実行にいたる作業の過程を体験しつつ、コンパイラの動作確認をしておきましょう。

STEP 1　テスト用ソースファイルを用意しよう

付属CD-ROMの「インストーラ」→「source」フォルダから「test.c」というファイルを「C：¥Cstart」にコピーします。

▼ **図45**　テスト用ソースファイルのコピー

CD-ROMの内容を表示するウインドウと「C：¥Cstart」の内容を表示するウインドウを並べて開き、図のようにファイルのアイコンをドラッグすると、コピーできます

▶ファイルコピーの方法は、他にもいくつかありますので、慣れた方法で行ってください。CD-ROMドライブのないパソコンをお使いの方は、技術評論社ホームページよりダウンロード可能です。下記URLよりダウンロードし、解凍してください。

https://gihyo.jp/book/2019/978-4-297-10600-3/support

まずは、テキストエディタで「test.c」の内容を表示してみましょう。test.cをドラッグして、TeraPadのアイコンに重ねると、TeraPadが起動してtest.cの内容を表示することができます。

1-03 コンパイラのテスト

▶テキストファイルをTeraPadなどのテキストエディタで表示する方法は、いくつもあります。慣れた方法で操作してください。

▼ 図46　TeraPadでtest.cを表示する

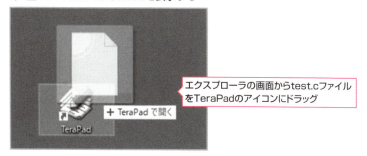

エクスプローラの画面からtest.cファイルをTeraPadのアイコンにドラッグ

▼ 図47　test.cの内容

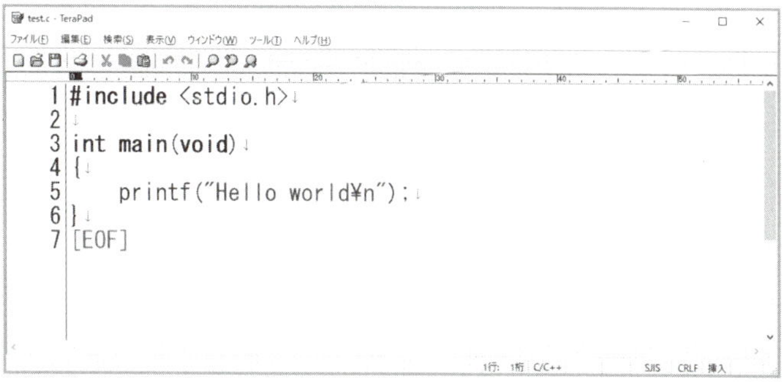

```
1  #include <stdio.h>
2
3  int main(void)
4  {
5      printf("Hello world\n");
6  }
7  [EOF]
```

これが、C言語で書かれたソースプログラムです。これから、皆さんは、このようなソースプログラムを作っていくことになります。

STEP 2　コンパイルして実行可能ファイルを作成しよう

ソースファイルが用意できたら、次は、コマンドプロンプトを起動し、このソースプログラムをコンパイルしてみましょう。そのためには、まず、コマンドプロンプトのカレントフォルダを「Cstart」に切り替える必要があります。コマンドプロンプトに以下のコマンドを入力して Enter キーを押してください。

　　cd　c:\Cstart

▼ 図48　カレントフォルダの変更

```
Microsoft Windows [Version 10.0.14393]
(c) 2016 Microsoft Corporation. All rights reserved.

C:\Users\user>cd c:\Cstart

c:\Cstart>
```

□ はキーボードからの入力を表す

47

ここで、カレントフォルダの内容を確認してみましょう。

　　dir
と入力して[Enter]キーを押してください。

▼ **図49**　カレントフォルダの内容

```
C:¥Cstart>dir
 ドライブ C のボリューム ラベルがありません。
 ボリューム シリアル番号は ****-**** です

 C:¥Cstart のディレクトリ

2019/05/02  16:45    <DIR>          .
2019/05/02  16:45    <DIR>          ..
2019/06/09  15:03         47,420,607 BCC102.zip
2019/06/09  18:49                 71 test.c
2019/06/09  07:47            795,127 tpad109.exe
         3 個のファイル         48,215,805 バイト
         2 個のディレクトリ   **,***,***,*** バイトの空き領域

C:¥Cstart>
```

ソースプログラムが
保存されている

　　□ はキーボードからの入力を表す

　テスト用のソースプログラムtest.cが保存されているのが確認できましたか?

　それでは、いよいよコンパイルしてみましょう。

　　bcc32c　ファイル名
で、指定のソースファイルをコンパイルします。ここでは、カレントフォルダに保存されている「test.c」という名前のソースファイルをコンパイルしたいのですから、

　　bcc32c test.c
と入力して[Enter]キーを押します。

▶ファイル名は、test.cのように
拡張子まで入力してください。

▼ **図50**　test.cのコンパイル

```
C:¥Cstart>bcc32c test.c
Embarcadero C++ 7.20 for Win32 Copyright (c) 2012-2016
Embarcadero Technologies, Inc.
test.c:
Turbo Incremental Link 6.75 Copyright (c) 1997-2016
Embarcadero Technologies, Inc.

C:¥Cstart>
```

▶コンパイラの版によって
「7.20」「6.75」でないことが
あります。数字は気にしないで
ください。

　　□ はキーボードからの入力を表す

1-03 コンパイラのテスト

ここで、もう一度、フォルダ内のファイルの一覧を表示してみましょう。

▼ **図51** コンパイル後のカレントフォルダの内容

```
C:¥Cstart>dir
 ドライブ C のボリューム ラベルがありません。
 ボリューム シリアル番号は ****-**** です

 C:¥Cstart のディレクトリ

2019/05/02  16:48    <DIR>          .
2019/05/02  16:48    <DIR>          ..
2019/06/09  15:03        47,420,607 BCC102.zip
2019/06/09  18:49                71 test.c
2019/06/09  19:02            62,464 test.exe      ← ファイルが増えている
2019/06/09  19:02            65,536 test.tds      ←
2019/06/09  07:47           795,127 tpad109.exe
              5 個のファイル        48,343,805 バイト
              2 個のディレクトリ  **,***,***,*** バイトの空き領域

C:¥Cstart>
```

□ はキーボードからの入力を表す

ファイルが増えていますね。それぞれのファイルの内容は以下のとおりです。

▼ **表1** ファイルの内容

ファイル名	ファイルの種類	説明
test.c	ソースファイル	プログラムが書かれています。テキストファイルなので、テキストエディタで内容を確認できます
test.tds	シンボルテーブル	コンパイラやデバッガ（デバッグ用のツール）が利用する情報を持ったファイルです。内容を確認することはできません
test.exe	実行可能ファイル	機械語に翻訳されたファイルです。このままコンピュータで実行することができます

STEP 3 コンパイルしたプログラムを実行してみよう

さあ！できたばかりの実行可能ファイル「test.exe」を実行してみましょう。コマンドプロンプトに

    test.exe

と入力して Enter キーを押してください。

Hello world

と表示されましたか?

▶実行するときは、拡張子「.exe」を省略して「test」だけの入力でも可能です。

▶このテストプログラムは、コマンドプロンプトの画面に「Hello world」と表示するプログラムです。

▶Visual Studioを利用したい方は、巻末付録に利用方法を掲載しています。

▼ 図52　実行の様子

```
C:¥Cstart>test.exe
Hello world
C:¥Cstart>
```

□ はキーボードからの入力を表す

以上でコンパイラのテストは終了です。

プログラミングアシスタント　**「Hello world」が表示されなかった方へ**

　今回は、CD-ROMから正しいプログラムをコピーし、コンパイルから実行に至る過程を試してみました。プログラムは正しいのですから、「Hello world」が表示できなかった原因は、インストールの仕方、または、コマンドの指定の仕方に限られます。症状別に原因を探っていきましょう。

● 症状1

　コンパイルしようとしたら、「'○○'は、内部コマンドまたは外部コマンド、操作可能なプログラムまたはバッチ ファイルとして認識されていません。」というエラーメッセージが出た。

● 原因1

　コマンドを正しく打ちましたか? bcc32c に続くファイル名の前には半角スペースが必要です。エラーメッセージ中の○○に入力したコマンドが表示されますから、確認してください。→p48

● 原因2

　パスの設定が正しくできましたか?→p34

● 症状2

　コンパイルしようとしたら「bcc32c.exe: error: no such file or directory: 'test'」が出た。

● 原因

　コマンドプロンプトでコンパイルのコマンドを打ち込んだとき、ファイル名を正しく拡張子まで指定しましたか? →p48

症状3
コンパイルしようとしたら「`bcc32c.exe: error: no such file or directory: 'test.c'`」が出た。

● 原因

コマンドプロンプトのカレントフォルダを、ソースプログラムのあるフォルダに切り替えてありますか？ `dir`コマンドでカレントフォルダにソースプログラムがあるかどうか確認してみましょう。→p47

症状4
実行しようとしたら「`'test.exe'` は、内部コマンドまたは外部コマンド、操作可能なプログラムまたはバッチ ファイルとして認識されていません。」が出た。

● 原因1

コンパイルが完了しましたか？ `dir`コマンドで`test.exe`ができているかどうか確認してみましょう。→p49

● 原因2

コマンド（コンパイルしてできた実行可能ファイル名）の入力に誤りはありませんか？ファイル名の打ち間違えの例として、全角と半角、「.」（ピリオド）の過不足、半角空白の抜け、などが考えられます。なお、コマンドプロンプトでは、大文字と小文字は区別しませんので、「`TEST.EXE`」のように大文字であっても問題はありません。→p50

コラム　ファイル名の仕組み

Windowsでは、ファイル名を2つの部分に分けて扱います。「.」の前の部分と後ろの部分です。前の部分がファイルに固有の名前を与える、狭い意味でのファイル名です。そして、後ろの部分は、ファイルの種類を規定する、**拡張子**です。両方合わせたものが正式なファイル名となります。

▼ Figure 9　正式なファイル名

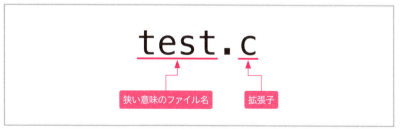

ですから、拡張子を見ると、そのファイルがどんなファイルなのかを知ることができます。たとえば、「運動会のお知らせ.docx」という名前のファイルは、Wordで作成された文書であることがわかり、このファ

イルを開くためには、Wordを起動しなければならない、ということをシステムが知っていることになります。これを、**ファイルの関連付け**といいます。

(注)エクスプローラでは、ファイルには、関連付けられているソフトウエアのアイコンが表示されます。このアイコンが拡張子を代弁しており、拡張子そのものは表示しない設定になっている場合があります。が、拡張子は、ファイルにとって、重要な要素のひとつですから、表示されるように設定を変更しておかれることをお勧めします（p33）。

p48で、コンパイルするために入力したコマンド

```
bcc32c   test.c
```

は、bcc32c.exeという実行可能プログラムを起動するコマンドです。コマンドプロンプトでは、コマンドとして指定できるのは、実行可能ファイル（.exe）、バッチファイル（.bat）などに限られます。

そのため、拡張子が省略された場合は、実行可能な拡張子を持つファイルを探し出して実行してくれます。そして、コンパイルがうまくいったら、ソースファイルと同じ名前の実行可能ファイルtest.exeを生成したのです。p49では、

```
test.exe
```

と、ファイル名を拡張子まで指定しましたが、

```
test
```

とだけ指定しても、実行することができます。コマンドプロンプトは、実行可能ファイルtest.exeを探して実行し、画面に

```
Hello world
```

と表示したというわけです。

拡張子には、様々なものがあります。

▼ **表A** 拡張子の例

拡張子	ファイルの種類
c	C言語で書かれたソースファイル
exe	実行可能ファイル
dll	exeファイルが必要とする実行可能ファイル。dllファイル単体では実行することはできません
bat	コマンドを書き並べたテキストファイル
cpp	C++言語で書かれたソースファイル
txt	テキストファイル
docx	Wordで作られる文書ファイル
xlsx	Excelで作られる表計算ファイル
bmp	画像ファイル
jpg	
png	

プログラミングやってみよう

1 04

初めて書くCプログラム

はじめてC言語のプログラムを書いてみましょう。

基本例 1-4　　C言語でソースプログラムを作成し、コンパイル、実行までしてみましょう。

学習
STEP 1

C言語プログラムはどのような形式で記述するのか

C言語は、比較的決まりごと（文法）が少ない言語ですが、則るべき形式があり、概ね以下のように記述します。

▶ 左側の数字は行番号です。入力する必要はありません。

▼ **図53**　C言語プログラムの形式

```
1  #include <stdio.h>
2
3  int main(void)
4  {
5
6    return 0;
7  }
```

▶「標準入出力」のための記述なので、画面への表示や、キーボードやファイルからの入力などをしないプログラムでは、記述する必要はありません。しかし、実行結果が正しいかどうかを確認するためには、画面への表示は不可欠であり、事実上、ほぼすべてのプログラムに必要なものです。詳しくは、第5章で学びます。

原則として、半角英数文字を使います。大文字と小文字も違うものとして区別します。まず、1行ずつ見ていきましょう。

▶ よくある誤りとして、stdioをstudioと入力してしまうことがあります。「スタジオ」ではありません。「標準入出力」ですので、ご注意ください。また、stdioとhとの間にあるのは「.（ピリオド）」です。「,（カンマ）」と間違えないようにしましょう。

1行目：ここでは、画面に何かを表示したり、キーボードから入力したりするために必要なもの、という程度に考えていてください。stdioは、Standard Input Outputの略、つまり、「標準入出力」という意味です。今は、とにかく「おまじない」のように始めに書く、と思っていてください。

▶ int main(void) という記述の他に、int main(int argc , char[] argv) という記述が可能です。詳細は、5章で紹介します。

3行目：プログラムがここから始まることをコンパイラに伝える文です。どんなに大きなプログラムでも、小さなプログラムでも、必ず1つだけ記述します。

53

▶{}の外側に記述を追加することもあります。それは第5章で学びます。

4行目と7行目:「ここから」「ここまで」がプログラムです、という印です。この間に命令を記述します。これから、この間がどんどん増えていきます。

6行目:プログラムの結果として0を「返す」という意味の文です。コンパイラによっては、省略できる場合もあります。今は、最後の〆くらいに思っていてください。

▶詳しくは第5章で学びます。

STEP 2 ソースプログラムを作成しよう

　ソースプログラムをテキストエディタに入力してみましょう。このプログラムは全て小文字です。

▼ 図54　TeraPadで入力した画面

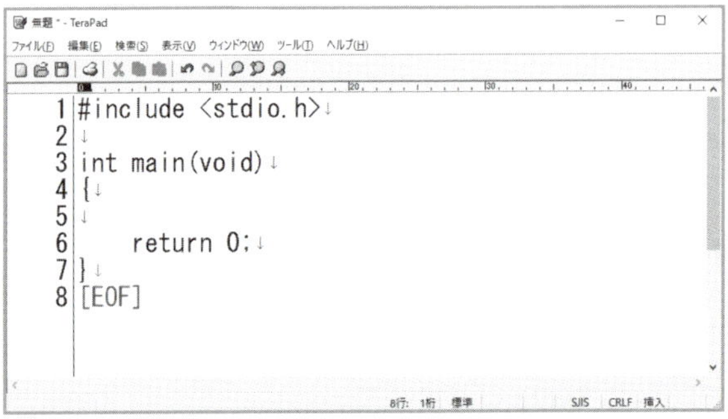

```
#include <stdio.h>

int main(void)
{

    return 0;
}
[EOF]
```

▶ファイル名はお好みの名前で構いませんが、拡張子は「.c」でなければなりません。

▶章ごとにフォルダを分けて保存するなど、保存に工夫をすることをお勧めします。

▶TeraPadのタイトルバーにある「無題」の右についた「＊」は、まだ保存していないテキストがある、という意味の印です。保存作業を行うと、「＊」は消え、テキストの修正を行うと現れます。

　入力したソースファイルを保存します。本書では、章ごとにプログラム番号を付けています。ここでは、先ほど作成したCstartフォルダに「sample1_4k.c」というファイル名で保存することにします。ファイルメニューの「名前を付けて保存」を選択し、図55のように保存してください。

▼ 図55　名前を付けて保存

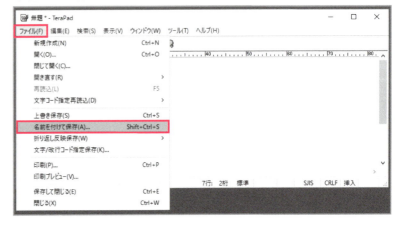

1-04 初めて書くCプログラム

▼ 図56 TeraPadでソースファイルを保存

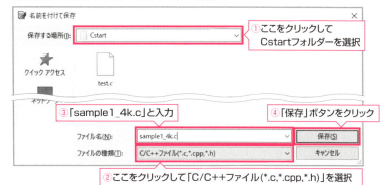

▶本書では、章に合わせてソースファイルに名前を付けています。ここでは、第1章04の基本例のプログラムなので「sample1_4k.c」としました。応用例では「k」を「o」に替えます。ファイル名はお好みの名前を付けて構いません。その場合には、適宜読み替えてください。

これで、ソースファイルが作成できました。

STEP 3 コンパイルして実行可能ファイルを作成しよう

コマンドプロンプトを起動して、カレントフォルダを「Cstart」に変更し、保存されているファイルを確認しておきましょう。

▼ 図57 コマンドプロンプト画面でファイルの確認

```
Microsoft Windows [Version 10.0.17763.437]
(c) 2018 Microsoft Corporation. All rights reserved.

C:\Users\user>cd c:\Cstart          ← カレントフォルダを変更するコマンド

c:\Cstart>dir          ← 保存されているファイルを確認するコマンド
 ドライブ C のボリューム ラベルがありません。
 ボリューム シリアル番号は ****-**** です

 c:\Cstart のディレクトリ

2019/05/02  16:56    <DIR>          .
2019/05/02  16:56    <DIR>          ..
2019/06/09  15:03        47,420,607 BCC102.zip
2019/06/10  11:47                60 sample1_4k.c    ← ここに、sample1_4k.cが保存されている
2019/06/09  18:49                71 test.c
2019/06/09  19:02            62,464 test.exe
2019/06/09  19:02            65,536 test.tds
2019/06/09  07:47           795,127 tpad109.exe
               6 個のファイル          48,343,865 バイト
               2 個のディレクトリ  **,***,***,*** バイトの空き領域

c:\Cstart>
```

□ はキーボードからの入力を表す

ファイルが確認できたら、コンパイルしますが、その前に、もう一度、ソースファイルが正しく保存されているかどうかを確認しておきましょう。もし、TeraPadのタイトルバーに表示されているファイル名の右側に「*」が付いていたら、上書き保存してください。

▼ 図58　保存されていないソースプログラムを保存する

それでは、いよいよコンパイルしましょう。

▼ 図59　ソースプログラムのコンパイル

改めて、Cstartフォルダ内のファイルを確認してみましょう。実行可能ファイル「sample1_4k.exe」が作成されていますか？

▼ 図60　実行可能ファイルの確認

```
C:\Cstart>dir          ←もう一度、保存されているファイルを確認するコマンド
ドライブ C のボリューム ラベルがありません。
ボリューム シリアル番号は ****-**** です

 C:\Cstart のディレクトリ

2019/05/02  17:44    <DIR>          .
2019/05/02  17:44    <DIR>          ..
2019/06/09  15:03        47,420,607 BCC102.zip
2019/06/10  11:47                58 sample1_4k.c
2019/06/10  12:05            61,952 sample1_4k.exe   ←コンパイルが成功して、実行可能ファイルが作成された
2019/06/10  12:05            65,536 sample1_4k.tds
2019/06/09  18:49                71 test.c
2019/06/09  19:02            62,464 test.exe
2019/06/09  19:02            65,536 test.tds
2019/06/09  07:47           795,127 tpad109.exe
               8 個のファイル          48,471,351 バイト
               2 個のディレクトリ  **,***,***,*** バイトの空き領域

C:\Cstart>
```

　　　　　　　　　　　　　　　　　　　　　　　　　　☐ はキーボードからの入力を表す

コンパイルが成功して、実行可能ファイルが作成されたら、さっそく実行してみましょう。作成した実行可能ファイル名がコマンドになります。

▼ 図61　実行

```
C:\Cstart>sample1_4k.exe   ←作成した実行可能ファイルを実行するコマンド
                           ←何も表示されない
C:\Cstart>
```

　　　　　　　　　　　　　　　　　　　　　　　　　　☐ はキーボードからの入力を表す

実行しても、何も表示されませんでした。それもそのはず、まだ命令を何も書いてないのですから、コンピュータは、何もしてはくれません。しかし、以上の作業は、これからC言語を学習していくにあたり、常にベースとなります。ソースプログラムの作成、コンパイル、実行までの流れをしっかり押さえてください。

実習の手順は以下の3ステップです。

▶新しいプログラムを作成するとき、慣れないうちは、まず、図54のプログラムを作成し、一度コンパイル・実行してから、新しい内容に取り組むことをお勧めします。

▼ **図62　実習の手順**

① テキストエディタ（例えばTeraPad）でソースプログラムを作成。拡張子は.c。

② コマンドプロンプトでコンパイル（コマンドはbcc32c ファイル名.c）。

③ コンパイルエラーが発生したら、①にもどってソースプログラムを修正し、②のコンパイルを再度行う。エラーがなくなるまで繰り返す。
エラーがなく実行可能ファイル（拡張子が.exeのファイル）が生成されたら、実行（コマンドは実行可能ファイルのファイル名）。

コラム　エラーメッセージの見方

コンパイラの設定についてはp50でテストが完了していますから、正しくコンパイルや実行ができない原因として、今度は、ソースプログラムの誤りが考えられます。コンパイルしたときに発生したエラーを取り除くためのヒントとして、コンパイラが示してくれるエラーメッセージを活用しましょう。

多くのコンパイラでは、コンパイルエラーが発生したとき、エラーメッセージを表示します。そこには、エラーが発生したソースプログラム名と誤りがありそうな行番号、エラーなのか警告なのか、そしてエラーの内容が表示されます。下図はC++ Compilerの場合です。

▼ **Figure 10　エラーメッセージ**

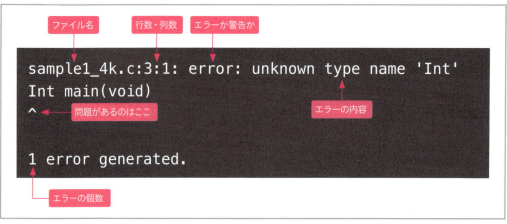

エラーメッセージには、大きく分けて、「エラー」と「警告」の2種類があります。エラーは、コンパイラがお手上げ状態であり、実行可能ファイルは作成できません。一方、警告は、問題はあるものの、実行可能ファイルは生成してくれます。警告の内容によっては、支障なく実行できることもありますが、正しい実行

結果が得られないこともあります。ですから、警告であっても、その原因を把握し、対処するようにしましょう。

　上のエラーの例は、sample1_4k.cの3行目1列目の「Int」の「I」が大文字であるため、「unknown type name」つまり、「コンパイラが知らない型名(注)だ」と言っています。これから、様々なエラーメッセージに遭遇するわけですが、ここでは、エラーメッセージがどのようなもので、どのような形式で表示されるのか、ということを見ておいてください。個々のエラーの原因については、これから学習していく過程で、その都度紹介します。

　プログラムは、一連の命令の集まりですから、1つの誤りのために、たくさんのエラーメッセージが表示されることもありますし、必ずしも表示された行数のところが誤っているのではない場合もあります。どのようなときに、どのような対処をしたらよいのか、そのノウハウをこれから積み上げていきましょう。

(注)型名については、第2章で学びます。

プログラミングアシスタント　コンパイル・ビルドが成功しなかった方へ

　よくある誤りについて、エラーメッセージの解説、ならびに原因と対処法を例示します。

● エラー1

```
bcc32c.exe: error: no such file or directory: 'sample1_4k.c'
bcc32c.exe: error: no input files
```

　コンパイルしようとしたら、sample1_4k.cというファイルが見つからなかった、と言っています。次の点を確認してみましょう。

● 確認1
　コマンドプロンプトのカレントフォルダは、ソースファイルが保存されているフォルダと一致していますか?

▼ **Figure 11** ソースファイルが保存されているフォルダの確認

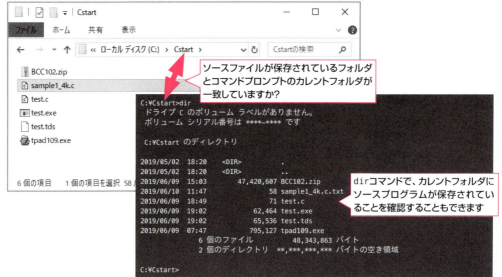

● 確認2

ファイル名や拡張子は正しいですか?

TeraPadで保存するとき「ファイルの種類」の選択を忘れると、拡張子が「.txt」になってしまいます。また、ファイル名の指定を間違えていませんか?コマンドプロンプトのdirコマンドで確かめてみましょう。

▼ **Figure 12** ファイル名の確認

```
C:¥Cstart>dir
 ドライブ C のボリューム ラベルがありません。
 ボリューム シリアル番号は ****-**** です

 C:¥Cstart のディレクトリ

2019/05/02  18:20    <DIR>          .
2019/05/02  18:20    <DIR>          ..
2019/06/09  15:03        47,420,607 BCC102.zip
2019/06/10  11:47                58 sample1_4k.c.txt
2019/06/09  18:49                71 test.c
2019/06/09  19:02            62,464 test.exe
2019/06/09  19:02            65,536 test.tds
2019/06/09  07:47           795,127 tpad109.exe
               6 個のファイル          48,343,863 バイト
               2 個のディレクトリ  **,***,***,*** バイトの空き領域

C:¥Cstart>
```

ファイル名の最後に.txtが付いてしまっていませんか?
ファイル名が間違っていませんか?

□ はキーボードからの入力を表す

1-04 初めて書くCプログラム

● 確認3

コマンド名を間違えていませんか？

コマンドプロンプトの画面を遡って、コンパイルしたときのコマンドを確認しましょう。拡張子まで正しく指定しましたか？

▼ **Figure 13** 拡張子が付いていない

```
C:¥Cstart>bcc32c sample1_4k
```
　　　　　　　　　　　　　　　　　　　　　　　　　　　　拡張子を指定していない

　　　　　　　　　　　　　　　　　　　　　　　　□ はキーボードからの入力を表す

● 対策

拡張子まで含め、正しいソースファイル名を指定して、もう一度コンパイルしましょう。

▼ **Figure 14** 拡張子を付ける

```
C:¥Cstart>bcc32c sample1_4k.c
```

　　　　　　　　　　　　　　　　　　　　　　　　□ はキーボードからの入力を表す

◉ エラー2

ソースプログラムに誤り（多くは入力ミス）があると、エラーになります。よくある間違いは以下のとおりです。間違っていないかどうか、もう一度確認しておきましょう。

▼ **Figure 15** ソースプログラムのエラーとエラーメッセージ

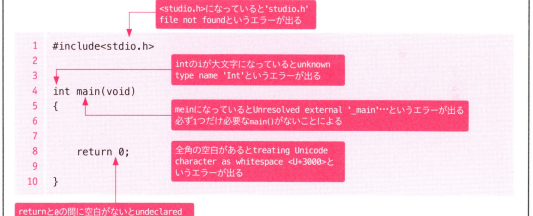

特に、全角の空白は見えないため、発見が難しく、「見えない敵」です。TeraPadでは、全角の空白を可視化する機能がありますので、ぜひ以下のように設定して見えない敵を丸見えにしておきましょう。

TeraPadの表示メニュー→オプションで表示された画面において「表示」タブで全角空白に☑を入れます。

▼ **Figure 16** 全角の空白を丸見えに

● エラー3

ソースを修正したにも関わらず、エラーが解消できないときは、保存を忘れていませんか? TeraPadのタイトルバーに「*」が表示されていないか、確認しましょう。また、コマンドプロンプトのtypeコマンドを使うと、コマンドプロンプトでもソースプログラムの内容を確認することができます。

▼ **Figure 17** コマンドプロンプトにソースプログラムを表示

```
C:¥Cstart>type sample1_4k.c
#include <stdio.h>

int main(void)
{
            return 0;
}

C:¥Cstart>
```

☐ はキーボードからの入力を表す

　コンパイラが読み込んだ内容と全く同じものが表示されるため、上書き保存のし忘れや、保存フォルダの誤りに気づくことができます。また、全角文字が半角文字2つ分の幅で表示され、テキストエディタでは発見しづらい誤りも見つけやすくなります。

▼ **Figure 18** コマンドプロンプトでソースプログラムを表示して誤りを発見

```
C:¥Cstart>type sample1_4k.c
＃ include <stdio.h>
```

全角は2倍の幅で表示

☐ はキーボードからの入力を表す

1-04　初めて書くCプログラム

応用例 1-4

コマンドプロンプト画面に氏名と年齢を表示しましょう。

▼ **実行結果**

```
私の名前は紫式部です
年齢は28才です
```

学習

STEP 4　画面に表示するにはどうしたらよいのか

いよいよ、命令を記述していきましょう。C言語では、命令の終わりを明示するため、最後に必ず「；（セミコロン）」を付けます。

▼ **図63　命令の終わり**

文 ；　　　　　　　　　　　　　　　　　　文の終わりには必ず「；」

C言語では、「；」のついた1つの命令を文といいます。

最初に学ぶ文は、画面に文字を表示するものです。以下のように書きます。

```
printf(" 表示したい文字 ¥n");
```

▶「"」は、半角英数文字でなければなりません。全角の記号ではエラーになりますので、ご注意ください。

▶「¥」と「n」は半角で入力してください。「¥」の役割について、詳しいことは、第2章で学習します。

▶規格では、「\（バックスラッシュ）」と定められていますが、国内の多くのパソコンでは、「¥」と表示されます。詳細は第2章に譲りますが、「¥」と「\」は同じものです。本書では、「¥」と表記します。

▶MacとLinuxでは「\」と表示されます。

「"」と「"」の間に文字を書くと、実行したとき、コマンドプロンプトの画面に書いた文字が表示されます。□内に限り、全角のかな漢字文字を記述することができます。

ここで、「¥n」は、改行を表す記号のようなものです。「¥」と「n」との2文字で「改行」という1つの記号を表現します。

STEP 5　複数の文を記述するにはどうすればよいのか

2つ以上の命令をしたいときは、「；」で区切った文をならべて書きます。複数の文を{ }で囲ったものを**ブロック**または**複文**といいます。

```
printf(" 表示したい文字1 ¥n");
printf(" 表示したい文字2 ¥n");
```

63

プログラムは、原則として、上から順に実行します。この場合、

▼ 図64　表示順

```
表示したい文字1
表示したい文字2
```

▶上から順に実行しないことも
あります。第4章で学びます。

の順に表示されます。

STEP 6　注釈（コメント）をつけよう

　プログラミング言語は、あくまでもコンピュータに話しかける言語ですから、人間の立場では「記号」の固まりです。この文が何をする文なのか、注釈（コメント）を付けておくことで、より読みやすいプログラムになります。注釈部分を**コメント文**といいます。コメント文は、次の2通りの記述があります。

● /*と*/で囲む

　/*と*/で囲まれた部分はコメント文になります。複数行にわたってコメント文を記述することができます。

● //より右側に書く

　//より右側でその行の終わりまでがコメント文になります。

▶かな漢字文字が使えるのは、
「"」と「"」の間と、コメント文
の2つだけです。それ以外は、
すべて半角文字を使います。

　コメント文は、どこに書いても、また、何を書いても構いません。かな漢字文字も使えます。コメント文はコンパイルされないので、プログラムを実行したとき、何の影響も及ぼしません。

● **CD-ROM ≫**

元のファイル…rei1_4o.c
完成ファイル…sample1_4o.c

● プログラム例

　本書では、プログラム入力ミスによる学習の躓きをできるだけ軽減するために、添付のCD-ROMにプログラム例を用意しました。けれども、用意されたプログラムをコンパイルして実行してみるだけでは、何の勉強にもなりません。そこで、不完全なプログラムを用意しました。このままでは、コンパイルのときにエラーが出たり、正しい結果が得られなかったりします。間違いを直し、不完全な部分を修正してみましょう。「間違い探し」はとてもよい勉強になります。

▶ソースプログラムは、技術評
論社サイトよりダウンロードす
ることができます。下記URLよ
りダウンロードし、解凍してく
ださい。
https://gihyo.jp/book/
2019/978-4-297-10600-3/
support

1-04　初めて書くCプログラム

▶学校などでプログラミングを学習するときは、自分でゼロからソースプログラムを作成し、試行錯誤して実行結果を得るものなのかもしれません。しかし、先生や友達の助けがない独学の環境で初学される方にとっては、ちょっとした入力ミスを発見することが難しく、そのためにプログラミングの学習を挫折してしまうことが少なくありません。穴あきプログラムを上手に利用することが、学習をやり遂げる一助となれば幸いです。

▶TeraPadでソースプログラムを表示する方法はp47を参照してください。

まず、「rei1_4o.c」をCD-ROMの「sample」フォルダから実習用のフォルダ（本書ではCstart）にコピーし、このファイルの内容を確認しましょう。

▼ 図65　ソースプログラムを表示

まず、このままコンパイルしてみてください。コンパイルは正常に終了しませんでしたね。どんなエラーが出ましたか?

▼ 図66　コンパイルの結果

□ はキーボードからの入力を表す

▶ここでは、紫式部さんを例にしています。

エラーメッセージは、8行目の式の後に「;」が足りないといっているようです。どこを直したらいいでしょうか? 今までの学習内容を参考に修正してみてください。それから、空白の部分に名前も追加しましょう。

8行目を次のように修正してください。

名前を追加

printf("私の名前は紫式部です¥n");

半角文字で「;」を追加

65

もう一度コンパイルしてみましょう。正常に終了したら、実行してみてください。画面に名前が表示できましたか？

▼ **図67** 正しくコンパイルできた

```
c:¥Cstart>bcc32c rei1_4o.c
Embarcadero C++ 7.30 for Win32 Copyright (c) 2012-2017 Embarcadero Technologies, Inc.
rei1_4o.c:
Turbo Incremental Link 6.90 Copyright (c) 1997-2017 Embarcadero Technologies, Inc.

c:¥Cstart>rei1_4o
私の名前は紫式部です

c:¥Cstart>
```

☐ はキーボードからの入力を表す

1行表示できたら、2行目も追加、コンパイルして実行してみましょう。このとき、printf文の前に[tab]キーを使って空白を入れておくと、プログラムの「ここから」「ここまで」がはっきりします。

▶このように、ソースプログラムに同時にいくつもの変更を加えるのではなく、1つずつ変更しては、コンパイルし、実行して確かめる、という作業を繰り返して実習を進めていくことをお勧めします。

▼ **図68** 完成したソースプログラム

▼ **図69** 実行結果

```
c:¥Cstart>bcc32c rei1_4o.c
Embarcadero C++ 7.30 for Win32 Copyright (c) 2012-2017 Embarcadero Technologies, Inc.
rei1_4o.c:
Turbo Incremental Link 6.90 Copyright (c) 1997-2017 Embarcadero Technologies, Inc.

c:¥Cstart>rei1_4o
私の名前は紫式部です
年齢は28才です
c:¥Cstart>
```

☐ はキーボードからの入力を表す

1-04 初めて書くCプログラム

コラム　　**読みやすいプログラムにするために（1）…プログラムの体裁**

　C言語の規則では、プログラムを書く位置には規則がありません。順序さえ間違えなければ、どのように書いてもいいのです。応用例1-4のプログラムは、以下のように書いても正しい結果を得ることができます。

```
#include <stdio.h>
int main(void){    printf("私の名前は紫式部です¥n");printf("年齢は28才です¥n");return 0;}
```

　上のプログラムと応用例1-4のプログラムを比べて見てください。どちらが読みやすいでしょうか。
　プログラムを書いているときにはわかっていても、時間が経つと何をどう考えてプログラムを書いたのかを忘れてしまったり、他の人が見て、理解できなかったりすることがよくあります。C言語には規則はないのですが、以下のような形式でプログラムを書くことを、お勧めします。

▼ **Figure 19**　読みやすいプログラムにするために

```
 1    /*******************************
 2    名前と年齢を表示するプログラム
 3    *******************************/
 4    #include <stdio.h>
 5
 6    int main(void)
 7    {
 8        printf("私の名前は紫式部です¥n");    //名前の表示
 9        printf("年齢は28才です¥n");          //年齢の表示
10
11        return 0;
12
13    }
```

はじめにプログラムの機能（タイトル）を説明するコメント文を書く。作成日や作成者を書くこともある

1行あける

各文の内容を説明する簡単なコメント文を付ける

1行には1つの文だけを書く

ブロック内ではTabキーを使って字下げをする

{と}の位置を揃える

　字下げとは、文を左端から書くのではなく、tabキー1個分の空白を入れることです。字下げをすることによって、ブロックの範囲がはっきりします。字下げをしていなくても、プログラムは問題なくコンパイルできますし、動作もできます。しかし、字下げをすることで、ブロックの視認性は格段に増します。学習が進みにつれてプログラムの構造が複雑になってきたとき、大きな力を発揮しますので、今から癖をつけておきましょう。スペースキーではなく、tabキーを使う理由は、2つあります。

① tabキーを使うことで、文の先頭が揃いやすくなります。

② 全角モードであっても、tabは半角になるため、期せずして、全角の空白を入力してしまうリスクが減ります。なにしろ空白は見えないので、厄介です。

読みやすいプログラムにするために、是非字下げを励行してください。

まとめ

● ファイルとフォルダ

	説明	例
絶対パス	ルートを基準に記述	c:¥Cstart¥sample1_4k.c
相対パス	ルート以外を基準に記述	カレントフォルダがc:¥Cstartであるときsample1_4k.c

● C言語の形式とわかりやすい工夫

```
/************************
プログラムのタイトル（日本語も可）
*************************/
#include <stdio.h>

int main(void)
{
    命令群
    //適宜コメントを入れる
}
```

tab キーによる字下げ

● 覚えておきたいコマンドプロンプトのコマンド

dir	カレントフォルダに保存されているファイルとフォルダの一覧を表示
cd	カレントフォルダの変更（絶対パスも相対パスも可能） 例） 内側のフォルダに移動： cd フォルダ名 外側のフォルダに移動： cd ..
type	テキストファイルの内容を表示
bcc32c	C言語のソースファイルをコンパイル

68

1-04 初めて書くCプログラム

● 実行の手順

① テキストエディタ（例えばTeraPad）でソースプログラムを作成します。拡張子は.cです。

   ↓

② コマンドプロンプトでコンパイル（コマンドは`bcc32c ファイル名.c`）します。

   ↓

③ コンパイルエラーが発生したら、①にもどってソースプログラムを修正し、②のコンパイルを再度行います。エラーがなくなるまで繰り返します。

エラーがなく実行可能ファイル（拡張子が.exeのファイル）が生成されたら、実行（コマンドは実行可能ファイルのファイル名）します。

Let's challenge 文字を組み合わせて絵を描こう

画面に文字を組み合わせた絵を表示してみましょう。

▼ **実行結果**

```
c:¥Cstart>sample1_x
    *
   ***
  *****
 *******
*********

c:¥Cstart>
```

(注)「Let's challenge」の解答は、「sample」フォルダに収録されています。

第 2 章

計算してみよう

　コンピュータが得意なのは、なんと言っても計算すること。計算式をプログラムしておけば、大量のデータをどんどん計算してくれます。電卓とは違う世界を体験してみましょう。

計算してみよう

データの型

昨今、コンピュータは生活のあらゆる場面で欠かせないものとなっており、取り扱うデータは多岐にわたります。多様なデータを、コンピュータはどのように記憶し、取り扱っているのでしょうか？コンピュータの頭の中を覗いてみよう！

STEP 1　コンピュータ内部では、データはどう表現されているのか

　健康診断を思い浮かべてみてください。氏名や血液型は文字データですが、年齢や身長は数値データです。さらに数値データを細かく分けると、年齢は整数、身長や体重は小数点のついた実数です。C言語の学習に入る前に、これらのデータが、コンピュータ内部でどのように表現されているのかを学んでいきましょう。

　コンピュータ内部では、あらゆる情報は「0」と「1」の組み合わせで表されます。整数データも、実数データも、文字データも、さらには、コンピュータに対する命令までも、コンピュータが扱うすべてが「0」と「1」だけで構成されています。その表現方法は、データの種類ごとに異なります。

1. 整数は2進数で表現される

　「0」と「1」は2通りしかありませんが、これが2個並んでいると、

　00　　01　　10　　11

の4通り（2^2通り）、つまり、整数の0から3までが表現できます。3つ並べれば

　000　　001　　010　　011
　100　　101　　110　　111

0から7までの8通り（2^3通り）、同様に、4つ並べれば0から15までの16通り（2^4通り）・・・、と、並べる「0」または「1」の数を増やしていけば、大きな整数を扱うことができます。ここで、1つの「0」または「1」を**1ビット(bit)**と呼びます。2個であれば2ビット、4個であれば4ビットです。ビット数により表現できる整数の最大値は次の表のようになります。

2-01 データの型

▼ 表1　ビット数と表現できる最大値

ビット数	表現できる範囲の最大値		
	10進数	2進数	2のべき乗
1	1	1	$2^1 - 1$
2	3	11	$2^2 - 1$
3	7	111	$2^3 - 1$
4	15	1111	$2^4 - 1$
8	255	1111 1111	$2^8 - 1$
16	65,535	1111 1111 1111 1111	$2^{16} - 1$

　各ビットは、2のべき乗を表しており、乗数がビット番号に対応しています。各ビットの2のべき乗を使うと、2進数を10進数に変換することができます。

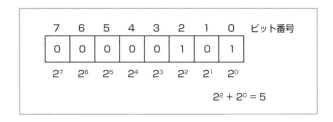

　255は10進数では3桁ですが、2進数では8桁と、桁の数が多くなります。コンピュータにとっては、それが唯一無二の表現方法ですが、人間にはちょっと辛いです。そこで、人間向きに、4ビットずつまとめて16進数で書き表すことがよくあります。C言語では、10進数と区別するために、16進数の数値の前に「0x」と書きます。

▶16進数では、1桁で16通りの数値を表しますが、9より大きいものは、数字が足りないので、A～FまたはA～fを使います。2進数で8桁必要な数値は、16進数では2桁ですみ、人間には16進数の方が扱いやすいと言えます。

▶8ビットを束ねて**1バイト(byte)**といいます。
　1byte = 8bit
バイトとビットは、コンピュータにおける基本単位です。

▼ 表2　整数の表現

10進数	2進数(内部表現)	16進数	10進数	2進数(内部表現)	16進数
0	0000 0000	0x00	8	0000 1000	0x08
1	0000 0001	0x01	9	0000 1001	0x09
2	0000 0010	0x02	10	0000 1010	0x0a
3	0000 0011	0x03	11	0000 1011	0x0b
4	0000 0100	0x04	12	0000 1100	0x0c
5	0000 0101	0x05	13	0000 1101	0x0d
6	0000 0110	0x06	14	0000 1110	0x0e
7	0000 0111	0x07	15	0000 1111	0x0f

10進数	2進数 (内部表現)	16進数	10進数	2進数 (内部表現)	16進数
16	0001 0000	0x10	24	0001 1000	0x18
17	0001 0001	0x11	25	0001 1001	0x19
18	0001 0010	0x12	26	0001 1010	0x1a
19	0001 0011	0x13	27	0001 1011	0x1b
20	0001 0100	0x14	28	0001 1100	0x1c
21	0001 0101	0x15	29	0001 1101	0x1d
22	0001 0110	0x16	30	0001 1110	0x1e
23	0001 0111	0x17	31	0001 1111	0x1f

2. 負の整数は2の補数で表現される

それでは、負の数はどうしたらよいでしょうか？ 数値を表す一連のビットのうち、最も左のビット（最上位ビット）に特別な意味を持たせました。すなわち、最上位ビットが0であれば正の数を、1であれば負の数を表すと決めたのです。これを**符号ビット**といいます。図1は、8ビットの場合です。

▼ 図1　ビットデータにおける符号ビット

ここで、

　　`0 - 1`

の計算を8ビットの2進数でやってみましょう。10進数では0から1を引くと、繰り下がりが起きるので、`10 - 1`を計算しますね。2進数でも同じです。ただし、2進数の`10 - 1`は、10進数では`2 - 1`と同等です。つまり、2進数では`10 - 1 = 1`となります。

▼ 図2　8ビットの2進数の引き算

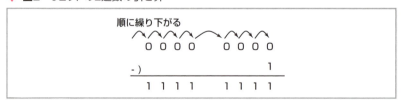

図2のように左（上位）のけたから順に繰り下がりが発生し、答えはすべて1になりました。これが2進数で表した「-1」です。-2 -3も同様に考えることができます。次の表を参考にしてください。

▼ 表3　負の整数の表現

10進数	2進数(内部表現)	16進数
-1	1111 1111	0xff
-2	1111 1110	0xfe
-3	1111 1101	0xfd
-4	1111 1100	0xfc

3. 実数は、小数点をずらして表現する

実数も2進数で表すことができます。たとえば、10進数の0.5は分数では$\frac{1}{2}$ですから、べき乗で表現すると、2^{-1}となり、2進数では0.1と表現します。同様に、10進数の5.75は、

$$5.75 = 4 + 1 + \frac{1}{2} + \frac{1}{4} = 2^2 + 2^0 + 2^{-1} + 2^{-2}$$

となり、2進数では101.11です。さらに、これは1.0111×2^1と表すことができます。

ここでは、これ以上の詳細は省略しますが、上記で求めたような「1」と「0」の並び、2のべき乗の値、そして、符号という3つの情報に分けて表現されています。小数点をずらして表現するので、**浮動小数点数**と呼ばれています。

▶浮動小数点数の表現形式は複数あり、ここで紹介したのはIEEE754形式といいます。詳細は他書に譲ります。

▼ 図3　浮動小数点数の構成

▶ここでは概念を理解するためにこのような表記にしましたが、実際には「指数部には127を加える」「仮数部の先頭の1は書かない」などのきまりがあります。

以上見てきたように、1つの数値を何ビットで表しているのか、ということは、非常に重要です。全体が何ビットなのかがわからないと、符号ビットがどこにあるのかわかりませんし、何よりどこからどこまでが1つのデータなのかがわからなければ、数値を理解することができません。

4. 文字は文字コードで表現される

文字も、「0」と「1」の組み合わせで表します。規格により、次の表のように決まっており、これをASCII文字コードといいます。

▼ **表4** 文字の表現

文字	2進数	10進数	文字	2進数	10進数	文字	2進数	10進数
NUL	0000 0000	0	+	0010 1011	43	V	0101 0110	86
SOH	0000 0001	1	,	0010 1100	44	W	0101 0111	87
STX	0000 0010	2	−	0010 1101	45	X	0101 1000	88
ETX	0000 0011	3	.	0010 1110	46	Y	0101 1001	89
EOT	0000 0100	4	/	0010 1111	47	Z	0101 1010	90
ENQ	0000 0101	5	0	0011 0000	48	[	0101 1011	91
ACK	0000 0110	6	1	0011 0001	49	¥	0101 1100	92
BEL	0000 0111	7	2	0011 0010	50	]	0101 1101	93
BS	0000 1000	8	3	0011 0011	51	^	0101 1110	94
HT	0000 1001	9	4	0011 0100	52	_	0101 1111	95
LF	0000 1010	10	5	0011 0101	53	`	0110 0000	96
VT	0000 1011	11	6	0011 0110	54	a	0110 0001	97
NP	0000 1100	12	7	0011 0111	55	b	0110 0010	98
CR	0000 1101	13	8	0011 1000	56	c	0110 0011	99
SO	0000 1110	14	9	0011 1001	57	d	0110 0100	100
SI	0000 1111	15	:	0011 1010	58	e	0110 0101	101
DLE	0001 0000	16	;	0011 1011	59	f	0110 0110	102
DC1	0001 0001	17	<	0011 1100	60	g	0110 0111	103
DC2	0001 0010	18	=	0011 1101	61	h	0110 1000	104
DC3	0001 0011	19	>	0011 1110	62	i	0110 1001	105
DC4	0001 0100	20	?	0011 1111	63	j	0110 1010	106
NAK	0001 0101	21	@	0100 0000	64	k	0110 1011	107
SYN	0001 0110	22	A	0100 0001	65	l	0110 1100	108
ETB	0001 0111	23	B	0100 0010	66	m	0110 1101	109
CAN	0001 1000	24	C	0100 0011	67	n	0110 1110	110
EM	0001 1001	25	D	0100 0100	68	o	0110 1111	111
SUB	0001 1010	26	E	0100 0101	69	p	0111 0000	112
ESC	0001 1011	27	F	0100 0110	70	q	0111 0001	113
FS	0001 1100	28	G	0100 0111	71	r	0111 0010	114
GS	0001 1101	29	H	0100 1000	72	s	0111 0011	115
RS	0001 1110	30	I	0100 1001	73	t	0111 0100	116
US	0001 1111	31	J	0100 1010	74	u	0111 0101	117
SP	0010 0000	32	K	0100 1011	75	v	0111 0110	118
!	0010 0001	33	L	0100 1100	76	w	0111 0111	119
"	0010 0010	34	M	0100 1101	77	x	0111 1000	120
#	0010 0011	35	N	0100 1110	78	y	0111 1001	121
$	0010 0100	36	O	0100 1111	79	z	0111 1010	122
%	0010 0101	37	P	0101 0000	80	{	0111 1011	123
&	0010 0110	38	Q	0101 0001	81			0111 1100	124
'	0010 0111	39	R	0101 0010	82	}	0111 1101	125
(	0010 1000	40	S	0101 0011	83	~	0111 1110	126
)	0010 1001	41	T	0101 0100	84	DEL	0111 1111	127
*	0010 1010	42	U	0101 0101	85			

2-01 データの型

5. データの種類ごとに表現が違う

たとえばメモリに、「`0100 0001`」が記録されていたとします。これは「文字だ!」と思えば、文字コード表から「A」であることがわかります。が、「整数値だ!」と思えば、10進数の「65」だということになります。つまり、同じ内部表現でも、それを数値とみるか文字とみるかによってデータの意味が異なってしまうのです。ですから、あらかじめ「これは文字です」「これは整数値です」ということ、さらに、何ビットを使って1つの数値なり文字なりを表しているのか、ということを明らかにしておかなければなりません。このようなデータの種類のことを**データの型**といいます。

コラム　コンピュータ内部の様子

コンピュータ内部では、すべての情報、文字や数値ばかりではなく、コンピュータに対する命令にいたるまで、とにかくすべてを「0」または「1」の数値列で表します。この「0」または「1」を8つ束にして1バイトという単位が決められています。

　1バイト＝8ビット

コンピュータのメモリでは、1バイトごとに番地（アドレス）が付けられています。

▼ **Figure 1**　メモリ内で8ビットごとに番地が付けられている様子

1000 番地		1001 番地		1002 番地		1003 番地		...					
0000	0000	0000	0000	0000	0000	0000	0000	0000	0000	0000	0000	0000	0000
0000	0000	0000	0000	0000	0000	0000	0000	0000	0000	0000	0000	0000	0000
0000	0000	0000	0000	0000	0000	0000	0000	0000	0000	0000	0000	0000	0000
0000	0000	0000	0000	0000	0000	0000	0000	0000	0000	0000	0000	0000	0000

データは、常に1バイトに1つのデータが記憶されるとは限りません。たとえば、1バイトで正の整数を表現しようとすると、0〜255の範囲の値しか表すことができません。もっと大きな数値や負の数を表したいときは、複数バイトをまとめて使って1つのデータを表すことになります。たとえば、2バイトをまとめて扱ったときは、WindowsマシンではFigure 2のように小さい番地が下の桁を、大きい番地が上の桁を表します。その、最上位ビットをMSB (Most Significant Bit)、最下位ビットをLSB(Least Significant Bit)と呼びます（注）。

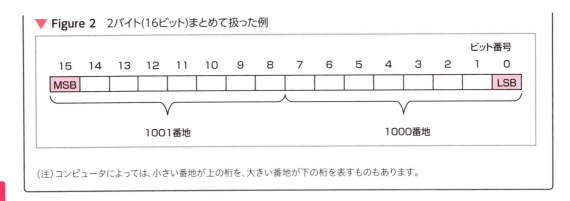
▼ Figure 2　2バイト(16ビット)まとめて扱った例

(注)コンピュータによっては、小さい番地が上の桁を、大きい番地が下の桁を表すものもあります。

STEP 2　C言語で扱う型にはどんな種類があるのか

　C言語で扱うデータは、大きく3つに分けられます。表5に代表的な型をまとめました。

▼ 表5　C言語で扱う代表的な型

分類	型名	説明
整数型	int	整数を記録する
浮動小数点型	double	小数点のついた実数を記録する
文字型	char	文字を記録する

1. 整数型には2種類の型がある

　整数を扱う型です。C言語では、1つの整数を、コンピュータの自然のサイズで扱います。32ビットマシンであれば、32ビット（4バイト）で、64ビットマシンであれば64ビット（8バイト）で1つの整数を表します。

　ここで、表現することのできる整数の範囲を考えてみましょう。簡略化するために16ビットの場合を取り上げます。p73で学んだように、16ビットで表現できる最大値は

$$2^{16} - 1 = 65535$$

ですから、0〜65535の範囲を表すことになります。しかし、これは正の数のみを扱う場合です。負の数を扱う場合には、最上位ビットは符号ビットという特別な意味が与えられますので、数値として使えるのは15ビットです。従って、負の数を扱う場合には、16ビットで表現できる範囲は

$$-2^{15} \sim 2^{15}-1 \quad (-32768 \sim 32767)$$

となります。

2-01 データの型

C言語では、整数型として、次の2つの型が用意されています。

▼ 表6 C言語の整数型

型	説明
int	最上位ビットを符号ビットとして負の数も扱います
unsigned int	最上位ビットも数値の一部とみなして0以上の整数のみを扱います

　C言語のプログラム中に、整数を記述したいことがあります。10進数の数値はそのまま記述します。16進数の数値を記述するときは、数値の前に「0x」をつけます。さらに、3ビットをまとめて表す8進数を記述したいときは、数字の先頭に「0」をつけます。

▶プログラム中に数値や文字をそのまま記したものを**リテラル値**といいます。

▶16進数については、p73参照。

▼ 表7 整数型のリテラル値の例

リテラル値	基数	10進数では
100	10進数	100
0144	8進数	100
0x64	16進数	100

2. 浮動小数点型には2つの表現がある

　実数を扱う型です。C言語では、全体の桁数により、次の2つの型が用意されています。

▶当初は、「浮動」という意味のfloat型が標準であり、これに対して、2倍の精度を持つdouble型が設けられていましたが、メモリがふんだんに使用できる昨今では、double型が標準になっています。

▼ 表8 C言語の浮動小数点型

型	説明
float	単精度浮動小数点数
double	倍精度浮動小数点数

　浮動小数型の数値は、プログラム中では10進数で記述します。次の例のように10のべき乗の形式でも記述できます。

▼ 表9 浮動小数型のリテラル値の例

リテラル値	値
10.23	10.23
1.23e-3	0.00123

79

● 3. 文字で表現できない文字もある

　文字型は、文字通り文字を扱う型です。p76で紹介したASCIIコードを扱います。C言語で唯一型のサイズが規格で決められている型です。文字型のサイズは、8ビット（1バイト）です。

　文字のリテラル値は、「'」と「'」で囲って表します。

▶日本語の漢字やひらがなは1文字16ビットですから、日本語は1文字として扱うことができません。日本語の文字を扱う方法は第3章で学びます。

▼ 例

```
'A'    'a'
```

　しかし、p76のASCIIコードには、文字として表現できないものも含まれています。さらに、文字「'」は文字のリテラル値という特別な意味が与えられており、「'」という文字を記述することができません。このように、単純文字では表現できない文字を「¥」との組み合わせで表現したものを**拡張表記（エスケープシーケンス）**といいます。

▶第1章で用いた「¥n」は、この拡張表記を用いたものでした。

▶拡張表記は「¥」と他の文字との組み合わせなので、2文字に見えますが、この組で1つの文字（または記号）を表し、1つのASCIIコードが割り当てられます。

▶文字型は、整数型の一部として定義されており、8ビットで表現できる範囲の整数をchar型で扱うことがあります。

▼ 表10　主な拡張表記

表記	意味
¥'	文字 '
¥"	文字 "
¥?	文字 ?
¥¥	文字 ¥
¥a	警報
¥b	後退（バックスペース）
¥f	ページ送り
¥n	改行（次の行の先頭への位置決め）
¥r	復帰（現在の行の先頭への位置決め）
¥t	水平タブ（次の水平タブ位置への位置決め）
¥v	垂直タブ（次の垂直タブ位置への位置決め）
¥ooo	8進数
¥xhh	16進数

2-01 データの型

発 展	C言語で扱う型

C言語では、文字型を含む整数型と浮動小数点型を合わせて**基本型**と呼んでいます。符号付きか否か、および、サイズに応じて、以下のものがあります。

▼ **表A** C言語の型の一覧

分類	型名	説明
文字型	char	文字
符号付き整数型	signed char	char型と同じサイズ（ビット数）の符号付きの整数
	short int	int型以下のサイズ（ビット数）の符号付き整数
	int	符号付き整数
	long int	int型以上のサイズ（ビット数）の符号付き整数
	long long int	long int型以上のサイズ（ビット数）の符号付き整数
符号無し整数型	unsigned char	char型と同じサイズ（ビット数）で0または正の整数
	unsigned short int	short int型と同じサイズ（ビット数）で0または正の整数
	unsigned int	int型と同じサイズ（ビット数）で0または正の整数
	unsigned long int	long int型と同じサイズ（ビット数）で0または正の整数
	unsigned long long int	long long int型と同じサイズ（ビット数）で0または正の整数
浮動小数点型	float	単精度の浮動小数点数
	double	倍精度の浮動小数点数
	long double	拡張精度の浮動小数点数

STEP 3 変数はデータをしまう箱

▶p77のコラム参照。

コンピュータではデータは、すべてメモリに記憶されます。メモリには1バイトごとにアドレスが割り当ててあるということは、すでに学習しましたが、私たち人間には、メモリの何番地が空いていて、何番地を使ったらコンピュータにとって都合がよいのか、ということはわかりませんし、そのときどきでメモリの空スペースは変化しています。つまり、プログラム中に、アドレスの何番地にこのデータを格納しなさい、という命令を記述することはおよそ不可能なのです。

▶規模の小さい組み込み型の専用システムでは、あらかじめメモリのアドレスを割り当てることがありますが、WindowsなどのOS（オペレーティングシステム）が導入されているシステムでは、メモリの管理をOSが行っており、人間には具体的なアドレスはわからないのが一般的です。

そこで、データをメモリに記憶しようとするとき、具体的なアドレスを指示する代わりに、人間にわかりやすい名前を付けておくことにしました。この名前を**変数名**といいます。コンピュータが一番都合のよいアドレスに割り当てるという

81

作業を、コンピュータ自身に任せることにしたのです。変数名をアドレスに変換する作業は、プログラムが実行される瞬間に行われます。

今、3人分の学生の得点を基に、何等かの処理を行うとします。処理をするにはまず得点をコンピュータのメモリに記憶する必要があります。得点は整数なので、int型の箱（変数）を用意し、それぞれに「hyouten1」「hyouten2」「hyouten3」という名前をつけることにしましょう。また、3人の得点の平均点を実数で求めたり、一人ひとりの成績評価を文字で求めたりする場合には、double型の「heikin」とchar型の「hyouka1」「hyouka2」「hyouka3」も用意します。

▼ 図4　変数の用意

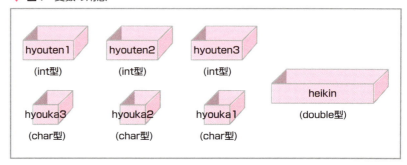

人間は箱の名前で識別しますが、コンピュータは、実行する直前にアドレスを決めます。用意した箱をコンピュータにとって都合のよいアドレスに置く、というイメージです。

▼ 図5　変数をメモリ上におく

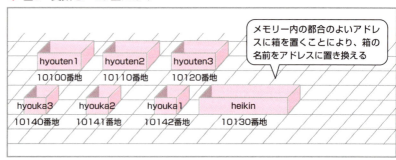

このような箱を**変数**といいます。変数は、「箱」ですから、その内容をプログラムの途中で変更することができます。それに対し、リテラル値そのものにつけた名前を**定数名**といいます。

▶変数名は、メモリ上のアドレスに名前をつけたもの、それに対して、定数名は、値につけた名前と考えてください。

2-02 変数の利用

計算してみよう

メモリにデータを記憶しても、私たちは、直接見て確かめることができません。画面に表示して確認する方法を学びましょう。

基本例 2-2

3人分の得点（評点）、3人の平均点、3人の評価を変数に記憶し、画面に表示して正しく記録されているかどうかを確かめてみましょう。

▼ 実行結果

```
         評点      評価
学生1 ：94点      S
学生2 ：4点       D
学生3 ：83点      A
平均点：60.300000点
学生数：3名
```

学習

STEP 1 変数は宣言してから使う

変数名は人間の都合で使うものですから、あらかじめ「これは変数ですよ」ということを知らせなければなりません。これを**変数の宣言**といい、宣言するための文を**宣言文**といいます。宣言文では、変数名とともに、この変数に格納するデータの型を明らかにします。

構文：

　型名　変数名；

▶宣言文に対し、第1章で学んだprintfなど、実際に処理や出力を行う文を**実行文**といいます。

▶変数の型には、p81の表Aに示した型名のうちのひとつが入ります。

▶初期の規格では、すべての宣言文は、実行文の前に記述しなければなりませんでした。そのため、宣言文はプログラムの先頭にまとめて記述していました。しかし、1999年の改訂で変数を使用する前であれば、プログラムのどこに記述してもよいように変更されました。現在は多くのコンパイラがこの規格変更に対応していますが、変数をプログラムの先頭で宣言する傾向は残っています。

基本例2-2では、3人分の評点、平均点、3人分の評価という7つの変数が必要です。

```
int    hyouten1;    //学生1の評点
int    hyouten2;    //学生2の評点
int    hyouten3;    //学生3の評点
double heikin;      //評点の平均点
char   hyouka1;     //学生1の評価
char   hyouka2;     //学生2の評価
char   hyouka3;     //学生3の評価
```

発 展　　変数名の命名規則

変数名には、次のような文法上の決まりがあります。

① 変数名に利用できる文字はアルファベットの大文字・小文字と数字、下線(_)のみで、空白とハイフンを含むことはできません。

② 先頭は文字または下線(_)でなければならず、数字を先頭にすることはできません。

③ C言語であらかじめ決められているキーワードと完全に一致してはいけません。

④ 大文字と小文字は違うものとして区別されます(例　nameとNameは違うもの)。

⑤ 長さに制限はありませんが、31文字以上は識別できません。

キーワードとは、C言語であらかじめ意味が決められている単語を指します。

▼ 表B　キーワード一覧

auto	double	long	typedef
break	else	register	union
case	enum	return	unsigned
char	extern	short	void
const	float	signed	volatile
continue	for	sizeof	while
default	goto	static	_Bool
defined	if	struct	_Complex
do	int	switch	_Imafinary

STEP 2　変数にデータを代入する

　変数は、データを入れる「箱」ですから、宣言しただけでは、中身は、からっぽです。変数にデータを与えることを**代入**といいます。変数一つに値一つを代入します。

> 変数名 = 値;

　代入には「=」を使います。数学では、「=」は右辺と左辺が等しいという意味ですが、C言語では、左辺の箱に右辺の値を「入れる」という「処理（命令）」を表しますのでご注意ください。

　評点や3人の平均点、それに評価のために用意した変数に値を代入する文は以下のようになります。

▶C言語では、「代入する」という処理を次節で学ぶ四則演算と同様の「演算」と位置付けており、「=」は、**代入演算子**と呼ばれます。

▶評価を記録する変数には文字を代入します。文字のリテラル値は「'」で囲んで表すのでしたね。p80参照。

```
//値を代入
hyouten1 = 94;      //学生1の評点を代入
hyouten2 = 4;       //学生2の評点を代入
hyouten3 = 83;      //学生3の評点を代入
heikin   = 60.3;    //評点の平均点を代入
hyouka1  = 'S';     //学生1の評価を代入
hyouka2  = 'D';     //学生2の評価を代入
hyouka3  = 'A';     //学生3の評価を代入
```

▼ 図6　変数に代入

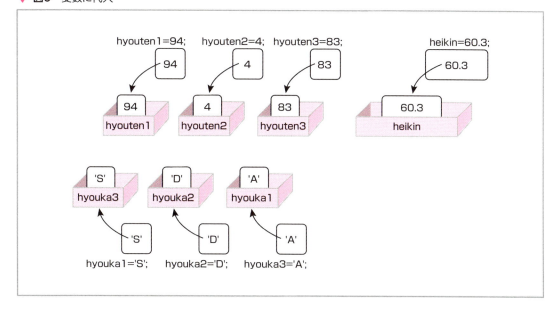

STEP 3　変数の内容を書式指定で表示する

▶第1章で学んだprintfは、「書式」のみだったということです。

　第1章では、printfを使って画面に文字を表示することができました。変数の内容を表示するのも、同じprintfを使い、以下のように書きます。

```
printf("書式",並び);
```

　「書式」には、表示したい文字列や改行などを記述します。書式に変数の内容を含めたい場合には、書式の中に直接変数名を記述するのではなく、変数の内容をどのような形式で表示するのか、という書式指定を行います。これを**変換指定子**といいます。変換指定子により、細かく書式指定ができるのですが、ここでは、最低限知っておいて欲しい内容だけを表11にまとめました。

▶変換指定子の詳細は、p96の発展を参照してください。

▶ここでは、p78の表5に掲げた代表的な型に絞って紹介しています。

▼ **表11** printfの出力形式

出力したい形式	変換指定子	適用できる型
文字	%c	char , int
10進数	%d	char , int
浮動小数点数	%f	double

　具体的な例を見ていきましょう。基本例2-2では、次のように表示したいのです。

▼ **実行結果**

```
学生1 ：94点    S
```

　「94」の部分は変数hyouten1の内容です。学生1の評点は、たまたま94点だったのですが、別の学生は違う点数かもしれません。「S」は、学生1の評価です。評点が何点であっても、評価が何であっても、正しく変数の内容を表示することが求められます。表示したい内容を書式にするには、以下のように考えます。

▼ 図7　書式の記述法

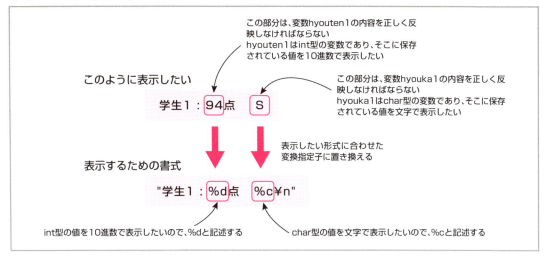

変換指定子は、あくまでも形式を指定するものです。では、%dの形式で表示したい値は何ですか?ということを明示するのが、書式の後ろに記述する「並び」です。

▼ 図8　変数の内容を書式を指定して表示

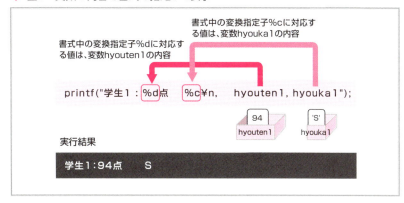

「並び」には変数名だけではなく、リテラル値を記述することもできます。

▼ 例

```
//学生数をコマンドプロンプト画面に表示
printf("学生数：%d名¥n", 3);
```

▼ 実行結果

学生数：3名

▶変換指定子に対応した値が、変数ではなくリテラル値であった場合、わざわざ変換指定子を使わずとも、直接書式に値を記述すればよいではないか、と思われるかもしれませんが、変換指定子を使うことで、きめ細かい書式の指定が可能になるというメリットがあります。詳細は、p96の発展を参照してください。

STEP 4　定数名で値に意味を持たせる

▶#defineは、プログラムのコンパイルに先立って、文字列を置き換える働きをする文です。この例では、プログラム中に現れるNという文字列を3という文字列に置き換えます。

▶先頭に#が付いている文は、**プリプロセッサ**といい、通常の文とは異なります。プリプロセッサでは、文の終わりに「;」を付けませんので、ご注意ください

▶定数名は慣例によりすべて大文字にします。これは文法上の制約ではなく、変数とは異なり、プログラムの途中で値を変更することができないものであることを明示する、いわば紳士協定のようなものです。

リテラル値に名前をつけて、数値や文字に意味を持たせることができます。

#define 　定数名 　値

人数3名に定数を与えるには以下のように書きます。

#define 　N 　3 　　//学生の人数を定数として定義

　定数名を与えることには、2つのメリットがあります。一つは、値に意味を持たせることです。「3」という単なる数値に「学生の人数」という意味を与えています。プログラムがだんだん煩雑になってきたとき、プログラムが何をしているのかを示唆する材料になります。2つ目のメリットは、状況の変化によるプログラムの変更に対応することができることです。プログラム開発当初は学生数は3名だったかもしれませんが、人数は変化します。プログラム中の複数の箇所で人数を表す数値を利用している場合、人数が変更になると、その全ての箇所を修正しなければなりません。定数にしておけば、定義を1か所書き換えるだけで対応できます。

　プログラム中には、できるだけリテラル値を記述しなくてよいように、定数は積極的に使いましょう。

◉ プログラム例

◎ CD-ROM »

元のファイル…rei2_2k.c
完成ファイル…sample2_2k.c

　CD-ROMから「rei2_2k.c」をコピーして、テキストエディタでファイルの内容を確認してみましょう。

```
1    /**********************************
2        変数の利用    基本例2-2
3    **********************************/
4    #include <stdio.h>
5    #define    N    3        //学生の人数を定数として定義
6
7    int main(void)
8    {
9        //変数の宣言
10       int     hyouten1;    //学生1の評点
11       int     hyouten2;    //学生2の評点
12       double  heikin;      //評点の平均点
13       char    hyouka1;     //学生1の評価
```

2-02 変数の利用

```
14      char    hyouka2;      //学生2の評価
15
16      //値を代入
17      hyouten1 = 94;      //学生1の評点を代入
18      hyouten2 = 4;       //学生2の評点を代入
19      hyouten3 = 83;      //学生3の評点を代入
20      heikin = 60.3;      //評点の平均点を代入
21      hyouka1 = S;        //学生1の評価を代入
22      hyouka2 = D;        //学生2の評価を代入
23      hyouka3 = A;        //学生3の評価を代入
24
25      //コマンドプロンプト画面に表示
26      printf("        評点    評価¥n");
27      printf("学生1 ：%d点    %d¥n", hyouten1, hyouka1);
28      printf("学生2 ：%d点    %d¥n", hyouten2, hyouka2);
29      printf("学生3 ：%d点    %d¥n", hyouten3, hyouka3);
30      printf("平均点：%d点¥n", heikin);
31      printf("学生数：%d名¥n");
32
33      return 0;
34  }
```

このままでは、正しい結果が得られないばかりか、コンパイルすることさえできません。どこを直したらよいでしょう。皆さんで修正し、実行してみましょう。

▼ **リスト　正しいプログラム**

```
1   /********************************************
2       変数の利用    基本例2-2
3   ********************************************/
4   #include <stdio.h>
5   #define    N    3        //学生の人数を定数として定義
6
7   int main(void)
8   {
9       //変数の宣言
10      int     hyouten1;   //学生1の評点
11      int     hyouten2;   //学生2の評点
12      int     hyouten3;   //学生3の評点 ◀────────────── すべての変数の宣言が必要
13      double  heikin;     //評点の平均点
14      char    hyouka1;    //学生1の評価
15      char    hyouka2;    //学生2の評価
16      char    hyouka3;    //学生3の評価 ◀──────────┘
17
18      //値を代入
19      hyouten1 = 94;      //学生1の評点を代入
20      hyouten2 = 4;       //学生2の評点を代入
21      hyouten3 = 83;      //学生3の評点を代入
```

89

```
22    heikin = 60.3;        //評点の平均点を代入
23    hyouka1 = 'S';        //学生1の評価を代入
24    hyouka2 = 'D';        //学生2の評価を代入        ← 文字のリテラル値は「'」と「'」で囲む
25    hyouka3 = 'A';        //学生3の評価を代入
26
27    //コマンドプロンプト画面に表示
28    printf("      評点    評価¥n");                 ← 適切な変換指定子を記述
29    printf("学生1 ：%d点    %c¥n", hyouten1, hyouka1);
30    printf("学生2 ：%d点    %c¥n", hyouten2, hyouka2);
31    printf("学生3 ：%d点    %c¥n", hyouten3, hyouka3);
32    printf("平均点：%f点¥n", heikin);
33    printf("学生数：%d名¥n", N);
34
35    return 0;                                       ← リテラル値ではなく、定数を指定
36  }
```

プログラミングアシスタント　　**正しくコンパイルされなかった方へ**

```
int main(void)
{
    //変数の宣言
    int      hyouten1; //学生1の評点
    int      hyouten2; //学生2の評点          ┌ int      hyouten3;      //学生3の評点
    double   heikin;   //評点の平均点    ────┤
    char     hyouka1;  //学生1の評価          └ char      hyouka3;       //学生3の評価
    char     hyouka2;  //学生2の評価

                                          ここで、use of undeclared identifier
                                          'hyouten3'というエラーが出たら、この行が
    //値を代入                             誤っているのではなく、hyouten3という変数
    hyouten1 = 94;      //学生1の評点を代入   の宣言が不足しています
    hyouten2 = 4;       //学生2の評点を代入
    hyouten3 = 83;      //学生3の評点を代入
    heikin = 60.3;      //評点の平均点を代入  ここで、use of undeclared identifier 'S'・
    hyouka1 = S;        //学生1の評価を代入   'D'・'A'というエラーが出たら、S,D,Aが宣言
    hyouka2 = D;        //学生2の評価を代入   されていない変数名だとコンパイラが誤解し
    hyouka3 = A;        //学生3の評価を代入   ています。文字のリテラル値であることを
      :                                    コンパイラにわかってもらうためには、「'」
                                          と「'」で囲む必要があります
   ┌─────────────────┐
   │ hyouka1 = 'S';          ここで、use of undeclared identifier 'hyouka3'というエラ
   │ hyouka2 = 'D';          ーが出たら、この行が誤っているのではなく、hyouka3という
   │ hyouka3 = 'A';          変数の宣言が不足しています
   └─────────────────┘
```

90

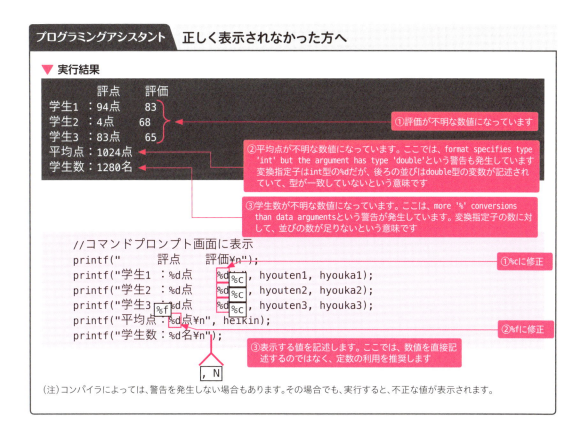

| 発 展 | 文字を%dで表示する |

　printfを利用した変数の表示では、int型は%d 文字型は%cと固定的に覚えてしまいがちです。しかし、実は、char型の変数を%dで表示することも可能です。基本例2-2では、文字型の変数に対して、「間違って」%dと記述しましたが、警告は発生しませんでした。実行結果の「83」「68」「65」という数値は、いったい何なのでしょうか?

　ここでp76の「表4　文字の表現」を思い出してください。文字も、コンピュータ内部では、「0」と「1」の羅列で表すのでしたね。「S」は「0101 0011」です。これを10進数で表すと83です。同様に「D」は「0100 0100」、10進数で68。「A」は「0100 0001」、10進数で65です。誤った実行結果と一致しましたね。char型の変数を%dで表示すると、該当文字の文字コードを10進数で表現したものが表示されます。char型は、整数型に分類されています。

▼ **リスト　プログラム例(sample2_h1.c)**

```
 1    /***********************************************
 2        発展　変数の型と表示形式
 3    ***********************************************/
 4    #include <stdio.h>
 5
 6    int main(void)
 7    {
 8        char    moji = 'A';
 9
10        printf("文字として　%c\n", moji);
11        printf("数値として　%d\n", moji);
12
13        return 0;
14    }
```

▼ **実行結果**

```
文字として　A
数値として　65
```

2-02 変数の利用

応用例 2-2

変数の宣言と同時に初期値を与えます。また、桁を合わせるなど、表示にも工夫をしましょう。

▼ 実行結果

```
          評点      評価
学生1 ：  94点      S
学生2 ：   4点      D
学生3 ：  83点      A
平均点：  60.3点
学生数：  3名
```

学習 STEP 5 変数の初期化

変数を宣言するとき、同時に最初の値を与えることができます。

基本例2-2では7つの変数を宣言し、あとから値を代入しましたが、宣言と同時に初期値を与える文は以下のように記述します。

```
//変数の宣言
int     hyouten1 = 94;    //学生1の評点
int     hyouten2 = 4;     //学生2の評点
int     hyouten3 = 83;    //学生3の評点
double  heikin   = 60.3;  //評点の平均点
char    hyouka1  = 'S';   //学生1の評価
char    hyouka2  = 'D';   //学生2の評価
char    hyouka3  = 'A';   //学生3の評価
```

ここで、基本例2-2で紹介した文と比較してみましょう。

▼ 表12 基本例と応用例

基本例	応用例
int hyouten1; ① hyouten1 = 73; ②	int hyouten1 = 73; ③

①は変数の宣言をする宣言文です。②では、変数hyouten1はすでに宣言されていますので、intは書きません。③は変数を宣言しながら初期設定するもので、あくまでも、これは宣言文です。もし、②に③のようにintを付けると、新しく

93

▶初期化では「＝」は「代入」ではなく、「設定」であり、変数名を宣言する宣言文にのみ許された記述です。

変数hyouten1を宣言するという意味になり、「変数名が重複しています」というエラーになってしまいます。②と③はよく似ていますが、②は実行文であるのに対し、③は宣言文であり、文の種類が異なりますので、注意しましょう。

STEP 6　数値の表示に桁数と精度を指定する

　基本例2-2の実行結果では、各課題の得点の桁がずれていたり、平均点の小数点以下に無用な0が表示されていたり、とても見やすいとは言い難いものです。表示はプログラムの顔でもあります。printfの変換指定子に指定を追加して表示を整えましょう。

● 1. フィールド幅を指定する

　1つの値を表示する桁数をフィールド幅と言います。フィールド幅を指定すると、値は、右詰めになります。小数点や符号も1桁分としてカウントします。

▼ 図9　フィールド幅指定

```
printf("%3d点¥n, hyouten1");                    ␣␣9␣4
```

3桁分の領域に値を
右詰めで表示する

hyouten1の値を表示するために
3桁分を確保し、右詰めで表示する

● 2. 浮動小数点数の小数点以下の桁数を指定する

　浮動小数点数を変換指定子%fで表示するとき、小数第何位まで表示するかを指定することができます。小数点に続けた数値で指定します。全体のフィールド幅は、符号や小数点も1桁とカウントすることを考慮して決める必要があります。

▼ 図10　小数部の桁数を指定

小数点も1桁分として
カウントする

```
printf("平均点:%5.1点¥n, heikin");              ␣␣6␣0␣.␣3
```

小数点第1位まで表示する

整数部の桁数＝全体のフィールド幅 - (小数点1桁＋小数部の桁数)
この例では、整数部の桁数は3桁となる
負の数を扱う場合には、符号も含めて3桁

2　計算してみよう

プログラム例

元のファイル…sample2_2k.c
完成ファイル…sample2_2o.c

基本例2-2のプログラムを初期化を使って書き換えてください。また、フィールド幅や小数点以下の桁数の指定も行ってみましょう。

```c
/*****************************************
    変数の利用    応用例2-2
*****************************************/
#include <stdio.h>
#define    N    3               //学生の人数を定数として定義

int main(void)
{
    //変数の宣言
    int     hyouten1 = 94;      //学生1の評点
    int     hyouten2 = 4;       //学生2の評点
    int     hyouten3 = 83;      //学生3の評点
    double  heikin = 60.3;      //評点の平均点
    char    hyouka1 = 'S';      //学生1の評価
    char    hyouka2 = 'D';      //学生2の評価
    char    hyouka3 = 'A';      //学生3の評価

    //コマンドプロンプト画面に表示
    printf("        評点    評価\n");
    printf("学生%d  :%3d点    %c\n", 1, hyouten1, hyouka1);
    printf("学生%d  :%3d点    %c\n", 2, hyouten2, hyouka2);
    printf("学生%d  :%3d点    %c\n", 3, hyouten3, hyouka3);
    printf("平均点 :%5.1f点\n", heikin);
    printf("学生数 :%2d名\n", N);

    return 0;
}
```

初期値を設定

代入文の削除

リテラル値に変換指定子を適用

変換指定子にフィールド幅と小数点以下の桁数指定を追加

発展 | **printfの書式**

変換指定子には、%d %c %fのほかにもたくさんあり、細かい書式を指定できます。

▼ **表C　変換指定子の一覧**

変換指定子	意味	プログラム例	実行結果
%d %i	int型のデータを符号付10進数で[-]ddddの形式で出力する	printf("%d¥n",10); printf("%i¥n",10);	10 10
%o	unsigned int型のデータを符号無し8進数で　ddddの形式で出力する	printf("%o¥n",10);	12
%u	unsigned int型のデータを符号無し10進数で　ddddの形式で出力する	printf("%u¥n",10); printf("%u¥n",-1);	10 4294967295(注1)
%x %X	unsigned int型のデータを符号無し16進数で　ddddの形式で出力する。xのときは、abcdefを、XのときはABCDEFを用いる	printf("%x¥n",10); printf("%X¥n",10);	a A
%f	double型のデータを10進数で[-]ddd.dddの形式で出力する。少数点の前の整数部には最低1つの数字を出力する	printf("%f¥n",0.5); printf("%f¥n",10.0);	0.500000 10.000000
%e %E	double型のデータをeのときは[-]d.ddde±ddの形式で、Eのときは[-]d.dddE±ddの形式で出力する。小数点の前の整数部は必ず1桁の数字が出力され、指数部は、常に2桁以上の数字が出力される	printf("%e¥n",10.0); printf("%E¥n",10.0); printf("%e¥n",0.03); printf("%e¥n",0.0);	1.000000e+01 1.000000E+01 3.000000e-02 0.000000e+00
%g %G	double型のデータをfまたはe(GのときはE)の形式で出力する。指数部が-4より小さいときe(E)の出力形式となる。小数点は、少数部が0でないときのみ出力される	printf("%g¥n",1.5); printf("%g¥n",0.00009); printf("%G¥n",0.00009); printf("%g¥n",1.0);	1.5 9e-05 9E-05 1
%c	int型のデータをunsigned char型に変換し、その文字を出力する	printf("%c¥n",'r');	r
%s	文字型配列中の文字列を出力する(注2)	printf("%s¥n","Hello!");	Hello!
%%	文字%を出力する	printf("%%¥n");	%

(注1) 32ビットの場合の数値です。
(注2) 文字型配列・文字列については第3章を参照してください。

次の表のように、**フィールド幅**を指定することができます。

▼ 表D　フィールド幅一覧

フィールド幅の意味	プログラム例	実行結果

%と変換指定子の間に、10進数またはアスタリスク(*)を記述すると、最小の桁数を指定できる。出力する桁数がこの幅より小さいときは、左側は空白で埋められる。文字数が多いときは、この幅を超えてすべての文字が出力される。*が指定されると、書式に続く値に置きかえられる	`printf("%10d¥n",1234);`
	`printf("%5d¥n",1234);`
	`printf("%3d¥n",1234);`
	`printf("%*d¥n",10,1234);`
		1234
		1234
		1234
		1234

フィールド幅の値

ピリオド(.)に続いて10進数またはアスタリスク(*)を記述することで**精度**を指定することができます。精度の意味は、変換の種類によって以下のようになります。

▼ 表E　精度一覧

変換指定子	意味	プログラム例	実行結果

%d %i
%o %u
%x %X
	出力しなければならない最小の文字数を表す。出力文字が精度より小さいときは、左側に0が入る。指定がないときは、1とみなされる。出力する値が0で精度が0のときは空白が出力される	`printf("%10.5d¥n",10);`
		`printf("%10.0d¥n",0);`
		`printf("%10.5x¥n",10);`
			00010
			（空白を表示）
			0000a

%e
%E
%f
	小数点の後ろに出力される小数部の桁数。値は、指定桁で四捨五入される。指定がないときは、6とみなされる。0が指定されると、小数点は出力されない	`printf("%10.5f¥n",10.538);`
		`printf("%10.5e¥n",10.538);`
		`printf("%6.1f¥n",10.538);`
		`printf("%5.0f¥n",10.538);`
			10.53800
			1.05380e+01
			10.5
			11

%g
%G
	出力する最大の有効桁数を表す。0が指定されたときは、1とみなされる	`printf("%10.4g¥n",1.59567);`
		`printf("%10.8g¥n",1.59567);`
		`printf("%10.8g¥n",0.00009345);`
		`printf("%10.0g¥n",1.59567);`
			1.596
			1.59567
			9.345e-05
			2

%s	出力する最大の文字数を表す	`printf("%10.10s¥n","Hello !!");` `printf("%10.3s¥n","Hello !!");`	Hello !! Hel

*が指定されると、書式に続く値で置きかえられる		`printf("%10.*f¥n",5,10.538);`
		`printf("%*.*f¥n",10,5,10.538);`
		`printf("%10.*s¥n", 5,"Hello !!");`
		`printf("%*.*s¥n",10,5,"Hello !!");`
			10.53800
			10.53800
			Hello
			Hello

フィールド幅10　精度5

97

以下のような**フラグ**を指定すると、出力の仕様が変更されます。順不同に複数個指定することができます。

▼ 表F　フラグ一覧

フラグ		意味	プログラム例	実行結果
-		フィールド内で左詰めにする	`printf("%10d¥n",10);` `printf("%-10d¥n",10);`	10 10
+		数値の符号を常に出力する	`printf("%10d¥n",10);` `printf("%+10d¥n",10);`	10 　　　　　+10
空白		符号付の数値を出力するとき、最初の文字が符号や文字でないとき、数字の前に空白を出力する	`printf("%d¥n",123);` `printf("% d¥n",123);`	123 　123
#	%o	出力する最初の数字が0になるように精度を追加する	`printf("%2o¥n",10);` `printf("%#2o¥n",10);`	12 012
	%x %X	出力する数値が0でないとき、数字の前に0xまたは0Xをつける	`printf("%#5x¥n",10);` `printf("%#5x¥n",0);`	0xa 　　　　0
	%e %E %g %G %f	小数点の後ろの数字がなくても、常に小数点を出力する	`printf("%5.0f¥n",10.538);` `printf("%#5.0f¥n",10.538);`	11 　11.
	%g %G	小数点以下の0も出力する	`printf("%g¥n",0.00009);` `printf("%#g¥n",0.00009);`	9e-05 9.00000e-05
0		数値を出力するとき、出力文字の左側を0で埋める	`printf("%5d¥n",10);` `printf("%05d¥n",10);`	10 00010

対応する変数の型が数値を表す型で、short型やlong型のときには、以下のような記号を付け加えます。

▼ 表G　記号一覧

記号	変換文字	型	記号	変換文字	型
h	`%d %i %o %u` `%x %X`	short int unsigned short int	l	`%d %i %o %u` `%x %X`	long int unsigned long int
hh	`%d %i %o %u` `%x %X`	signed char unsigned char	ll	`%d %i %o %u` `%x %X`	long long int unsighed long long int
				`%n`	long long int
			L	`%e %E %f %g` `%G`	long double

計算してみよう

演算

いよいよ計算しましょう。

基本例 2-3

3人分の評点から平均点を求めて表示しましょう。

▼ 実行結果

```
        評点      評価
学生1 ：  94点      S
学生2 ：   4点      D
学生3 ：  83点      A
平均点：  60.3点
学生数：  3名
```

学習

STEP 1　算術演算子による四則演算を行う

数値データに対して、四則演算を行う演算子は表13のとおりです。

▼ 表13　算術演算子

算術演算子	演算の種類	一般形	例	結果
単項の＋	そのままの値	＋オペランド	10	10
単項の−	負の値	−オペランド	-10	-10
＋	たし算	オペランド1＋オペランド2	10 + 20	30
−	ひき算	オペランド1−オペランド2	10 - 20	-10
＊	かけ算	オペランド1＊オペランド2	10 * 2	20
／	わり算	オペランド1／オペランド2	10 / 3	3
			10.0/3	3.3333…
％	割り算の余り	オペランド1％オペランド2 (オペランドは整数のみ)	10 ％ 3	1

▶ オペランドとは、演算子の左または右にあって、その演算が施されるデータのことです。例えば、「x+y」では、xとyがオペランドです。

▶ 単項とは、オペランドが一つしかない演算子のことです。

演算の順は数学と同じで、加減算より乗除が先に行われます。それより「()」が優先されるのも数学と同じです。

```
2 + 3 * 4 = 14
(2 + 3) * 4 = 20
```

演算は、同じ型どうしでしかできません。異なる型の間で演算を行おうとするとき、支障のない方の型が変換されて、型を揃えてから演算が行われ、結果もその型になります。これを**暗黙の型変換**といいます。

整数どうしで割り算を行うと、結果も整数となり、小数点以下が切り捨てられてしまいます。これをdouble型の変数に代入しても、切り捨てられた小数部は切り捨てられたまま、小数点以下が0の小数になります。

▶ int型の数値をdouble型に変換したとき、数値に変化はありません。しかし、double型の数値をint型に変換すると、小数点以下は丸められ、数値が変化してしまいます。つまり、int型からdouble型への変換は支障ありませんが、double型からint型への変換は支障があるということです。したがって、int型とdouble型とで演算を行いたい場合には、int型をdouble型に変換してdouble型どうしで演算を行います。結果もdouble型で求まります。

▼ 図11　int型どうしの演算

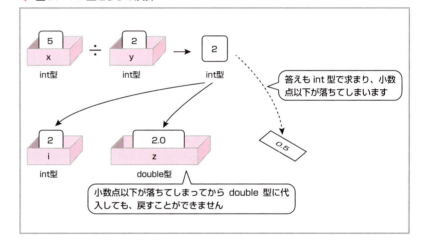

▶ 電卓では、整数÷整数を行っても、結果が実数で表示されます。しかし、C言語では、演算の結果はオペランドの型に依存します。

STEP 2　キャスト演算子で一瞬の変身を行う

それでは、int型どうしで割り算を行って、double型の結果を得るには、どうしたらよいでしょうか？ double型の結果を得るためには、少なくともオペランドのどちらかはdouble型でなければなりません。それは、ずっとdouble型であり続ける必要はなく、演算を行う瞬間だけ、double型であれば解決します。そこで、本来int型のデータを演算が行われる瞬間だけ、暫定的に型変換する演算子が用意されました。これを**キャスト演算子**といい、次のように記述します。

（演算を行う間だけ変換する型）変数名

2-03 演算

▼ 例

```
int x = 5;
int y = 2;
double    z1 , z2;
z1 = x / y;              //z1の値は2.0となる
z2 = (double)x / y;      //z2の値は2.5となる
```

CD-ROM »

元のファイル…sample2_2o.c
完成ファイル…sample2_3k.c

● プログラム例

　これまでは、平均点を自分で計算して代入していましたが、いよいよコンピュータに計算してもらいましょう。式を追加してください。応用例2-2にはなかった合計点を格納する変数も追加しています。

```
1  /***********************************************
2     演算          基本例2-3
3  ***********************************************/
4  #include <stdio.h>
5  #define    N    3                //学生の人数を定数として定義
6
7  int main(void)
8  {
9      //変数の宣言
10     int       hyouten1 = 94;      //学生1の評点
11     int       hyouten2 = 4;       //学生2の評点
12     int       hyouten3 = 83;      //学生3の評点
13     int       gokei;              //評点の合計点         ← 合計を記録する変数を追加
14     double    heikin;             //評点の平均点         ← 平均点の初期化削除
15     char      hyouka1 = 'S';      //学生1の評価
16     char      hyouka2 = 'D';      //学生2の評価
17     char      hyouka3 = 'A';      //学生3の評価
18
19     //評点の合計点と平均点の計算                        3人分の評点の合計を求め、
20     gokei = hyouten1 + hyouten2 + hyouten3;  ←        平均点を計算
21     heikin = (double)gokei / N;   //平均点を計算        平均点を小数で求めるために
                                                          キャスト演算子が必要
22
23     //コマンドプロンプト画面に表示
24     printf("        評点    評価\n");
25     printf("学生%d ：%3d点     %c\n", 1, hyouten1, hyouka1);
26     printf("学生%d ：%3d点     %c\n", 2, hyouten2, hyouka2);
27     printf("学生%d ：%3d点     %c\n", 3, hyouten3, hyouka3);
28     printf("平均点：%5.1f点\n", heikin);
29     printf("学生数：%2d名\n", N);
30
31     return 0;
32 }
```

101

プログラミングアシスタント　コンパイルエラーになった方へ

```
int main(void)
{
    //変数の宣言
    int     hyouten1 = 94;      //学生1の評点
    int     hyouten2 = 4;       //学生2の評点
    int     hyouten3 = 83;      //学生3の評点
    double  heikin;             //評点の平均点
    char    hyouka1 = 'S';      //学生1の評価
    char    hyouka2 = 'D';      //学生2の評価
    char    hyouka3 = 'A';      //学生3の評価

    //合計と平均の計算
    gokei = hyouten1 + hyouten2 + hyouten3;
    heikin = (double)gokei / N;
        :
```

`int    gokei;    //評点の合計点`

ここで、use of undeclared identifier 'gokei'というエラーが発生していたら、変数gokeiが宣言されているかどうかを確認してください
エラーが発生している文だけを見ていては、解決することができないケースです

プログラミングアシスタント　正しい結果が表示されなかった方へ

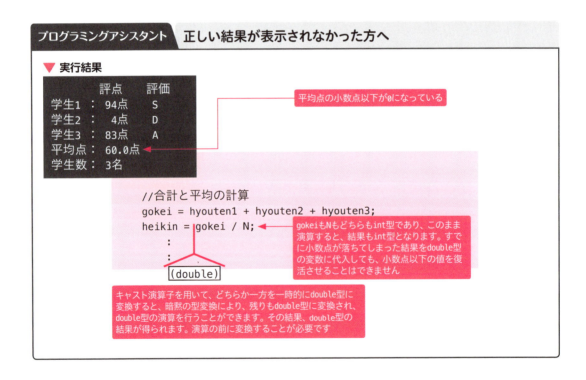

2-03 演算

コラム　読みやすいプログラムにするために（2）…名前のつけ方

　基本例2-3のプログラムでは、変数の名前にhyouten1やgokei,heikinなど、その変数にはどんなデータが入っているのかを想像しやすい名前を使っています。もしこれを、x1,x2,x3…などとしたらどうでしょう？どれが評点で、どれが合計点、どれが平均点なのか、わからなくなってしまいますね。もっと根本的に、点数なのか、出席日数なのか・・・見当がつきません。プログラムを書いた当初は、書いた本人にはわかっているかもしれませんが、時間が経つと忘れてしまいますし、他人に見せるときには、いちいち「x1は学生1の評点で、x2は合計点で…」と説明しなければなりません。

もちろん、変数名がx1やx2でも、プログラムが正しければ、正しい結果を得ることはできます。しかし、プログラムを読みやすくして、仕事の効率を上げるためには、変数の名前を分かりやすいものにすることはとても大切なことなのです。

　また、学生の人数を表す定数「3」に「N」という名前を付けました。このようにしておくと、式の意味がよくわかるだけでなく、人数が変化したとき

```
#define    N    5
```

の部分だけを変更すればすむなど、将来に渡って柔軟性のあるプログラムとなりえます。

　西暦2000年に発生した、K2Y・2000年問題では、実際に、意味のない変数名が障害になったケースがありました。1990年代の古いプログラムでは、西暦を下2桁で表していました。つまり、1990年なら「90」1995年なら「95」というデータが使われていたのです。多くのプログラムでは、

$$90 + 1900 = 1990$$

という計算をして4桁の西暦を求めていました。ところが西暦2000年には、下2桁は「00」ですから、

$$0 + 1900 = 1900$$

となり、2000年にならずに1900年になって、日付の計算を間違えてしまうというのが2000年問題です。2000年問題を抱えたプログラムを修正する一つの方法として、変数名をたよりに修正個所を検索しました。たとえば、dateやyear、hizukeといった日付に関係しそうな変数名をさがし、2000年になったときに正しく動作するかどうかを徹底的に調べ、修正したのです。ところが、日付を格納する変数名が「moji」になっていたためにチェックが漏れ、「平成88年」と印字されたチケットが発売されてしまうということが実際に起きてしまいました。たかが変数名、されど変数名、プログラマの配慮の欠如による、たった1つの変数名が社会問題になった実例です。

　変数の名前の決め方・定数名の使い方は、プログラムの本質ではありません。が、プログラムの保守のしやすさ、発展性、拡張性に大きく影響を与えることはまちがいない重要なことなのです。

応用例 2-3

　科目数を数えながら1科目ずつ加算して合計値を求めてみましょう。また、学生数Nの他に、表示した回数を数えて受験者数として表示しましょう。

▼ 実行結果

```
          評点      評価
学生1 ： 94点       S
学生2 ：  4点       D
学生3 ： 83点       A
平均点： 60.3点
学生数： 3名
受験者： 3名
```

学習 STEP 3　増分・減分演算子でカウントする

　C言語には、1加える、1減らすための専用の演算子が用意されています。これは、回数やデータの数などを数えたり、カウントダウンしたりするときなどに使います。

▼ **表14　増分・減分演算子**

演算の種類	一般形	同じ意味の式	式の値
前置増分	++E	E = E + 1	変数の値に1を加える。変数の値を使うときは、加えた後の値が使われる
後置増分	E++	E = E + 1	変数の値に1を加える。変数の値を使うときは、加える前の値が使われる
前置減分	--E	E = E - 1	変数の値に1を減じる。変数の値を使うときは、減じた後の値が使われる
後置減分	E--	E = E - 1	変数の値に1を減じる。変数の値を使うときは、減ずる前の値が使われる

E：オペランド

▼ **例**

```
int  i = 0;
i++;
```

　この例ではiの値は1になります。

発展　前置演算子と後置演算子の違い

式の値とオペランドの値は異なります。式の値とは、この式が別の演算子のオペランドになっているとき、どのような値で演算が行われるかということです。たとえば

```
int   i = 2;
int   j = i++;
```

という式があったとき i++を行うことで、変数iの値は3になりますが、代入は、iの増分前に行われ、jの値は2となります。

一方、

```
int   i = 2;
int   j = ++i;
```

の場合には、代入はiの増分後に行われ、jの値は3となります。

このような増分・減分演算子の使い方は紛らわしく、あまりお勧めできません。増分・減分演算子は、単独で使うことをお勧めします。その場合には、

　　　前置演算子　　　++i;

も

　　　後置演算子　　　i++;

も同じ結果になります。

STEP 4　複合代入演算子で演算と代入を一気に行う

C言語では、「=」は代入するという意味だということはすでに学習しました。ですから、数学ではありえない、次のような式が存在します。

```
i = i + 2;
```

▼ 図12　i＝i＋2の動作

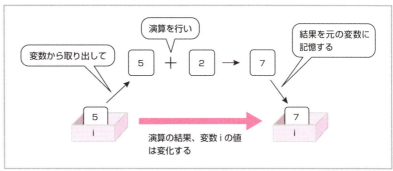

このようなときには、代入と演算を組み合わせた演算子が用意されています。

▶複合代入演算子は、2つで1つの記号を表します。ですから、「=+」のように逆順に書いたり、「+ =」のように間に空白をいれてはいけません。コンパイルエラーになってしまいます。

▼ **表15　複合代入演算子**

複合代入演算子	演算の種類	一般形	同じ意味の式
+=	足し算の結果を代入	E1+=E2	E1=E1+E2
−=	引き算の結果を代入	E1-=E2	E1=E1−E2
*=	掛け算した結果を代入	E1*=E2	E1=E1*E2
/=	割り算した結果を代入	E1/=E2	E1=E1／E2
%=	割り算の余りを代入	E1%=E2	E1=E1%E2

E1,E2：オペランド

STEP 5　合計を求めるにはどんな考え方をするのか

基本例2-3のプログラムでは、合計点の算出は、

```
gokei = hyouten1 + hyouten2 + hyouten3;
```

という文で行いました。人数が増えたら、どんどん式が長くなってしまいますね。そこで、次のように考えます。

▶このような方法は、第3章で学習する配列と、第4章で学習するプログラムの制御を組み合わせたとき、とても有効になりますので、考え方をよく理解しておきましょう。

① 容器を用意し、空にしておきます。
② この容器に学生1の評点を入れます。
③ 次に、同じ容器に学生2の評点を入れます。
④ さらに、同じ容器に学生3の評点を入れます。
⑤ 容器には、3人分の合計が入っています。

このとき重要なのは、はじめに必ず容器を空にしておかなければならないということです。ゴミが入った状態でスタートすると、正しい合計値を求めることができませんね。

▼ 図13 合計の求め方

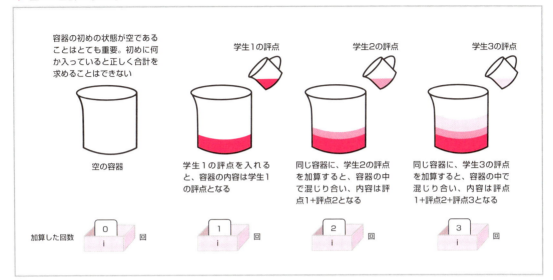

STEP 6 　合計した回数をカウントする

　平均を求めるためには、合計を課題の数で割り算しますが、このプログラムでは、学生の評点を1人分ずつ加算します。そこで、加算のたびに何回加算を行ったのかを数えておくと、何人分まで加算できたのかを知ることができますし、平均を求めるための割る数にも利用できます。全体の人数があらかじめわかっていたとしても、欠席した人を外したいとか、合格者の平均点を求めたい、などというときには、加算した回数を数えておく必要があります。

　回数を数えるためには、今何回目なのかを記憶しておく変数が必要です。はじめは、0にしておき、1回加算を行うごとに、1ずつカウントアップしていきます。カウントアップには、増分演算子が利用できます。

STEP 7 　学生番号の表示に変数を使う

　表示例では、
　　学生1
　　学生2
　　学生3
のように1から始まる連番で学生を識別しています。ここにも変数iを使ってみましょう。iは、何回表示したのかを記録します。つまり、1回加算や表示が終

わって初めてiは1になります。つまり、まさに表示しようとしているときは、まだiは0なのです。そのため

```
printf("学生%d ：%3d点    %c¥n", i ,ten1, hyouka1);
```

と記述したときの実行結果は

▼ **実行結果**

```
学生0 ： 94点    S
```

となってしまいます。
学生番号を1から始めるには、
　　　iが 0のとき 1
　　　iが 1のとき 2
　　　iが 2のとき 3
と表示すればよい、つまり、i + 1を表示すればよいのです。

```
printf("学生%d ：%3d点    %c¥n", i + 1 ,ten1, hyouka1);
```

▼ **実行結果**

```
学生1 ： 94点    S
```

　ここで、i++とi + 1の違いを確認しておきましょう。i++はiの値が変化しますが、i + 1ではiの値は変化せず、この加算の結果が利用されます。

▼ **図14** i++とi+1の違い

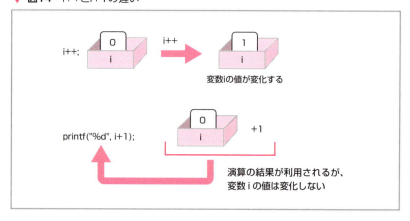

▶野球の選手では背番号0番というのもありますから、これでもよいのかもしれませんが、ここは、1から始めることにしたいと思います。

2-03 演算

元のファイル…sample2_3k.c
完成ファイル…sample2_3o.c

● プログラム例

3つの課題の合計点を複合代入演算子を使って1つずつ加算します。また、増分演算子を使って演算回数をカウントし、これを使って平均を求めます。

```c
/*****************************************
    演算      応用例2-3
*****************************************/
#include <stdio.h>
#define    N    3                //学生の人数を定数として定義

int main(void)
{
    //変数の宣言
    int     hyouten1 = 94;       //学生1の評点
    int     hyouten2 = 4;        //学生2の評点
    int     hyouten3 = 83;       //学生3の評点
    int     gokei;               //評点の合計点
    double  heikin;              //評点の平均点
    char    hyouka1 = 'S';       //学生1の評価
    char    hyouka2 = 'D';       //学生2の評価
    char    hyouka3 = 'A';       //学生3の評価
    int     i;                   //評点を加算した回数を数えるための変数

    //評点の合計点と平均点の計算
    gokei = 0;                   //合計点の初期化
    i = 0;                       //iの初期化
    gokei += hyouten1;           //学生1の評点を加算
    i++;                         //1回終わり
    gokei += hyouten2;           //学生2の評点を加算
    i++;                         //2回終わり
    gokei += hyouten3;           //学生3の評点を加算
    i++;                         //3回終わり

    heikin = (double)gokei / i;  //平均点を計算

    //コマンドプロンプト画面に表示
    i = 0;                       //iの再初期化
    printf("        評点    評価¥n");
    printf("学生%d ：%3d点    %c¥n", i + 1 ,hyouten1, hyouka1);
    i++;
    printf("学生%d ：%3d点    %c¥n", i + 1 ,hyouten2, hyouka2);
    i++;
    printf("学生%d ：%3d点    %c¥n", i + 1, hyouten3, hyouka3);
    i++;
    printf("平均点：%5.1f点¥n", heikin);
    printf("学生数：%2d名¥n", N);
```

- gokei、iともに最初はゼロ
- 1つずつ加算しながら、加算の回数を数える
- 加算した回数がiに求まっている。ここはNでも可
- 一人目から表示するので、改めてiを0に戻す
- 学生の番号も変数iを使って表示してみよう「学生1」から表示するためには「i+1」

```
43        printf("受験者：%2d名¥n", i);          表示した回数としてiの値を表示
44
45        return 0;
46  }
```

発展　　その他の演算子

● 1. ビット演算子とシフト演算子

　C言語にはビットごとに計算を行うための演算子が用意されています。加算や減算では、繰り上がりなどで演算結果が隣の桁に影響することがありますが、ビットごとの演算子は、1ビット限定の演算です。

▼ 表H　ビット単位の演算子

ビット単位の演算子	演算の種類	一般形	意味
&	ビット単位のAND	E1&E2	▼ 真理値表（注）
|	ビット単位のOR	E1｜E2	
^	ビット単位の排他的OR	E1^E2	
~	ビット単位の補数	~E1	
<<	ビット単位の左シフト	E1<<E2	E1の各ビットをE2回 左にシフトする
>>	ビット単位の右シフト	E1>>E2	E1の各ビットをE2回 右にシフトする

▼ 真理値表（注）

A	B	A&B	A|B	A^B	~A
0	0	0	0	0	
0	1	0	1	1	1
1	0	0	1	1	0
1	1	1	1	0	

AはオペランドE1の中の1ビット
BはオペランドE2の中の1ビット

（例）
1111 1110
↑　左に1ビットシフト
1111 1111
↓　右に1ビットシフト
0111 1111

E1,E2：オペランド

（注）1ビットの値は「0」と「1」しかありませんので、その組み合わせはたかだか4通りしかありません。すべての組み合わせについて、演算結果を表にしたものを**真理値表**といいます。

　ビット単位の演算子についても複合代入演算子が用意されています。

▼ 表I　複合代入演算子

複合代入演算子	演算の種類	一般形	同じ意味の式
&=	ANDをとって代入	E1&=E2	E1 = E1 & E2
|=	ORをとって代入	E1|=E2	E1 = E1 | E2
^=	排他的ORをとって代入	E1^=E2	E1 = E1 ^ E2
<<=	左シフトの結果を代入	E1<<=E2	E1 = E1 << E2
>>=	右シフトの結果を代入	E1>>=E2	E1 = E1 >> E2

E1,E2：オペランド

2-03 演算

▼ **リスト　プログラム例(sample2_h2.c)**

```
1   /*********************************************
2       発展          ビット演算
3   *********************************************/
4   #include <stdio.h>
5
6   int main(void)
7   {
8       int    x = 0;
9       int    y;
10
11      //xのすべてのビットを反転する
12      y = ~x;
13
14      printf("x 16進数：%x   10進数：%d¥n", x , x);
15      printf("y 16進数：%x   10進数：%d¥n", y , y);
16
17      return 0;
18  }
```

▼ **実行結果**

```
x 16進数：0   10進数：0
y 16進数：ffffffff   10進数：−1
```

　値が0である変数に対し、補数演算を施すと、全てのビットが1になります。16進数では0xfが並び、これを符号付の整数として表示すると−1となります。

● 2. sizeof演算子

　変数などの大きさ(バイト数)を調べる演算子sizeofは次のように使います。

```
sizeof    式
   または
sizeof   (型名)
```

▼ **リスト　プログラム例(sample2_h3.c)**

```
1   /*********************************************
2       発展          変数のサイズ
3   *********************************************/
4   #include <stdio.h>
5
6   int main(void)
```

111

```
 7   {
 8       int    x;
 9
10       printf("xのサイズは：%d¥n", sizeof(x));
11       printf("int型のsizeは：%d¥n", sizeof(int));
12       printf("char型のsizeは：%d¥n", sizeof(char));
13       printf("double型のsizeは：%d¥n", sizeof(double));
14
15       return 0;
16   }
```

変数xのサイズが求まります

各型のサイズが求まります

▼ 実行結果

```
xのサイズは：4
int型のsizeは：4
char型のsizeは：1
double型のsizeは：8
```

2

04

計算してみよう

データの入力

データをキーボードから入力してみましょう。1つのプログラムを
使っていろいろな値を試すことができるようになります。

基本例 2-4

3人分の評価と学生1・学生2・学生3の得点をキーボードから読み込ん
で、合計点と平均点を求めて表示しましょう。

▼ **実行結果**

```
3人分の評価を入力：SDA
学生1の評点：94
学生2の評点：4
学生3の評点：83
3名分の評点を入力しました

           評点      評価
学生1 ：  94点      S
学生2 ：   4点      D
学生3 ：  83点      A
平均点：  60.3点
学生数：  3名
受験者：  3名
```

□ はキーボードからの入力を表す

学習

STEP 1   キーボードから値を入力する

キーボードから値を入力するための方法はいくつかありますが、ここでは、
scanfを使って、数値データを1つずつ変数に取り込む方法を試してみましょ
う。

▶ &は、変数へのポインタを示
すアドレス演算子ですが、ここ
では、「scanfを使うときには、
変数名の前に絶対書かなけれ
ばならないもの」と覚えてくだ
さい。第6章で詳細を学習しま
す。

```
scanf("  書式  ",&変数名);
```

▶ここでは、p78の表5に掲げた代表的な型に絞って紹介しています。

▼ 表16　scanfの入力形式

出力したい形式	変換指定子	適用できる型
文字	%c	char , int
10進数	%d	char , int
浮動小数点数	%lf（エル・エフ）	double

変換指定子は、double型に「l(エル)」を付け加える以外は、printfのときと同じです。しかし、scanfはあくまでもキーボードからの入力を行う文であり、書式には、原則として変換指定子のみ記述します。学生1の評点をキーボードから入力する文は以下のようになります。

▶注意 scanfに伴う警告について

コンパイラによっては、「scanfは安全でない」というエラーまたは警告が発生することがありますが、数値データの入力については、危険はありません。scanfが安全でない理由は第3章で解説します。

```
scanf("%d" , &hyouten1);
```

▼ 図15　scanfによりキーボードからの入力

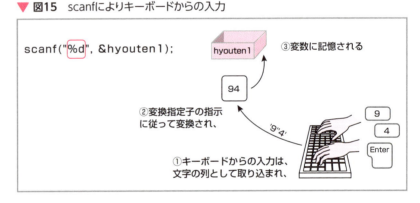

▶キーボードのキーを押すと、対応する文字が入力されます。scanfでは、これを変換指定子の指示に従った型に変換して、指定の変数名に格納するという働きをします。改行キーが押されるまで入力を待ち、改行キーが押されたら変換を行います。

scanfはあくまでも入力を受け付ける文にすぎません。この文が実行されると、コマンドプロンプトの黒い画面内でカーソルが点滅します。いきなりそんな画面になったら、どう反応してよいか、驚いてしまいます。

▶コマンドプロンプトの画面で、プロンプトの後ろでカーソルが点滅しているのと同じ状態になります。

そうならないように、scanfの直前にprintfで、「これから入力してもらいたいデータのヒント」を表示すると親切です。scanfはprintfとペアで使うように心がけましょう。

▶自分で作ったプログラムを自分で動かしているのだから、驚くはずはない！学生1の評点を入力すればよい、と思われるかもしれませんが、実際にやってみてください。メッセージも何もなくいきなりカーソルが点滅すると、実行に失敗したのではないか、と不安になってしまいます。

scanfでキーボードから入力をするとき、入力の最後にEnterキーを押します。それにより、入力は終了し、入力文字列がプログラムに渡され、変換指定子に従って整数や浮動小数点数に変換されます。しかし、scanfの書式に%cを指定して文字を読み込もうとすると、入力を終了するEnterキーを1文字の入力に割り当てられてしまい、正しく入力できないことがあります。これは、scanfの仕様であり、scanfを使う以上回避することができません。scanfは他にも問題

2-04　データの入力

がありますが、初心者が数値をキーボードから入力する最も手軽な方法なので、しばらくは、数値の入力にscanfを使っていきます。

STEP 2　複数のデータを1つの scanf で入力する

printfにおいて、1つの書式中に複数の変換指定子を持つことができましたが、scanfでも同様に1つのscanfの書式中に複数の変換指定子を含めることができます。

▶scanfの仕様により、変換指定子%cを指定しての入力は、プログラムの最初に1回だけ可能です。3人分の評価を一人分ずつ入力することはできません。また、評点を入力した後で%cにより文字を入力することもできません。評価は第4章以降に評点から自動で算出できるようになります。また、複数の文字を入力するほかの方法もあり、第5章で学びます。それまでは、このプログラムで我慢してください。

```
printf("3人分の評価を入力：");
scanf("%c%c%c", &hyouka1, &hyouka2, &hyouka3);
```

3つの文字がそれぞれ変数hyouka1、hyouka2、hyouka3に入ります。
複数の数値を入力するにも、同様のプログラムになります。

```
printf("3人分の評点を入力：");
scanf("%d%d%d", &hyouten1, &hyouten2, &hyouten3);
```

▶複数のデータの入力を1つのscanfで行いたいとき、データ間の区切り文字を書式で指定することができます。
例えば
scanf("%d,%d,%d" , &hyouten1 , &hyouten2 , &hyouten3);
と記述したときは、「,」がデータ間の区切りとなり、スペースキーは無効となります。また、改行キーを押した瞬間に3つ分の入力が終了します。
このような指定をしたときは
73,9,120
と入力しなければなりません。

数値の入力では、データ間の区切りはスペースキーまたは改行キーで行います。改行キーが押されたら、それまでに入力された文字を指定の型に変換し、指定の変数に記憶します。

◉ CD-ROM ≫

元のファイル…rei2_4k.c
完成ファイル…sample2_4k.c

● プログラム例

応用例2-3のプログラムを、得点の初期設定をやめ、キーボードから入力するように改造してから実行してみましょう（穴あきプログラムを用意しています）。

```
1    /***********************************
2        データの入力    基本例2-4
3    ***********************************/
4    #include <stdio.h>
5    #define    N    3    //学生の人数を定数として定義
6
7    int main(void)
8    {
9        //変数の宣言
```

115

```c
10    int     hyouten1;       //学生1の評点
11    int     hyouten2;       //学生2の評点
12    int     hyouten3;       //学生3の評点
13    int     gokei;          //評点の合計点
14    double  heikin;         //評点の平均点
15    char    hyouka1;        //学生1の評価
16    char    hyouka2;        //学生2の評価
17    char    hyouka3;        //学生3の評価
18    int     i;              //評点を加算した回数を数えるための変数
19
20    //キーボードから入力
21    printf("3人分の評価を入力：");
22    scanf("%c%c%c", &hyouka1, &hyouka2, &hyouka3);
23
24    i = 0;
25    printf("学生%dの評点：", i + 1);
26    scanf("%d", &hyouten1);              //学生1の評点を入力
27    i++;
28    printf("学生%dの評点：", i + 1);
29    scanf("%d", &hyouten2);              //学生2の評点を入力
30    i++;
31    printf("学生%dの評点：", i + 1);
32    scanf("%d", &hyouten3);              //学生3の評点を入力
33    i++;
34
35    printf("%d名分の評点を入力しました¥n", i);
36
37    //合計と平均の計算
38    gokei = 0;                          //合計点の初期化
39    i = 0;                              //iの初期化
40    gokei += hyouten1;                  //学生1の評点を加算
41    i++;
42    gokei += hyouten2;                  //学生2の評点を加算
43    i++;
44    gokei += hyouten3;                  //学生3の評点を加算
45    i++;
46    heikin = (double)gokei / i;         //平均点を計算
47
48    //コマンドプロンプト画面に表示
49    i = 0;                              //iの再初期化
50    printf("¥n");
51    printf("        得点    評価¥n");
52    printf("学生%d ：%3d点     %c¥n", i + 1, hyouten1, hyouka1);
53    i++;
54    printf("学生%d ：%3d点     %c¥n", i + 1, hyouten2, hyouka2);
55    i++;
56    printf("学生%d ：%3d点     %c¥n", i + 1, hyouten3, hyouka3);
57    i++;
58    printf("平均点：%5.1f点¥n", heikin);
```

キーボードから入力するため
初期化はしない

```
59      printf("学生数：%2d名¥n", N);
60      printf("受験者：%2d名¥n", i);
61
62      return 0;
63  }
```

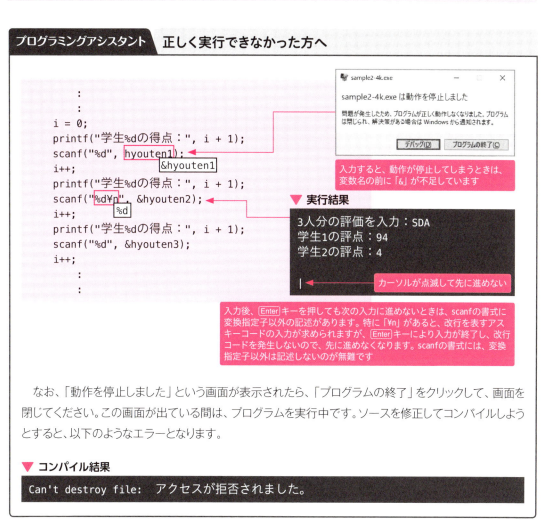

なお、「動作を停止しました」という画面が表示されたら、「プログラムの終了」をクリックして、画面を閉じてください。この画面が出ている間は、プログラムを実行中です。ソースを修正してコンパイルしようとすると、以下のようなエラーとなります。

▼ コンパイル結果

```
Can't destroy file:  アクセスが拒否されました。
```

発展　scanfの書式

scanfで使用できる変換指定子は以下のとおりです。

▼ **表J**　変換指定子

変換指定子	意味	プログラム例	入力データ	実行結果

%d	入力データを符号付10進整数と解釈する	`int    n;`
		
		`scanf("%d",&n);`
		`printf("n= %d¥n",n);`
			10	n = 10

%i	入力データの先頭が0xまたは0Xであれば16進数、0であれば8進数、それ以外の数字であれば10進数と解釈する	`int    n;`
		
		`scanf("%i",&n);`
		`printf("n = %d¥n",n);`
			10
			
			010
			
			0x10
				n = 10
				
				n = 8
				
				n = 16

%o	入力データを符号付8進数と解釈する	`int    n;`
		
		`scanf("%o",&n);`
		`printf("n = %u¥n",n);`
			10	n = 8

%u	入力データを符号なし10進整数と解釈する	`unsigned int    n;`
		
		`scanf("%u",&n);`
		`printf("n = %u¥n",n);`
			10	n = 10

%x
%X
	入力データを符号なし16進整数と解釈する	`unsigned int    n;`
		
		`scanf("%x",&n);`
		`printf("n = %u¥n",n);`
			10	n = 16

%e
%f
%g
%E
%G
	入力データを符号付き浮動小数点数と解釈する	`float    x,y,z;`
		
		`scanf("%e",&x);`
		`printf("x = %f¥n",x);`
		
		`scanf("%f",&y);`
		`printf("y = %f¥n",y);`
		
		`scanf("%g",&z);`
		`printf("z = %f¥n",z);`
			1.5
			1.5
			1.5
			
			1.5e-1
			1.5e-1
			1.5e-1
				x = 1.500000
				y = 1.500000
				z = 1.500000
				
				x = 0.150000
				y = 0.150000
				z = 0.150000

%c	入力データを文字と解釈する	`char    a;`
		
		`scanf("%c",&a);`
		`printf("a = '%c'¥n",a);`
			c	a = 'c'

2-04 データの入力

| %s | 入力データを文字列と解釈する。最後に自動的に¥0がつく（注） | ```
char     a[20];

scanf("%s",a);
printf("a[ ] = %s¥n",a);
``` | Hello | a[ ] = Hello |
|---|---|---|---|---|
| %[…] | [ ]内の文字以外が入力されるまで、文字型変数に入力する。最後に自動的に¥0がつく（注） | ```
char     a[20];

scanf("%[abc]",a);
printf("a[ ] = %s¥n",a);
``` | abcdefg | a[ ] = abc |
| %[^…] | [ ]内の文字が入力されるまで、文字型変数に入力する。最後に自動的に¥0がつく（注） | ```
char     a[20];

scanf("%[^abc]",a);
printf("a[ ] = %s¥n",a);
``` | defb | a[ ] = def |

（注）文字型配列・文字列、¥0については第3章を参照してください。

以下のように**最大フィールド幅**を指定することができます。

最大フィールド幅の意味	プログラム例	入力データ	実行結果
| %と変換指定子の間に、10進整数を記述すると、1つのデータとして扱う最大の桁数を指定できる | ```
int     n1,n2;

scanf("%3d",&n1);
scanf("%d",&n2);
printf("n1 = %d¥n",n1);
printf("n2 = %d¥n",n2);
``` | 1234567 | n1 = 123<br>n2 = 4567<br>n1には、最初の3桁分だけが入力され、残りはn2に入ります |

入力したい変数の型によっては、以下のような修飾子が必要になります。

修飾子	変換指定子	入力したい変数の型
hh	%d %i %o %u %x %X %n	signed char unsigned char
h	%d %i	short int
	%o %u %x %X	unsigned short int
l	%d %i	long int
	%o %u %x %X	unsigned long int
	%e %f %g	double
ll	%d %i %o %u %x %X %n	long long int unsigned long long int
L	%e %f %g	long double

119

まとめ

- C言語では、データはすべて型を持っています。データの型を意識してプログラムを書きましょう。
- 変数を使うときは、あらかじめすべて宣言しなければなりません。どんな型が適しているかを考えるとともに、適切な変数名をつけましょう。
- printfを使ってデータを画面に表示、scanfを使ってキーボードからデータを入力することができます。

▼ **主な型と変換指定子**

型	値	変換指定子	
		printf	scanf
int	整数	%d	%d
double	浮動小数点数	%f	%lf(エル・エフ)
char	文字	%c	%c

● 演算子一覧

	演算子	演算の意味
算術演算子	単項の＋	そのままの値
	単項の−	負の値
	＋	足し算
	−	引き算
	＊	掛け算
	／	割り算
	％	割り算の余り
増分演算子	++	1加える
減分演算子	--	1減らす
ビット単位の演算子	&	ビット単位のAND
	|	ビット単位のOR
	^	ビット単位の排他的OR
	~	ビット単位の補数
	<<	ビット単位の左シフト
	>>	ビット単位の右シフト
キャスト	(型名)	一時的な型の変更

2-04 データの入力

サイズ	sizeof	オペランドの型のサイズ（バイト数）を調べる
代入演算子	=	代入
	+=	足し算の結果を代入
	ー=	引き算の結果を代入
	*=	掛け算の結果を代入
	／=	割り算の結果を代入
	%=	割り算の余りを代入
	&=	ANDをとって代入
	|=	ORをとって代入
	＾=	排他的ORをとって代入
	<<=	左シフトの結果を代入
	>>=	右シフトの結果を代入

Let's challenge 文字の並びに対するハッシュ値を求めてみよう

ハッシュ値とは、入力に対し、何らかの処理を施して求まる値を指します。同じ値を入力し、同じ処理を施せば、必ず同じ値が求まることから、情報の改ざんをチェックすることができます。施す処理を**ハッシュ関数**といいます。

ここでは、「Hello」という文字の並びに以下のようなハッシュ関数を適用し、ハッシュ値を求めてみましょう。

● ハッシュ関数の内容

各文字のアスキーコードを数値とみなし、全文字のアスキーコードを加算した後、ハッシュサイズと呼ばれる固定値（ここでは13に設定）で割った余りを求めます。

▼ **実行結果**

```
Helloのハッシュ値は6
```

▼ **ハッシュ値を求める過程**

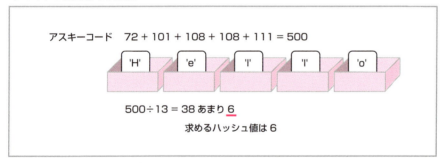

[ヒント] char型の変数を5個用意し、初期化、キーボードからの入力、代入などの方法で、変数に文字を記憶します。その変数を用いて、ハッシュ値を算出します。

第3章

配列を使ってみよう

　気象観測では毎日気温を計測します。学校では、何百人もの生徒が同じ試験を受けます。このように、同じ種類のデータがたくさんあったとき、それをまとめて扱うことができると、コンピュータの性能をもっと引き出すことができるようになります。その第一歩として、配列を使って、同じ性質のデータをまとめて管理する方法を学びましょう。

3-01 配列とは何か

配列を使ってみよう

同じ種類のデータを1つの名前で管理し、まとめて扱いましょう。

STEP 1　配列の仕組みを学ぼう

「同じようなデータが複数ある」ということはよくあることです。第2章の基本例2-2で取り上げたプログラムでも、3人分の評点という同じ性質のデータが並びました。このように、同じ性質のデータをひとまとめにして1つの名前をつけたものを**配列**といいます。変数を一戸建ての家に例えると、配列はマンションのようなものです。

▶変数とは、データの記憶場所（アドレス）に名前をつけたものでしたね。第2章p82を復習しておきましょう。

▼ 図1　変数と配列の違い

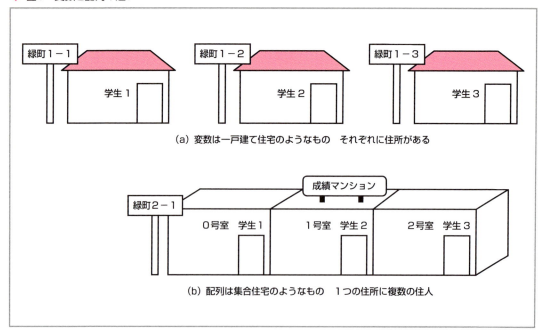

(a) 変数は一戸建て住宅のようなもの　それぞれに住所がある

(b) 配列は集合住宅のようなもの　1つの住所に複数の住人

一戸建ての家には、それぞれ住所（アドレス）がありますが、マンションには、1つの住所に何家族もが住んでいます。その分広い敷地が必要です。そして、

それぞれの家族に手紙が届くために、部屋を区別する1号室、2号室といった番号が付いています。また、マンションに入居できる家族数は、用意された部屋の数を超えることはできません。

　一戸建てである変数では、一つの変数に一つのデータが入りますが、マンションである配列には、一つの配列に複数のデータを記憶することができます。ただし、記憶できるデータの数は、あらかじめ用意された個数を超えることはできません。複数のデータが入る部屋は、それぞれを区別するために**添字**と呼ばれる番号が付いています。C言語では、添字は0から始まる整数と決められていますので0号室、1号室、・・・というイメージです。現実のマンションでは、同じ建物に間取りの異なる部屋が存在しますが、配列では、一つの配列のすべての要素は同じ型でなければなりません。複数の配列要素を代表する住所（アドレス）を表す名前を**配列名**といい、配列内の一つひとつを**配列要素**といいます。

　変数は、一つひとつに変数名を持ち、バラバラのアドレスに領域が確保されます。これに対し、配列は、「連続した領域に割り当てられた複数の変数」と言い換えることができます。マンションでは、1つの住所に複数の家族が住む分、広い敷地が必要ですが、同様に、配列もたくさんのデータを記憶しようとすると、それに相当するメモリ領域が必要になります。配列名は、連続したアドレスに割り当てられた必要な領域の先頭のアドレスを表す名前なのです。

▼ 図2　変数と配列2

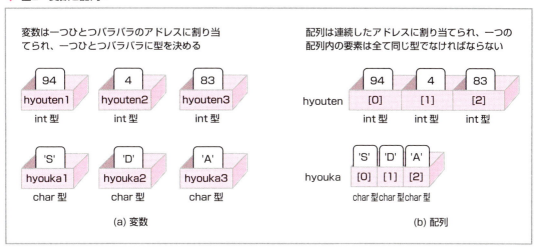

(a) 変数　　　　　　　　　　　　(b) 配列

　マンションの部屋番号にあたる配列の添字は、

　　`hyouten[0]`

のように、[ ]で囲んで記述します。配列名と添字の組で変数一つと同じ働きを

します。

▼ 図3　配列名+添字で変数と同じ働き

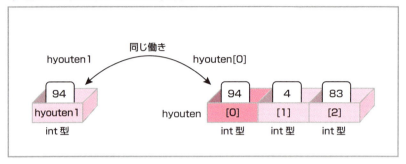

STEP 2　文字を並べて文字列を表現する

　1つのchar型変数には、1文字が入りますが、文字は数値と違って、まとまってこそ意味を持つものです。

▼ 図4　文字を並べて意味を持たせる

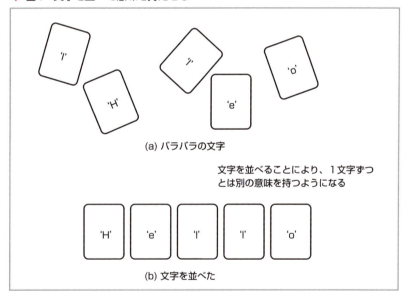

　変数は1つずつバラバラですが、配列は連続したアドレスが割り当てられます。配列を利用すると、まとまった文字の並びを表現することができます。各配列要素に順番に文字を記憶すると図5のようになります。

▼ 図5　char型配列に記憶された文字

しかし、このままでは、配列のどこまで有効な文字が記憶されているのかがわかりません。そこで、最後に「終わり」の印を付けます。C言語では、0（2進数では0000 0000）を終わりの印として使います。0は数値ですが、第2章で学んだ拡張表記を使うと「'¥0'」のように文字として扱うことができます。

▼ 図6　文字列の終わりを明記

▶実際には、アスキーコードが記憶されます。

このように、終わりを表す「'¥0'」を付けた文字の並びを**文字列**といいます。文字列のリテラル値は「"」で囲んで表します。

```
"Hello"
```

このとき、Helloは5文字ですが最後の「'¥0'」を含み、6文字分の記憶領域が必要です。配列要素数が足りなくならないように気を付けましょう。

1と'1'と"1"は3つとも異なります。1は数値の1、'1'は文字の1、"1"は文字列の1です。メモリには、以下のように記憶されます。違いを理解しておきましょう。

▶文字は「'」で囲んで表し、文字列は「"」で囲んで表します。

▼ 図7　1と'1'と"1"の違い

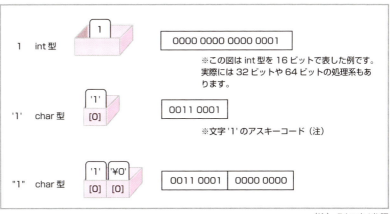

（注）p76の表4参照

配列を利用する

配列を使ったプログラムを書いてみましょう。

基本例 3-2

第2章の応用例2-3のプログラムを配列で書き換えます。3人分の評点と評価を代入し、3人の平均点を求めて表示しましょう。

▼ 実行結果

```
          評点      評価
学生1 ：   94点      S
学生2 ：    4点      D
学生3 ：   83点      A
平均点：   60.3点
学生数：3名
受験者：3名
```

学習

STEP 1　配列を宣言する

変数と同様、配列を使うときにも、あらかじめ「これは配列です」という宣言をしなければなりません。配列の宣言では、型のほかに、その配列には要素が何個あるか、を明示します。

　　型名　配列名[配列要素数];

学生が3人おり、3人分の評点と3人分の評価を配列に保存するには、以下のように配列を宣言します。

```
int     hyouten[3];     //3人分の評点を記憶する配列の宣言
char    hyouka[3];      //3人分の評価を記憶する配列の宣言
```

▶配列を宣言する文では、[]内の数値は、配列要素の数を表します。右の例では、配列hyoutenには「3個の要素がある」という意味で、「3番目の要素」という意味ではありません。

▼ 図8 宣言された配列

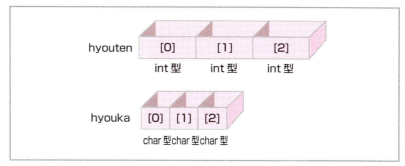

　　配列要素数は、プログラム実行の途中で変更することはできません。また、配列要素数は、その後の演算に何かと使われることが多く、定数名を定義しておくことをお勧めします。プログラムの先頭で

```
#define  N  3      //学生の人数を定数として定義
```

と記述した上で、配列の宣言に定数名を使いましょう。

```
int    hyouten[N];    //N人分の評点を記憶する配列を宣言
char   hyouka[N];     //N人分の評価を記憶する配列を宣言
```

▶配列の要素数は、プログラム実行の途中で変更することはできませんが、プログラムを修正してコンパイルし直し、実行し直すという作業を行えば、異なった配列要素数で新たに実行を開始することはできます。すでに建築が終了したマンションの部屋数を増やしたり減らしたりすることは、居住したままの状態ではできないのと似ていますね。

コラム　配列の要素数を求める

　　第2章で学んだsizeof演算子を用いると配列要素数を調べることができます。sizeof演算子はオペランドに型名または変数/配列名を指定できます。配列要素数は以下のように求めることができます。

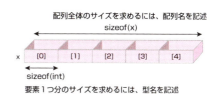

▼ リスト　プログラム例(sample3_h1.c)

```
1   /*********************************
2       コラム    配列要素数を調べる
3   *********************************/
4   #include <stdio.h>
5
6   int main(void)
7   {
```

```
 8      //変数の宣言
 9      int     x[5];        //int型配列  要素数5個
10      int     x_n;         //配列xの要素数
11      char    moji[80];    //char型配列  要素数80個
12      int     moji_n;      //配列mojiの要素数
13      double  y[10];       //double型配列  要素数10個
14      int     y_n;         //配列yの要素数
15
16      //配列の要素数を求める
17      x_n = sizeof(x) / sizeof(int);
18      moji_n = sizeof(moji) / sizeof(char);
19      y_n = sizeof(y) / sizeof(double);
20
21      printf("int型配列xの要素数は%d¥n", x_n);
22      printf("char型配列mojiの要素数は%d¥n", moji_n);
23      printf("double型配列yの要素数は%d¥n", y_n);
24
25      return 0;
26   }
```

▼ 実行結果

```
int型配列xの要素数は5
char型配列mojiの要素数は80
double型配列yの要素数は10
```

求まった要素数は宣言したものと一致しました。要素数は正しく求まりました。

STEP 2 配列要素にデータを代入する

配列にデータを格納するときは、添字を使って、配列要素を1つ指定します。
配列名と添字の組で、1つの変数と同じように扱うことができます。
学生3人分の評点と評価は以下のように代入することができます。

```
//値を代入
hyouten[0] = 94;       //学生1の評点を代入
hyouten[1] = 4;        //学生2の評点を代入
hyouten[2] = 83;       //学生3の評点を代入
hyouka[0]  = 'S';      //学生1の評価を代入
hyouka[1]  = 'D';      //学生2の評価を代入
hyouka[2]  = 'A';      //学生3の評価を代入
```

▼ 図9　配列に代入

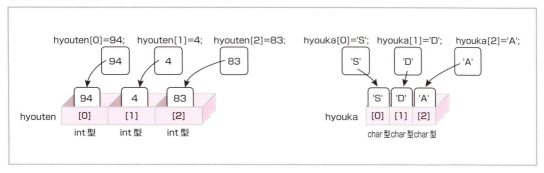

要素を指定する添字の値は、

```
0　～　要素数-1
```

でなければなりません。この例では、配列hyoutenには3つの要素がありますから、添字として有効なのは、0～2です。

▼ 図10　hyouten[0]からhyouten[2]まで

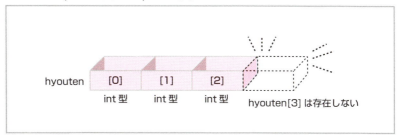

プログラム例

CD-ROM »
元のファイル…sample2_3o.c
完成ファイル…sample3_2k.c

第2章応用例2-3のプログラムを配列に置き換えて実行しましょう。

```
1  /*****************************
2      配列の利用    基本例3-2
3  *****************************/
4  #include <stdio.h>
5  #define    N    3    //学生の人数を定数として定義
6
7  int main(void)
8  {
```

```c
 9      //変数の宣言
10      int     hyouten[N];     //N人分の評点              配列に変更
11      int     gokei;          //評点の合計点            初期化は削除
12      double  heikin;         //評点の平均点
13      char    hyouka[N];      //N人分の評価
14      int     i;              //評点を加算した回数を数えるための変数
15
16      //値を代入
17      hyouten[0] = 94;        //学生1の評点を代入
18      hyouten[1] = 4;         //学生2の評点を代入
19      hyouten[2] = 83;        //学生3の評点を代入         配列に代入
20      hyouka[0]  = 'S';       //学生1の評価を代入
21      hyouka[1]  = 'D';       //学生2の評価を代入
22      hyouka[2]  = 'A';       //学生3の評価を代入
23
24      //評点の合計点と平均点の計算
25      gokei = 0;                      //合計点を初期化
26      i = 0;                          //iを初期化
27      gokei += hyouten[0];            //合計に学生1の評点を加算
28      i++;                            //1回終わり
29      gokei += hyouten[1];            //合計に学生2の評点を加算
30      i++;                            //2回終わり
31      gokei += hyouten[2];            //合計に学生3の評点を加算
32      i++;                            //3回終わり
33
34      heikin = (double)gokei / i;     //平均点を計算
35
36      //コマンドプロンプト画面に表示
37      i = 0;                          //iを再初期化
38      printf("        評点    評価¥n");
39      printf("学生%d  ：%3d点      %c¥n", i + 1, hyouten[0], hyouka[0]);
40      i++;
41      printf("学生%d  ：%3d点      %c¥n", i + 1, hyouten[1], hyouka[1]);      配列に変更
42      i++;
43      printf("学生%d  ：%3d点      %c¥n", i + 1, hyouten[2], hyouka[2]);
44      i++;
45      printf("平均点：%5.1f点¥n", heikin);
46      printf("学生数：%2d名¥n", N);
47      printf("受験者：%2d名¥n", i);
48
49      return 0;
50  }
```

3-02 配列を利用する

プログラミングアシスタント　コンパイルエラーになった方へ

```
int main(void)
{
    //変数の宣言
        :
    int    i;          //評点を加算した回数を数えるための変数
        :
        :
    //表示
    printf("      評点    評価¥n");
    int  i = 0;     //iを再初期化
    printf("学生%d  ：%3d点    %c¥n", i + 1, hyouten[0], hyouka[0]);
    i++;
        :
        :
```

> redefinition of 'i'というエラーが出たらi = 0;の前に型を表すintが付いています。変数名の前に型名をつけると宣言文となり、新たな変数を宣言することになります。変数iはすでに宣言されており、同じ名前の変数を2回宣言することはできません
> 代入文と初期化を伴った宣言文との区別をしっかりとつけておきましょう

```
int main(void)
{
    //変数の宣言        hyouten[N];
    int    hyouten;        //N人分の評点
    int    gokei;          //評点の合計点
    double heikin;         //評点の平均点
    char   hyouka[N];      //N人分の評価
    int    i;              //評点を加算した回数を数えるための変数

    //値を代入
    hyouten[0] = 94;     //学生1の評点を代入
    hyouten[1] = 4;      //学生2の評点を代入
    hyouten[2] = 83;     //学生3の評点を代入
    hyouka[0]  = 'S';    //学生1の評価を代入
    hyouka[1]  = 'D';    //学生2の評価を代入
    hyouka[2]  = 'A';    //学生3の評価を代入
```

> 配列名hyoutenが使われているあらゆる箇所でsubscripted value is not an array, pointer, or vectorというエラーが発生したら、宣言を確認してください
> hyoutenは配列として宣言されていますか？
> 配列名の後ろに[配列要素数]の記述が必要です
> このエラーも、エラーのある箇所だけを見ていては気づかないエラーです。宣言とセットでデバッグしましょう

```
int main(void)
{
    //変数の宣言
    int    hyouten[N];   //N人分の評点
    int    gokei;        //評点の合計点
    double heikin;       //評点の平均点
    char   hyouka[N];    //N人分の評価
    int    i;            //評点を加算した回数を数えるための変数

    //値を代入
    hyouten = 94;   //学生1の評点を代入
         : hyouten[0]
```

> array type int [3]' is not assignableというエラーが発生したら、配列名に添字を忘れていないかどうか確認してください

133

```
        :
        :
    //コマンドプロンプト画面に表示
    printf("      評点    評価¥n");
    i = 0;                    //iを再初期化
    printf("学生%d  :%3d点    %c¥n", i + 1, hyouten, hyouka[0]);
    i++;
```

hyouten[0]

printf文において、format specifies type 'int' but the argument has type 'int'という警告が発生したら、配列名に添字を忘れていないかどうか確認してください
他にエラーがなければ、実行することはできますが、正しい結果を得ることはできません

▼ 他にエラーがないときの実行結果

```
学生1 :  1703668点     S
学生2 :     4点        D
学生3 :    83点        A
```

正しい結果は得られていない

発 展　　配列要素にキーボードから値を入力する

　変数にキーボードから値を入力する方法については第2章で学びました。では、配列要素にキーボードから入力するには、どうしたらよいでしょうか?

　「配列名と添字の組で変数と同じ働きをする」ということを念頭に、変数名を配列に置き換えてみましょう。

▼ **Figure 1**　配列へのキーボードからの入力

```
int    hyouten1;    //変数の宣言
scanf("%d", &hyouten1);
```

変数では、「&」に続いて変数名を記述する

```
int    hyouten[N];    //配列の宣言
scanf("%d", &hyouten[0]);
```

変数名の代わりに、「&」に続いて配列名+添字を記述する

▼ **リスト**　プログラム例(sample3_h2.c)

```
1   /*********************************
2       発展    配列とキーボード入力
3   *********************************/
4   #include <stdio.h>
5   #define    N    3                  //学生の人数を定数として定義
6
7   int main(void)
8   {
9       //変数の宣言
```

3-02 配列を利用する

```
10      int     hyouten[N];       //N人分の評点
11      int     i;                //入力した回数を数えるための変数
12
13      //評点の入力
14      i = 0;                                //iの初期化
15      printf("学生%dの評点：", i + 1);
16      scanf("%d", &hyouten[0]);             //学生1の評点を入力
17      i++;                                  //1回終わり
18      printf("学生%dの評点：", i + 1);
19      scanf("%d", &hyouten[1]);             //学生2の評点を入力
20      i++;                                  //2回終わり
21      printf("学生%dの評点：", i + 1);
22      scanf("%d", &hyouten[2]);             //学生3の評点を入力
23      i++;                                  //3回終わり
24
25      //コマンドプロンプト画面に表示
26      i = 0;              //iの再初期化
27      printf("\n        評点\n");
28      printf("学生%d  ：%3d点\n", i + 1, hyouten[0]);
29      i++;
30      printf("学生%d  ：%3d点\n", i + 1, hyouten[1]);
31      i++;
32      printf("学生%d  ：%3d点\n", i + 1, hyouten[2]);
33      i++;
34
35      return 0;
36  }
```

▼ **実行結果**

```
学生1の評点：94
学生2の評点：4
学生3の評点：83

        評点
学生1  ：  94点
学生2  ：   4点
学生3  ：  83点
```

☐ はキーボードからの入力を表す

135

応用例 3-2

あらかじめ値がわかっているときは、変数同様、配列も初期化することができます。また、配列の添字に変数を使ってみましょう。

▼ **実行結果**

```
            評点      評価
学生1 ：  94点       S
学生2 ：   4点       D
学生3 ：  83点       A
平均点：  60.3点
学生数：3名
受験者：3名
```

学習
STEP 3　　**配列の初期値を初期化で設定する**

　　配列を宣言するとき、同時に最初のデータを与えることができます。配列の初期化は、配列要素数のデータを「,」で区切って並べ、{}で囲って書きます。これを**初期化子**といいます。たくさんの配列要素を一度に初期化することができます。3人分の評点と評価を初期化するには以下のように記述します。

▶配列要素の数より、初期化するデータの数の方が少ないときは、足りない分は0で初期化されます。多いときはコンパイルエラーになります。
このような記述ができるのは、初期化のときだけです。代入文には記述できません。代入するときは、配列要素に一つひとつ代入します。

```
int   hyouten[N] = { 94 , 4 , 83 };     //3人分の評点の初期化
char  hyouka[N] = { 'S' , 'D' , 'A' };  //3人分の評価の初期化
```

　　初期化を伴って配列を宣言するときには、配列要素数の数字を省略することができます。このとき、配列要素の数は、初期化子の数となります。ただし、[]を省略することはできません。

```
int   hyouten[] = { 94 , 4 , 83 }; //人数分の評点の初期化
```

　　このとき、初期化子が3個なので、配列hyoutenの要素数は3個となります。

STEP 4　　**添字を変数で表す**

　　配列の添字は、0から始まる整数値でなければなりません。添字としてint型のリテラル値を記述する代わりに、同じ値を持ったint型の変数名を記述することができます。

▼ 図11 添字に変数を使う

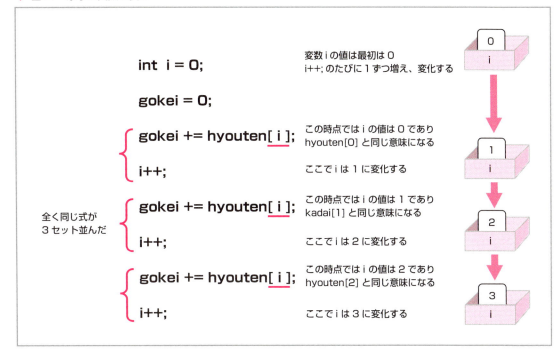

▶このような考え方は、第4章で、プログラムの制御を学習する際の基本となりますので、よく理解しておきましょう。

まったく同じ2つの式が3セット並びましたね。変数iを導入することで、同じ式を3回繰り返すことになりました。「全く同じ」というところがポイントです。

元のファイル…sample3_2k.c
完成ファイル…sample3_2o.c

● プログラム例

基本例3-2のプログラムを配列のデータを初期化により与えるように書き換えてみましょう。また、合計点の計算や表示をするときに、配列の添え字として変数を使うように書き換えてみましょう。

```
1   /*****************************************
2       配列の初期化      応用例3-2
3   *****************************************/
4   #include <stdio.h>
5   #define    N    3            //学生の人数を定数として定義
6
7   int main(void)
8   {
9       //変数の宣言
10      int     hyouten[N] = { 94 , 4 , 83 };     //N人分の評点の初期化
11      int     gokei;           //評点の合計点
12      double  heikin;          //評点の平均点
```

```c
13    char     hyouka[N] = { 'S' , 'D' , 'A' };    //N人分の評価の初期化
14    int        i;              //評点を加算した回数を数えるための変数
15                                              ← 値の代入を削除
16
17    //評点の合計点と平均点の計算
18    gokei = 0;                      //合計点の初期化
19    i = 0;                          //iの初期化
20    gokei += hyouten[i];            //学生1の評点を加算
21    i++;                            //1回終わり
22    gokei += hyouten[i];            //学生2の評点を加算
23    i++;                            //2回終わり
24    gokei += hyouten[i];            //学生3の評点を加算
25    i++;                            //3回終わり
26
27    heikin = (double)gokei / i;     //平均点を計算
28
29    //コマンドプロンプト画面に表示
30    i = 0;                          //iを再初期化
31    printf("         評点     評価¥n");
32    printf("学生%d ：%3d点     %c¥n", i + 1, hyouten[i], hyouka[i]);
33    i++;
34    printf("学生%d ：%3d点     %c¥n", i + 1, hyouten[i], hyouka[i]);
35    i++;
36    printf("学生%d ：%3d点     %c¥n", i + 1, hyouten[i], hyouka[i]);
37    i++;
38    printf("平均点：%5.1f点¥n", heikin);
39    printf("学生数：%2d名¥n", N);
40    printf("受験者：%2d名¥n",i);
41
42    return 0;
43  }
```

コラム　添字の初期化・再初期化

応用例3-2では、添字に変数iを使いました。配列の添字は0から要素数-1までですから、変数iは、必ずその範囲の値を保持していなければなりません。iの値は

```
i++;
```

という文によって、どんどん変化していきますが、そのベースとなるのが

```
i = 0;
```

によって行われる変数iの初期化です。これを忘れると、添字はまったく見当違いの領域を指してしまいます。添字が正しい範囲にあるかどうかという責任は、プログラムを書いているあなたにあります。

▼ **Figure2**　初期化を忘れると、見当違いの領域を指してしまう

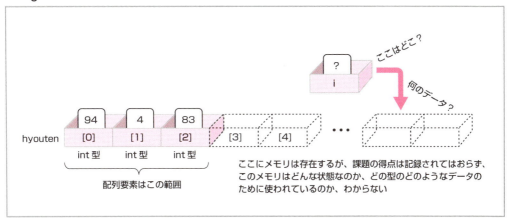

添字に変数を使うことは第4章につながるステップです。次章ではプログラムは劇的に飛躍します。しかし、その代償として、添字に何が指定されているのかをソースプログラムだけでは確認することができなくなりました。確実に配列の範囲であることが求められます。そのための第一歩は確実に初期化することです。初期化は非常に重要です。応用例3-2のプログラムでは、加算の前と表示の前に2回初期化しています。2回目を忘れがちなので気を付けましょう。

3 配列を使って文字列を扱う

配列を使ってみよう

文字列は char 型の配列で扱います。配列としての共通の事項の他、文字列ならではの扱い方を学びましょう。

基本例 3-3

応用例3-2のプログラムに学籍番号の表示を追加します。

▼ 実行結果

```
学籍番号      評点      評価
A0615        94点      S
A2133         4点      D
A3172        83点      A
    平均点 ： 60.3点
    学生数：3名
    受験者：3名
```

学習

STEP 1　文字列のために配列を用意する

まず、文字列を記憶するためのchar型配列を用意します。学籍番号が5桁のとき、最後の'¥0'を含め、6文字分の要素が必要です。

型と配列名、それに要素数を指定して配列を宣言します。今までと同じです。

```
char   id[6];    //char型配列の宣言（6文字分）
```

▼ 図12　char型配列

STEP 2 文字列を char 型配列に代入する

char型配列に対する代入は、1文字ずつ行います。int型のときと同様です。最後に'¥0'を代入するのを忘れないようにしましょう。

```
id[0] = 'A';
id[1] = '0';
id[2] = '6';
id[3] = '1';
id[4] = '5';
id[5] = '¥0';
```

▼ 図13　文字列をchar型配列に代入

STEP 3 文字列により char 型配列を初期化する

▶p136を見直しておきましょう。

配列の初期化について思い出してみましょう。宣言文にだけに許された記述法でしたね。文字列も全く同じように初期化することができます。

```
char  id[6] = {'A' , '0' , '6' , '1' , '5' , '¥0'};     //学籍番号を初期化
```

しかし、1文字ずつ「'」で囲んで記述するのは面倒です。それに、「'¥0'」を忘れてしまいそうです。ここで、文字列には特有のリテラル値の表現があったことを思い出してください。「"」で囲むと、最後の「'¥0'」を含んで表現するのでしたね。これを使うと、以下のように記述できます。

▶p127参照。

▶配列要素数を省略した場合には、'¥0'も含めて必要な要素数が確保されます。
char id[] = "A0615";
と記述すると、配列idの要素数は6個となります。

```
char  id[6] = "A0615";      //学籍番号を初期化
```

STEP 4 文字列を表示する

第2章では、printfを使って数値や文字を表示しました。このとき、変換指定子により形式を指定したことを思い出してください。

```
printf("書式",並び);
```

文字列は文字の集まりですから、1文字ずつ表示することはもちろんできます。が、文字列には文字列専用の変換指定子が用意されています。

▶ここでは、第2章p78の表5に掲げた代表的な型に絞って掲載しています。

▼ **表1** printf文の出力形式

出力したい形式	変換指定子	適用できる型
文字	%c	char, int
10進数	%d	char, int
浮動小数点数	%f	double
文字列	%s	char[]

変換指定子%sに対応する型はchar型の配列でなければなりません。いくつもの文字をまとめて表示しますので、配列の添字は付けません。

▼ **図14** 文字列の表示

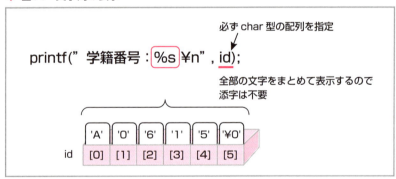

配列に文字列として記憶されていたとしても、例えば、先頭の1文字だけを表示したいという場合には、変換指定子は%cを使い、添字を付けて表示したい1文字を指定します。

3-03 配列を使って文字列を扱う

▼ 図15 文字列の表示

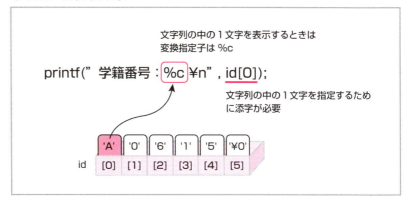

● CD-ROM »
元のファイル…sample3_2o.c
完成ファイル…sample3_3k.c

● プログラム例

応用例3-2のプログラムに、学籍番号に関する記述を追加して、実行しましょう。

```c
/***********************************
    文字列    基本例3-3
***********************************/
#include <stdio.h>
#define N       3       //学生の人数を定数として定義
#define ID_N    5       //学籍番号の桁数を定数として定義

int main(void)
{
    //変数の宣言
    char    id1[ID_N + 1] = "A0615";        //学籍番号1の初期化
    char    id2[ID_N + 1] = "A2133";        //学籍番号2の初期化
    char    id3[ID_N + 1] = "A3172";        //学籍番号3の初期化
    int     hyouten[N] = { 94 , 4 , 83 };   //N人分の評点の初期化
    int     gokei;                          //評点の合計点
    double  heikin;                         //評点の平均点
    char    hyouka[N] = { 'S' , 'D' , 'A' };//N人分の評価の初期化
    int     i;                              //配列hyoutenと配列hyoukaの添字

    //評点の合計点と平均点を計算
    gokei = 0;                  //合計点の初期化
    i = 0;                      //iの初期化
    gokei += hyouten[i];        //学生1の評点を加算
    i++;                        //1回終わり
    gokei += hyouten[i];        //学生2の評点を加算
    i++;                        //2回終わり
```

※ '¥0'の領域も必要
※ 学籍番号を記録する配列を3人分用意して初期化

```
27      gokei += hyouten[i];              //学生3の評点を加算
28      i++;                             //3回終わり
29
30      heikin = (double)gokei / i;      //平均点を計算
31
32      //コマンドプロンプト画面に表示
33      i = 0;                           //iの再初期化
34      printf("学籍番号      評点    評価¥n");
35      printf("%-10s    %3d点      %c¥n", id1, hyouten[i], hyouka[i]);
36      i++;
37      printf("%-10s    %3d点      %c¥n", id2, hyouten[i], hyouka[i]);
38      i++;
39      printf("%-10s    %3d点      %c¥n", id3, hyouten[i], hyouka[i]);
40      i++;
41      printf("      平均点：%5.1f点¥n", heikin);
42      printf("      学生数：%2d名¥n", N);
43      printf("      受験者：%2d名¥n", i);
44
45      return 0;
46  }
```

それぞれの学籍番号を表示

3-03 配列を使って文字列を扱う

| プログラミングアシスタント | コンパイルエラーになった方へ |

```
int main(void)
{
    //変数の宣言
    char id1[ID_N + 1] = 'A0615';        //学籍番号１の初期化
         :
         :
```

"A0615"

multi-character character constantという警告、array initializer must
be an initializer listまたはstring literalというエラーが発生したら、
「"」でなければならないところを「'」としています
1文字のリテラル値には「'」、文字列のリテラル値には「"」で囲むことが必
要です。文字と文字列の違いを意識しましょう

```
    printf("%-10s    %3d点      %c\n", id1[0], hyouten[i], hyouka[i]);
```

id1

printf文に
format specifies type 'char *' but the argument has
type 'char'
という警告が出たら、配列を指定すべきところが変数（配
列+添字）になっています。%sは文字列を表示する変換指
定子であり、配列全部が表示の対象なので、添字は不要
です
警告なので、他にエラーがなければ実行することができま
すが、途中で終了してしまいます

▼ 他にエラーがないときの実行結果

```
c:¥Cstart>sample3_3k
学籍番号    評点    評価

c:¥Cstart>
```

なお、「動作を停止しました」という画面が表示されることもあります。そういうときは、「プログラムの
終了」をクリックして、画面を閉じてください。この画面が出ている間は、プログラムを実行中です。ソース
を修正してコンパイルしようとすると、以下のようなエラーとなります。

▼ コンパイル結果

```
Can't destroy file:  アクセスが拒否されました。
```

%-10s

```
    printf("%-10c    %3d点      %c\n", id1, hyouten[i], hyouka[i]);
```

printf文に
format specifies type 'int' but the argument has type 'char *'
という警告が出たら、文字列を表示すべき書式が%cになっています
文字を表示する%cに対応するのは変数、文字列を表示する%sに対応す
るのは配列です
警告なので、他にエラーがなければ実行することができますが、学籍
番号を正しく表示することはできません

▼ 他にエラーがないときの実行結果

```
学籍番号    評点    評価
・          94点    S
・          4点     D
・          83点    A
    平均点：60.3点
```

145

プログラミングアシスタント ／ **正しく実行されなかった方へ**

```
int main(void)
{
```
　　　　　　　　　　　　　　学籍番号の桁数 + '¥0'の分の配列要素が必要です
```
    //変数の宣言
    char    id1[ID_N        "A0615";    //学籍番号１の初期化
    char    id2[ID_N        33";        //学籍番号２の初期化
    char    id3[ID_N        72";        //学籍番号３の初期化
```
ID_N + 1
ID_N + 1
ID_N + 1
```
        :
        :
    //コマンドプロンプト画面に表示
    i = 0;                          //iの再初期化
    printf("学籍番号      評点      評価¥n");
    printf("%-10s    %3d点      %c¥n", id1, hyouten[i], hyouka[i]);
    i++;
    printf("%-10s    %3d点      %c¥n", id2, hyouten[i], hyouka[i]);
    i++;
    printf("%-10s    %3d点      %c¥n", id3, hyouten[i], hyouka[i]);
    i++;
    printf("        平均点：%5.1f点¥n", heikin);
    printf("        学生数：%d名¥n", N);
```

学籍番号の後ろに意味不明な文字が表示されたら配列を宣言したときの要素数が不足しています。不足している領域に対し、はみ出して初期化したため、'¥0'が消えてしまい、次の領域にはみ出して表示しています
printf文には誤りはなく、宣言を見直してください

```
学籍番号          評点      評価
A0615            94点       S
A2133@            4点       D
A3172            83点       A
        平均点： 60.3点
        学生数：3名
```

発展　二次元配列

これまで学習した配列を立体的に重ねたものをイメージしてください。今までの配列は平屋建ての長屋のようでしたが、今度は高層マンションのようですね。このような配列を表現するには、添字を2つ使います。積み上げる配列要素の段数、横に並べた配列要数の順に[ ]で囲って宣言文に記述します。

▼ **Figure3**　二次元配列と添字

代入文も同様です。例えば、data[2][1]（Figure 3の色を付けた要素）にデータ10を代入したいときは
data[2][1] = 10;
と記述します。

実際のメモリー上では、Figure 4のように配置されており、それを2つの添字で表現しているにすぎません。

▼ **Figure4**　二次元配列のメモリー配置

二次元配列であっても、すべての要素は連続したアドレスに割り当てられます。二次元配列は、二次元の情報を扱う画像処理を行うときなどには必須です。

以下のプログラムは4つの課題の合計点を評点とするプログラムです。このプログラムでは2つの二次元配列を使っています。一つ目は学籍番号を3人分記憶するchar型の二次元配列id、2つめは3人分の4つの課題の得点を記憶するint型の二次元配列kadaiです。idでは、学籍番号を表す一人分の文字

列を横に並べ、それを人数分積み上げています。kadaiでは、一人分の4つの課題の得点を横に並べ、それを人数分積み上げています。課題の得点が二次元配列に初期化されているとき、各学生の評点を求めます。

▼ **Figure5** 2つの二次元配列

▼ **リスト** プログラム例(sample3_h3.c)

```
/*********************************
     発展    2次元配列
*********************************/
#include <stdio.h>
#define N        3    //学生の人数を定数として定義
#define ID_N     5    //学籍番号の桁数を定数として定義
#define KADAI_N  4    //課題の個数を定数として定義

int main(void)
{
    //変数の宣言
    char   id[N][ID_N + 1] = { "A0615" , "A2133" , "A3172" };  //学籍番号の初期化
    int    kadai[N][KADAI_N] = {          //課題の得点を初期化
           {16 , 40 , 10 , 28},           //学生1の4つの課題を初期化
           { 4 ,  0 ,  0 ,  0},           //学生2の4つの課題を初期化
           {12 , 40 , 10 , 21}            //学生3の4つの課題を初期化
    };
    int    hyouten[N];                    //N人分の評点
    char   hyouka[N] = { 'S' , 'D' , 'A' };   //N人分の評価を初期化
    int    i;                             //配列hyouten, kadai, hyoukaの添字

    //各自の評点の計算
    i = 0;                                //iの初期化
    hyouten[i] = kadai[i][0] + kadai[i][1] + kadai[i][2] + kadai[i][3];
```

3-03 配列を使って文字列を扱う

```
25      i++;                    //学生1
26      hyouten[i] = kadai[i][0] + kadai[i][1] + kadai[i][2] + kadai[i][3];
27      i++;                    //学生2
28      hyouten[i] = kadai[i][0] + kadai[i][1] + kadai[i][2] + kadai[i][3];
29      i++;                    //学生3
30
31      //コマンドプロンプト画面に表示
32      i = 0;                  //iの再初期化
33      printf("学籍番号      評点    評価¥n");
34      printf("%-10s    %3d点    %c¥n", id[i], hyouten[i], hyouka[i]);
35      i++;
36      printf("%-10s    %3d点    %c¥n", id[i], hyouten[i], hyouka[i]);
37      i++;
38      printf("%-10s    %3d点    %c¥n", id[i], hyouten[i], hyouka[i]);
39      i++;
40
41      return 0;
42  }
```

▼ 実行結果

```
学籍番号        評点      評価
A0615          94点      S
A2133           4点      D
A3172          83点      A
```

応用例 3-3

文字列データをキーボードから入力しましょう。

▼ 実行結果

```
学籍番号1を入力：A0615
学籍番号2を入力：A2133
学籍番号3を入力：A3172

学籍番号        評点      評価
A0615          94点      S
A2133           4点      D
A3175          83点      A
        平均点： 60.3点
        学生数：3名
        受験者：3名
```

☐ はキーボードからの入力を表す

149

学習 STEP 5　文字列をキーボードから入力する

キーボードから文字列を入力するときは、scanfを使います。これも2章で学んだとおりですが、文字列の場合には、複数の文字を一気に入力しますので、入力先は必ず配列でなければなりません。専用の変換指定子も用意されています。

▼ 表2　scanf文の入力形式

出力したい形式	変換指定子	適用できる型
文字	%c	char , int
10進数	%d	char , int
浮動小数点数	%lf（エル・エフ）	double
文字列	%s	char[]

文字列以外の型の入力では、変数名の前に「&」が必要でしたが、文字列の場合には、配列名の前に「&」をつけません。文字列を入力するscanfの構文は以下のようになります。

```
scanf("%s",配列名);
```

▶「&」については第6章で学習しますので、今のところは、書式%sに対する配列名に「&」は記述しない、と覚えておきましょう。

▶この例では、用意されたchar型配列の要素数が6個であるのに対し、キーボードから5文字が入力されており、'¥0'を考慮すると受け取る配列要素数はぴったりでした。キーボードからの入力は人間が行う作業ですから、間違えて「Helllo」と入力してしまうかもしれません。そのようなときには、用意された配列の領域をはみ出して入力が行われてしまいます。これは大変危険なことです。はみ出した領域が他の用途に使われている場合、他の用途にとって意図しない変更が行われてしまうからです。そのため、scanfで文字列を入力することは実際の開発では行いません。が、キーボードからの数値の入力については、危険はないこと、また、手軽であることから、当面は数値の入力を中心にscanfを使います。

▼ 図16　scanf文でキーボードから文字列を入力

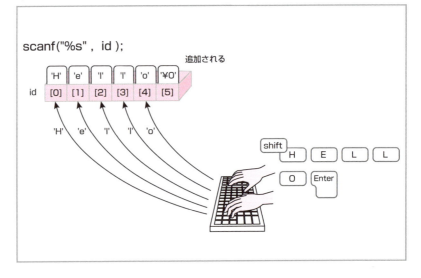

150

▶第2章p113では数値データの入力を学びましたが、そのときと同じです。

1つのscanf文の中に複数の変換指定子を記述し、複数の文字列を一度に入力することができます。文字列の区切りはスペースキーまたは改行キーです。

▼ 図17 scanfで複数の文字列を入力

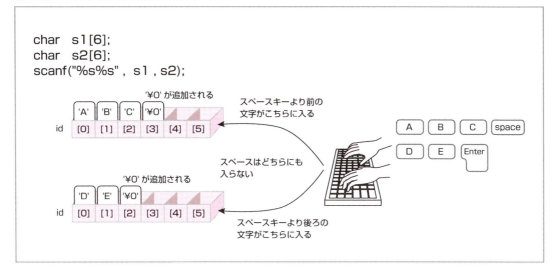

言い換えると、途中に空白を含む文字列をキーボードから入力しようとすると、空白までを1つの文字列として認識してしまいますので注意が必要です。

CD-ROM
元のファイル…sample3_3k.c
完成ファイル…sample3_3o.c

プログラム例

基本例3-3のプログラムについて、学籍番号をキーボードから入力するように変更して、実行しましょう。

```c
1   /*********************************************
2   文字列のキーボードからの入力    応用例3-3
3   *********************************************/
4   #include <stdio.h>
5   #define   N       3           //学生の人数を定数として定義
6   #define   ID_N    5           //学籍番号の桁数を定数として定義
7
8   int main(void)
9   {
10      //変数の宣言
11      char    id1[ID_N + 1];              //学籍番号1    ◀ 初期化子を削除
12      char    id2[ID_N + 1];              //学籍番号2
13      char    id3[ID_N + 1];              //学籍番号3
14      int     hyouten[N] = { 94 , 4 , 83 };   //N人分の評点の初期化
15      int     gokei;                       //評点の合計点
```

```
16    double    heikin;                          //評点の平均点
17    char      hyouka[N] = { 'S' , 'D' , 'A' }; //N人分の評価の初期化
18    int       i;                               //配列hyoutenとhyoukaの添字
19
20    //キーボードから学籍番号を入力
21    i = 0;                    //iを初期化
22    printf("学籍番号%dを入力：", i + 1);
23    scanf("%s", id1);         //学籍番号1を入力
24    i++;
25    printf("学籍番号%dを入力：", i + 1);                    ◀── キーボードからの入力を追加
26    scanf("%s", id2);         //学籍番号2を入力
27    i++;
28    printf("学籍番号%dを入力：", i + 1);
29    scanf("%s", id3);         //学籍番号3を入力
30    i++;
31
32    //評点の合計点と平均点の計算
33    gokei = 0;                //合計点を初期化
34    i = 0;                    //iを初期化
35    gokei += hyouten[i];      //学生1の評点を加算
36    i++;                      //1回終わり
37    gokei += hyouten[i];      //学生2の評点を加算
38    i++;                      //2回終わり
39    gokei += hyouten[i];      //学生3の評点を加算
40    i++;                      //3回終わり
41
42    heikin = (double)gokei / i;   //平均点を計算
43
44    //コマンドプロンプト画面に表示
45    i = 0;                    //iの再初期化
46    printf("\n学籍番号      評点     評価\n");
47    printf("%-10s    %3d点     %c\n", id1, hyouten[i], hyouka[i]);
48    i++;
49    printf("%-10s    %3d点     %c\n", id2, hyouten[i], hyouka[i]);
50    i++;
51    printf("%-10s    %3d点     %c\n", id3, hyouten[i], hyouka[i]);
52    i++;
53    printf("     平均点：%5.1f点\n", heikin);
54    printf("       学生数：%2d名\n", N);
55    printf("       受験者：%2d名\n", i);
56
57    return 0;
58 }
```

3-03 配列を使って文字列を扱う

コラム　漢字文字列

　C言語ではchar型のサイズは1バイトであり、1文字で2バイト必要な全角文字をchar型変数に格納することができません。そこで、全角文字を記憶するためにchar型の配列を使います。配列は連続的な領域が割り当てられていますから、2つ分を使えばよいわけです。漢字と言えどもコンピュータ内部では文字コードですから、半角文字と同様に文字列として扱うことができます。

▼ **Figure6**　全角文字の記憶

```
char  s1[] = "太郎";
```

```
         ┌──┬──┬──┬──┬──┐
         │太│  │郎│  │'¥0'│
     s1  └──┴──┴──┴──┴──┘
         [0] [1] [2] [3] [4]
```

▼ **リスト**　プログラム例(sample3_h4.c)

```
 1  /*********************************************
 2      コラム    漢字と文字列
 3  *********************************************/
 4  #include <stdio.h>
 5
 6  int main(void)
 7  {
 8      char    name[80] = "太郎";          //氏名を記憶するchar型配列
 9
10      printf("氏名は%s¥n", name);         //氏名をコマンドプロンプト画面に表示
11
12      printf("氏名を入力してみる：");      //氏名をキーボードから入力
13      scanf("%s", name);
14      printf("氏名は%s¥n", name);   //入力した氏名をコマンドプロンプト画面に表示
15
16      return 0;
17  }
```

▼ **実行結果**

```
氏名は太郎
氏名を入力してみる：次郎
氏名は次郎
```

□ はキーボードからの入力を表す

まとめ

- 同じ種類のデータを扱うときは、配列を使います。
- 配列を使うときは、あらかじめ宣言しなければなりません。配列の型とともに、配列要素の数を指定します。2次元配列を宣言するときは、要素数を2つ並べて書きます。

```
int    hyouten[N];
char   hyouka[N];
```

```
int    data[4][3];    //要素数3個の配列を4段積み上げる
```

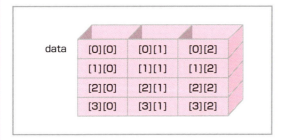

- 配列の中の一つの要素を指定するには、添字を使います。添字は0からはじめる整数で、要素数-1までとなります。2次元配列の中の1つの要素を指定するときは、添字を2つ並べて書きます。

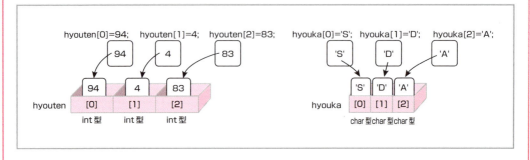

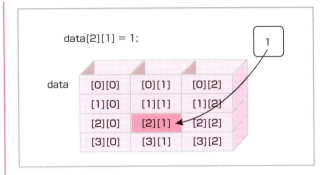

- 配列の初期化を使うと、一度に、たくさんの配列要素に初期値を入れることができます。

```
int    hyouten[N] = { 94 , 4 , 83 };
```

- 文字を並べて、最後に'¥0'を付け、一まとめにして扱ったものを文字列といいます。文字列を格納するには、char型配列を使います。リテラル値は「"」で囲みます。

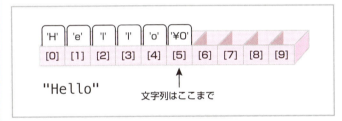

- 配列の宣言文でリテラル値を利用して初期化することができます。

```
char id[ID_N+1] = "A0615";
```

- printfで文字列を表示、scanfで文字列をキーボードから入力することができます（ただし、scanfを用いた文字列の入力は危険）。

▼ 主な型と変換指定子

型	値	変換指定子 printf	変換指定子 scanf
int	整数	%d	%d
double	浮動小数点	%f	%lf（エルエフ）
char	文字	%c	%c
char[]	文字列	%s	%s

Let's challenge 大文字を小文字に変換してみよう

キーボードから大文字を1文字入力し、小文字に変換します。文字のアスキーコードはアルファベット順に並んでいます。また、文字の減算すると、アスキーコードの減算が行われます。従って

```
'A' - 'A'  →  0
'B' - 'A'  →  1
     :
     :
```

となります。'A'から数えて何番目かがわかります。

小文字をアルファベット順にchar型配列komojiに初期化しておくと、該当する小文字は'A'から数えた位置にあることになります。つまり、'A'からの位置は配列komojiの添字にあたることになり、小文字を求めることができます。

▼ 実行結果

```
大文字を1文字入力：D
Dの小文字はd
```

□ はキーボードからの入力を表す

[ヒント]char型配列で小文字をアルファベット順に初期化しておきます。これとは別にchar型の変数を1つ用意して、キーボードから大文字を1文字入力、問題文の手順に従って、小文字に変換して表示してください。
(注)'A'～'Z'までの半角英大文字をキーボードから入力してください。

第4章

制御してみよう

　水は上から下に流れます。プログラムも同じ、上から下に進んで、変数の内容を変化させながら必要な出力を得ていきます。水路は時として左右に分かれ、また合流し、ある時は渦を巻きます。プログラムでも同様の流れを実装することができます。いよいよここからがプログラミングの本番です。

制御してみよう

プログラムの流れを制御する

成績処理を行う学生の人数はいつも3人とは限りません。課題はいつも4つとも限りません。より柔軟に、より高度に自動化するためには、そのときの状態に応じた処理が必要になります。その概念をつかんでおきましょう。

STEP 1　同じ内容を繰り返し実行する

第3章までは成績処理を行う学生の人数は3人と決まっていました。そして、プログラムはすべて上から下に順に実行していました。第3章の応用例3-3の合計点を求める部分をもう一度振り返ってみましょう。

▼ 図1　合計を求める

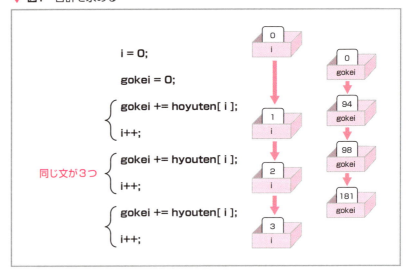

合計点を求めるには、学生の人数分の評点を加算しますが、同じ文が3つ書かれています。「同じ文」であることに注目して、次の様なことができたらいいですね。

4-01 プログラムの流れを制御する

```
i = 0;
gokei = 0;
以下を3回繰り返す
    gokei += hyouten[i];
    i++;
```

▶変数に最初の値を設定する
ことを**初期化**といいます。

同じことを何度も命令するのをやめ、1回だけにし、そのかわり命令を行う回数を指定する構文を**繰り返し構造**といいます。ここで、変数 i の役目を考えてみましょう。変数 i は評点を何回加算したのかを数える変数でした。i は0から始まって3になったら終わりです。繰り返し構造では、どうなったら終わりなのか、という**終了条件**がとても重要です。終了条件が適切でないと正しい回だけ繰り返すことができなかったり、永久に終わらなくなってしまったりします。どちらも致命的な誤りです。

▶C言語では、「どうなったら終わりか」ではなく、「どのような状態だったら続けるのか」を記述します。

STEP 2 　選択する

今度は評価について考えてみましょう。評点から、下の表のように評価を求めることにします。

▼ **表1　評価基準**

評価		評点
S	秀	90点以上
A	優	80点以上90点未満
B	良	70点以上80点未満
C	可	60点以上70点未満
D	不可	60点未満

評点から評価を決めるには、どのように考えたらいいでしょう。

評点が90点以上だったら
　　評価はS・秀
そうでないとき　評点が80点以上だったら ◀──── 「90点未満80点以上」という意味になる
　　評価はA・優
そうでないとき　評点が70点以上だったら ◀──── 「80点未満70点以上」という意味になる
　　評価はB・良
そうでないとき　評点が60点以上だったら ◀──── 「70点未満60点以上」という意味になる
　　評価はC・可
そうでないとき ◀──── 「60点未満」という意味になる
　　評価はD・不可

159

▶「評点が90点以上かどうか」
「評点が80点以上かどうか」
など、選択の基準となることが
らを**条件**といいます。

　このように考えると、S・秀、A・優、B・良、C・可、D・不可の5つの評価の中から1つを選ぶことができます。一人分の評点に対して評価はどれか1つですが、多くの評点に対応するためには、5つの選択肢を用意しておく必要があります。

STEP 3　流れ図

　流れ図は、プログラムの構造を視覚的にとらえるために作成する図です。プログラムの設計や理解には欠かせないものです。

● 1. 流れ図記号

　流れ図を書くときには、JIS規格で決められた流れ図記号を使います。

▼ **表2**　主な流れ図記号

記号	意味		記号	意味
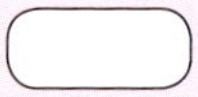	**端子** プログラムのはじめと終り			**判断** 選択の条件
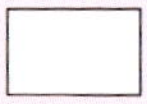	**処理** 演算や代入などの命令			**ループ端** 反復の始まりと終り
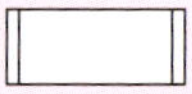	**定義済み処理** 別に定義された処理の集まり（関数）（注）			
	**表示** 画面などに表示する			**結合子** 線を中断して他の場所に続ける
	**手操作入力** キーボードなどから入力する			

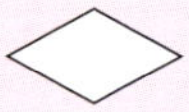

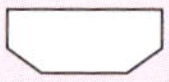

（注）定義済み処理（関数）については、第5章で学習します。

　流れ図は、これらの記号を線でつないだものです。

● 2. 順次構造

　p159のプログラムを流れ図を使って描き直したのが次の図です。

▶この流れ図では、処理は上から下へ順に実行されます。このようなプログラム構造を**順次構造**といいます。

▼ 図2　合計を求める流れ図（順次構造）

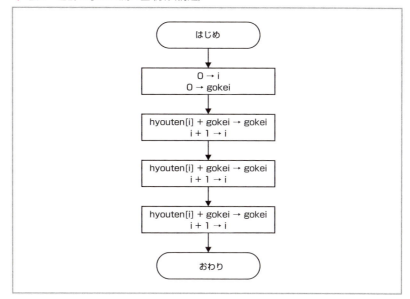

3. 繰り返し構造

　繰り返し構造では、繰り返したい部分を⌒⌒と⌒⌒とで囲んで表現します。この記号の中に、終了条件を書きます。p158の囲みに示した日本語を交えたプログラムを流れ図に描き換えると、以下のようになります。

▶流れ図では「○○となったら終わり」という終了条件を記述するきまりになっていますが、C言語では「○○の間繰り返す」という**継続条件**を書きます。

▼ 図3　合計を求める流れ図（繰り返し構造）

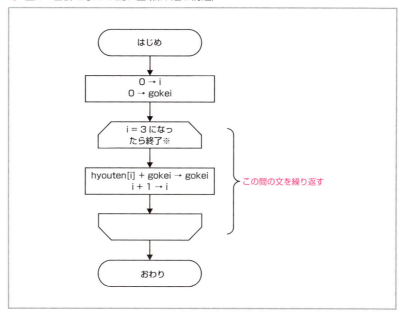

このような、繰り返すプログラム構造を**繰り返し構造**といいます。繰り返しを終了するかどうかを決定する終了判定は、処理の前に行う場合と後に行う場合とがあります。

▼ **図4** 繰り返し構造

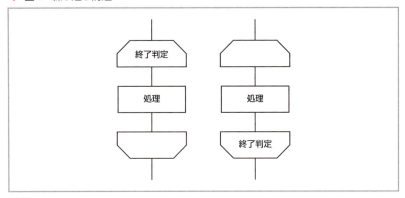

4. 選択構造

条件により、2つの処理のうちの1つを選択するときは、◇ の中に条件を書き、右か左かどちらかに進みます。評点が60点以上を合格、60点未満を不合格とする場合は以下のように描きます。

▼ **図5** 合格か不合格か

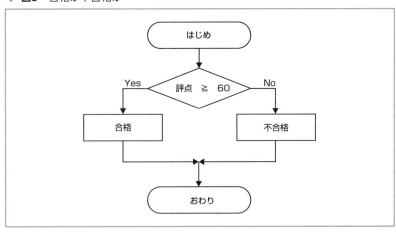

このような、2つのうちから1つを選択するプログラム構造を**選択構造**といいます。

▼ 図6　選択構造

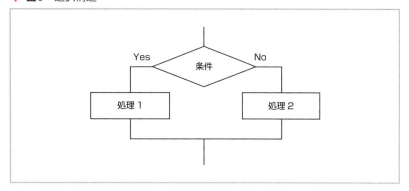

では、これを応用して、p159のように、五択にするにはどう描いたらよいでしょうか？それは、次の様にNoのときに、分岐を増やしていきます。分岐が1つのときは2択ですが、分岐が2つのときは3択、分岐が3つのときは4択、分岐がN-1個のときはN択にすることができます。

▶このように3つ以上に場合分けする構造を**多分岐**といいます。

▼ 図7　五択を表す流れ図

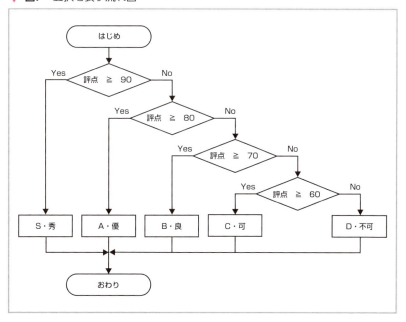

この例のように、分岐条件のすべてが同じデータに基づいている場合には、以下のように描くこともできます。

▼ 図8　五択を表す流れ図2

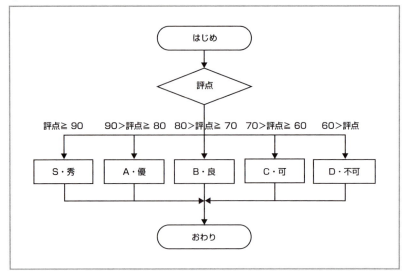

コラム　構造化プログラミング…3つの基本構造

　合計点や平均点を計算するくらいなら簡単なのですが、最近のソフトウエアは、どんどん複雑化する傾向にあります。処理の内容が高度になっている上に、見た目の美しさ、操作性のよさや利便性なども追求するようになったからです。それに伴い、プログラムはどんどん大きくなり、選択構造や繰り返し構造が入り組んだ複雑なものになりました。

　一度書いたプログラムを、永久にそのまま使い続けるということはまずありません。人間は、もっと便利に、もっと使いやすく、と日々要求し続けますし、状況が変化してしまうこともあります。例として取り上げてきたプログラムでさえ、人数の変更だったり、欠席者の対応だったり、あるいは、入学年度によって異なった対応だったりと、バリエーションはいくらでもありそうです。このようなときは、一度書いたプログラムを見直して、変更することになります。

　現実の業務では、プログラムを書いた人がいつまでもそのプログラムを修正できる立場にあるとは限りません。部署を異動してしまっているかもしれませんし、会社を辞めてしまっているかもしれません。昇進して、実作業を部下に任せることもあるでしょう。そうなると、新たに担当になった人は、前任者が書いたプログラムを解析し、どこでどんな処理をやっているか、を把握することから始め、要求どおりの修正をしなければなりません。運よく同じ人が作業に当たる環境にあったとしても、時間が経って忘れてしまっていれば、やっぱりプログラムの解析からはじめなければならないでしょう。

　このような修正要求に対応するためには、最初に書かれたプログラムが、読みやすく、理解しやすく、修正しやすいプログラムであって欲しいものです。そこで提唱されたのが、
「すべてのプログラムは、3つの基本構造、つまり、順次構造・繰り返し構造・選択構造のみで記述することができる」

という考え方です。どんな複雑なプログラムも、この3つの構造を組み合わせることで必ず実現できます。

▼ Figure 1　3つの基本構造の流れ図

順次構造　　　　繰り返し構造　　　　　　　　選択構造

 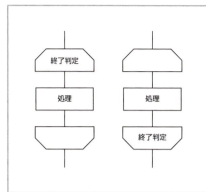 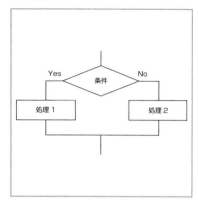

このような思想でプログラムを書くことを、**構造化プログラミング**といいます。C言語は、構造化プログラミングの考え方に沿ったプログラムが書けるように配慮された言語です。

STEP 4　2つの値の関係

繰り返し構造の終了判定や、選択構造の条件は、多くの場合2つの値の関係で決定されます。

1. 正しいか、正しくないか

繰り返し構造には、「すでに3人分の評点を合計したか？」などの終了条件が必要です。また、選択構造には、「評点が90点以上か？」などのような選択の条件が必要です。どちらの場合も、求められるのは「はい」または「いいえ」のどちらかです。まるで○×クイズのようですね。情報処理用語で「はい」は「**真(TRUE)**」、「いいえ」は「**偽(FALSE)**」といい、両方合わせて**論理値**といいます。C言語では、論理値を扱う専用の型が元々なかったため、int型を用いて表3のように表します。

▶1999年の改訂で論理値を表す_Bool型が追加になりました。

▼ 表3　論理値の表現

論理値		意味	値
真	TRUE	条件は正しい	1(非零)
偽	FALSE	条件は正しくない	0

2. 条件を求める演算子

「評点」が「90点」以上かどうか、というように、2つの値の大小関係を求める演算子を**関係演算子**といい、結果は論理値（int型の値）で得られます。関係演算子には以下の種類があります。

▼ **表4** 関係演算子の種類

関係演算子	演算の種類	結果（int型）	
		真(非零)	**偽(O)**
E1 ＜ E2	E1がE2より小さい	E1 ＜ E2のとき	E1 ≧ E2のとき
E1 ＞ E2	E1がE2より大きい	E1 ＞ E2のとき	E1 ≦ E2のとき
E1 ＜= E2	E1がE2以下	E1 ≦ E2のとき	E1 ＞ E2のとき
E1 ＞= E2	E1がE2以上	E1 ≧ E2のとき	E1 ＜ E2のとき
E1 == E2	E1とE2が等しい	E1 = E2のとき	E1 ≠ E2のとき
E1 != E2	E1とE2が等しくない	E1 ≠ E2のとき	E1 = E2のとき

E1・E2：オペランド

▶E1 = E2と記述すると、E2の値をE1に「代入する」という意味になります。これと区別するために、比較を行う関係演算子では=を2つ書きます。

3. 条件が2つ以上あるとき

合否判定を行うとき、「平均点が80点以上、かつ、最低点が60点以上」などのように、条件が2つ以上のこともあります。

このように複数の条件があるときは「平均点が80点以上である」と「最低点が60点以上である」という2つの条件のそれぞれに、真または偽のどちらかの結果が得られ、これら論理値どうしをもう1度演算して、全体の結果とします。

ほかに、「平均点が80点以上、または、最低点が60点以上」という条件のときもありますし、「平均点が80点以上でない」という条件もあります。

▶このように、論理値どうしの演算を行う演算子を**論理演算子**といいます。

▼ **表5** 論理演算子の種類

論理演算子	演算の種類	意味	一般形	真理値表				
&&	論理的AND	かつ	E1 && E2	**E1**	**E2**	**E1&&E2**	**E1‖E2**	**!E1**
‖	論理的OR	または	E1 ‖ E2	偽	偽	0	0	
				偽	真	0	1	1
!	論理否定	でない	!E1	真	偽	0	1	0
				真	真	1	1	

1:真　0:偽

E1・E2：オペランド

制御してみよう

繰り返し構造1

いよいよ、制御を含んだプログラムを書いてみましょう。まずはじめは、繰り返し構造です。

基本例 4-2

3人分の評点をキーボードから入力し、合計を求めて表示してみましょう。

▼ 実行結果

```
学生1の得点を入力：94
学生2の得点を入力：4
学生3の得点を入力：83
平均点： 60.3点
```

□はキーボードからの入力を表す

学習 STEP 1

while 文

▶同じ処理の繰り返しを指定する文を**繰り返し文**といいます。

▶繰り返し文が1つしかないときは、{}を省略することができますが、保守性を高めるためには、省略しないことをお勧めします。

▶式が「真」かどうかを調べることを**式を評価する**といいます。

同じ処理を繰り返し行うときは、while文を使います。

```
while(式)
{
    文
}
```

式には、関係演算子や論理演算子など、結果として論理値が得られるような演算を書きます。まず、式が「真」かどうかを調べます。「真」のとき、文を実行します。文の実行が1回終わると、また、式が「真」がどうかを調べ、「真」であるとき、文を実行します。これを繰り返し、式が「偽」となったとき、繰り返しを終了して、次の処理に進みます。

繰り返しに先立って何等かの初期化が必要になることが多く、かつ忘れがちなので気を付けましょう。

▼ 例

```
#define    N    3

int     main(void)
{
    //変数の宣言
    int    hyouten;      //評点
    int    gokei;        //評点の合計
    int    i;            //評点を加算した回数を数えるための変数

    //初期化
    gokei = 0;                          ← 変数gokeiとiを初期化
    i = 0;
    //キーボードからの入力と平均点の計算
    while (i < N)                       ← i<Nである間繰り返す
    {                                     この条件が「偽」になったら繰り返しを
                                          終了する
        printf("学生%dの評点を入力：" , i+1);
        scanf("%d", &hyouten);          ← この範囲を
        gokei += hyouten;                 繰り返す
        i++;                            ← 回数を数える
                                          この文があるからこそ、いずれは終了条件が「偽」となっ
    }                                     て繰り返しを終了することができる
}
```

▶while(式)のあとに、「；」を付けてはいけません。「；」を付けると、繰り返す文のない繰り返しとなり、「文」はwhile文とは切り離されて、その後、1回だけ実行されることになります。

　while文では、はじめに式を評価するため、最初から式が偽であったとき、1度も文を実行しないで繰り返しを終了することがあり得ます。

STEP 2　初期化・終了条件・再初期化

　繰り返し構文では、繰り返しの前に何等かの初期化が必要になることが多く、これを忘れると正しい結果を得ることが難しくなります。また、回数を数える

```
    i++;
```

は、通常、繰り返し処理の最後に書きます。この文は、次の繰り返しを行うかどうかの判定に関わる重要な文で、再初期化と呼ばれます。

　繰り返し構文は、おおむね図9の流れ図のようになります。

4-02 繰り返し構造1

▼ 図9　繰り返し構造の典型的な構文

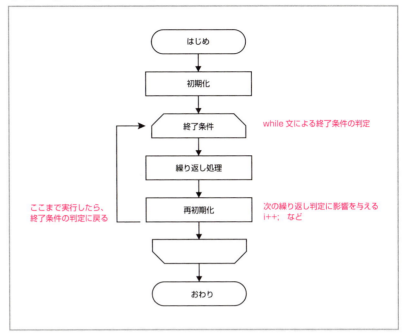

元のファイル…rei4_2k.c
完成ファイル…sample4_2k.c

● プログラム例

　CD-ROMのプログラムは、繰り返し部分が書かれていません。皆さんで補ってから実行しましょう。

```
1   /*********************************
2       指定回数の繰り返し　基本例4-2
3   *********************************/
4   #include <stdio.h>
5   #define    N    3          //学生の人数を定数として定義
6
7   int main(void)
8   {
9       //変数の宣言
10      int      hyouten;      //一人ひとりの評点
11      int      gokei;        //評点の合計点
12      double   heikin;       //評点の平均点
13      int      i;            //評点を加算した回数を数えるための変数
14
15      //キーボードからの入力と平均点の計算
16      gokei = 0;      //合計点の初期化       変数iとgokeiを初期化
17      i = 0;          //iの初期化
```

```
18      while (i < N)          ← i は0からはじまって1ずつ増えてNになったら終わり
19      {
20          printf("学生%dの評点を入力：" , i+1);    //入力ガイドの表示
21          scanf("%d", &hyouten);                //キーボードからの評点の入力
22          gokei += hyouten;                     //合計点の計算
23          i++;                                  //再初期化
24      }
25      //平均点を小数で求める
26      heikin = (double)gokei / N;
27
28      //コマンドプロンプト画面に平均点を表示
29      printf("平均点：%5.1f点¥n", heikin);
30
31      return 0;
32  }
```

4

制御してみよう

プログラミングアシスタント　**正しく実行されなかった方へ**

▼ 実行結果

`c:¥Cstart>sample4_2k`

何も表示されず、カーソルが点滅している

```
//キーボードからの入力と平均点の計算
gokei = 0;          //合計点の初期化
i = 0;              //iの初期化

while (i < N);
{
    printf("学生%dの評点を入力：" , i+1);
    scanf("%d", &hyouten);
    gokei += hyouten;
    i++;
}
    :
    :
```

while文の最後に「;」が付いていると、ここでwhile文が完結してしまい、{}内の文は、while文から切り離されたものとなります。つまり、iが変更されることなく、この1文だけを永遠に繰り返してしまうのです

　while文は、whileに続く{}までが繰り返しのまとまりであり、while(i < N)で終了ではないのです。それが、while文の終わりに「;」を付けない理由です。

応用例 4-2

　基本例4-2では、人数はN人であることが最初からわかっていましたが、今度は、評点として-1が入力されたら終了するように改造してみましょう。

170

▼ 実行結果

```
学生1の評点を入力：94
学生2の評点を入力：4
学生3の評点を入力：83
学生4の評点を入力：-1
平均点： 60.3点
学生数：3名
```

☐ はキーボードからの入力を表す

学習 STEP 3　回数未定の繰り返し

　繰り返しを終了する条件は、入力された評点が-1であることですから、繰り返しの条件を満たしているかどうかを調べるためには、先に1回だけ得点の入力を済ませておく必要があります。繰り返し文の最後に次の入力を行い、次の繰り返し条件の判定に備えることになります。流れ図は図10のようになります。

▼ 図10　応用例4-2の流れ図

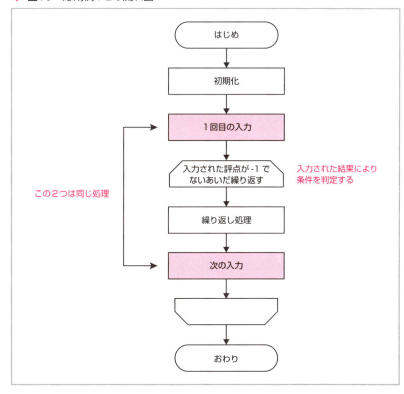

元のファイル…sample4_2k.c
完成ファイル…sample4_2o.c

プログラム例

基本例4-2のプログラムを、回数が未定の場合のプログラムに改造し、実行しましょう。

```c
/***********************************************
    回数未定の繰り返し　応用例4-2
***********************************************/
#include <stdio.h>

int main(void)
{
    //変数の宣言
    int       hyouten;    //一人ひとりの点数
    int       gokei;      //評点の合計点
    double    heikin;     //評点の平均点
    int       i;          //評点を加算した回数を数えるための変数

    //キーボードからの入力と平均点の計算
    gokei = 0;            //合計点の初期化
    i = 0;                //iの初期化

    printf("学生%dの評点を入力：", i + 1);  //入力ガイドの表示
    scanf("%d", &hyouten);                  //キーボードからの評点の入力

    //繰り返し処理
    while (hyouten != -1)
    {
        gokei += hyouten;                       //合計点の計算
        i++;                                    //再初期化
        printf("学生%dの評点を入力：", i + 1);  //入力ガイドの表示
        scanf("%d", &hyouten);                  //キーボードからの評点の入力
    }
    //平均点を小数で求める
    heikin = (double)gokei / i;

    //コマンドプロンプト画面に平均点と学生数を表示
    printf("平均点：%5.1f点¥n", heikin);
    printf("学生数：%2d名¥n", i);

    return 0;
}
```

1回目の入力処理を追加

演算を行ってから次の入力を行う

4-02 繰り返し構造1

発展 do while文

反復を指定する、もう1つの繰り返し文に、do while文があります。

```
do
{
    文
}while(式);
```

while文は、はじめに式を評価するので、反復の処理を1度も実行しないで終了することがありますが、do while文では、はじめに繰り返し文を実行してから、後で式を評価するので、必ず1度は処理を行うことになります。

次のプログラムは、入力されたデータの妥当性をチェックして、正しく入力されるまでやり直させるものです。ここでは、入力データは0以上100以下でなければならないとしています。

▼ **リスト** プログラム例(sample4_h1.c)

```
 1   /**********************************************
 2        発展    正しく入力されるまで繰り返す
 3   **********************************************/
 4   #include <stdio.h>
 5
 6   int main(void)
 7   {
 8       //変数の宣言
 9       int    data;        //評点
10
11       //入力内容のチェック
12       do
13       {
14           printf("入力:");       //入力ガイドの表示
15           scanf("%d", &data);   //キーボードからの評点の入力
16       } while (data < 0 || data > 100);  ◀──
17
18       //コマンドプロンプト画面に評点を表示
19       printf("評点:%3d点¥n", data);
20       return 0;
21   }
```

評点が0未満または100より大きいとき、繰り返す
0≦評点≦100のとき、繰り返しを終了する

▼ **実行結果**

```
入力:-5   ◀──
入力:104  ◀──         入力データが適正な範囲になるまで繰り返す
入力:98
評点: 98点
```

☐はキーボードからの入力を表す

173

03 繰り返し構造2

制御してみよう

繰り返し構造には、パターンがあります。パターンにマッチした構文を上手に使いましょう。配列との組み合わせも学習します。

基本例 4-3

繰り返し構造は、初期設定・繰り返し条件の判定・再初期化という一連の流れがあります。C言語には、この流れを1つにまとめ、コンパクトなプログラムが書ける文が用意されています。基本例4-2をもっとCらしいプログラムに書き直してみましょう。

▼ 実行結果

```
学生1の評点を入力：94
学生2の評点を入力：4
学生3の評点を入力：83
平均点： 60.3点
```

　　　はキーボードからの入力を表す

学習

STEP 1　for 文

for文は、繰り返し構造に必要な初期化・終了条件・再初期化を1つの文で書くことのできる繰り返し文です。

```
for (式1 ; 式2 ; 式3)
{
    文
}
```

はじめに**式1**を1度だけ実行します。ここでは、一般に、変数の初期化をします。次に**式2**を評価します。while文の(式)に相当するもので、真のとき、**文**を実行し、その後、**式3**を実行します。**式3**では、次の繰り返し処理のため後処理を

行います。あとは、**式2**の評価から繰り返し、偽となったら、繰り返しを終了します。

for文は、最後に実行する**式3**をはじめに書くので、実行順と記述の順が異なります。はじめのうちは慣れないかもしれませんが、for文を使うと、プログラムがコンパクトになるばかりでなく、初期化や後処理など、つい忘れがちな処理をパターンにしたがって文法チェックしてくれるので、忘れ物のないプログラミングができます。もう一度for文の実行の順序を確認しておきましょう。図11のように最初の1回だけ⓪を実行し、その後は、

①→②→③→①→②→③→・・・→③→①

となり、最後は①で終わります。

▶ 繰り返し文が1つしかないときは、{}を省略することができますが、保守性を高めるためには、省略しないことをお勧めします。

▶ 式1または式3に何も処理がなくても「;」を省略することはできません。

▶ for文では、はじめに式を評価するため、最初から式が偽であったとき、1度も文を実行しないで繰り返しを終了することがありえます。

▶ for(式1;式2;式3)のあとに、「;」を付けてはいけません。「;」を付けると、繰り返す文のない繰り返しとなり、「文」はfor文とは切り離されて、その後、1回だけ実行されることになります。

▼ 図11　for文

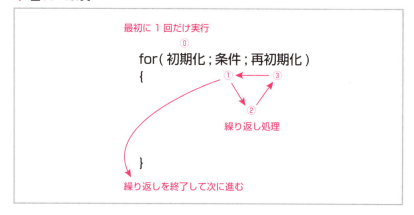

STEP 2　ブロック内でのみ有効な変数

基本例4-2のプログラムでは、変数hyouten、heikin、gokeiはプログラム全体にかかわりますが、変数iは、繰り返しの回数を数えるだけの変数です。for文の中だけでしか使いません。変数は、誤用を防ぐためにも、できるだけ狭い範囲に閉じ込めておきたいのです。特に、数えるだけのiのような変数は、for文の{}の中でだけ有効にするのがおすすめです。今回は、繰り返し文が1つしかありませんが、3人分の加算をした後、3人分の表示をする、といったように複数回の繰り返し文が1つのプログラム内に現れるときには、数える変数iを、それぞれ別のものとして扱います。そうすれば、初期化忘れにコンパイラが気付いてくれますし、重複して宣言してしまうミスもありません。変数をfor文の中でだけ有効にするには、for文の()内で変数の宣言を行います。

▶ for文の()内で変数を宣言する文法はC99から可能になりました。

▼ 例

```
for (int i = 0; i < N; i++)
{
    printf("学生%dの得点を入力：", i + 1);
    scanf("%d", &hyouten);
    gokei += hyouten;
}
```

iは0からはじまって、1ずつ増えて、Nになったら終わり

変数iはこの範囲内だけ有効

ただし、for文の()内で宣言された変数は繰り返し構文終了後に変数を使うことはできないため、例えば、平均を求めるときに数えた変数で除算を行うことはできません。

STEP 3 　カンマ演算子

式1や式3に複数の文が必要なときは、「,」で区切って並べて記述します。

▼ 例

```
int    i ,j;    //変数の宣言

for(i = 0, j = 0; i < 4; i++ , j++){

}
```

iとjとを初期化します

iとjの再初期化をします

下の例では宣言と同時に初期化しています。

▼ 例

```
for (int i = 0 , gokei = 0; i < N; i++)
{
    printf("学生%dの得点を入力：", i + 1);
    scanf("%d", &hyouten);
    gokei += hyouten;
}
```

iとgokeiを宣言して初期化します

i、gokeiともにこの範囲でしか利用できません

このとき、宣言intは1つしか書かれてませんが、変数i、gokeiともにここで宣言されたことになります。したがって、この後、平均を求めるためにgokeiを使いたくても、使うことができません。次のようにiとgokeiを分けて扱う必要があります。

4-03 繰り返し構造2

▼ 例

```
int    gokei;    //合計点

gokei = 0;
for (int i = 0; i < N; i++)
{
    printf("学生%dの得点を入力：", i + 1);
    scanf("%d", &hyouten);
    gokei += hyouten;
}
```

> 変数gokeiは繰り返し構文の後でも利用したい

> iのみ宣言して初期化します

◉ CD-ROM ≫

元のファイル…sample4_2k.c
完成ファイル…sample4_3k.c

● プログラム例

基本例4-2のプログラムをfor文を使って書き換えましょう。

```
 1  /*******************************
 2      指定回の繰り返し　基本例4-3
 3  *******************************/
 4  #include <stdio.h>
 5  #define N    3               //学生の人数を定数として定義
 6
 7  int main(void)
 8  {
 9      //変数の宣言
10      int        hyouten;      //一人ひとりの点数
11      int        gokei = 0;    //評点の合計点
12      double     heikin;       //評点の平均点
13
14      //キーボードからの入力と評点の計算
15      gokei = 0;      //合計点の初期化
16      for (int i = 0; i < N; i++)
17      {
18          printf("学生%dの得点を入力：", i + 1);   //入力ガイドの表示
19          scanf("%d", &hyouten);                  //キーボードから評点を入力
20          gokei += hyouten;                       //合計点の計算
21      }
22      //平均点を小数で求める
23      heikin = (double)gokei / N;
24
25      //コマンドプロンプト画面に平均点を表示
26      printf("平均点：%5.1f点¥n", heikin);
27
28      return 0;
29  }
```

> 変数iの宣言を削除

> i++をfor文内に移動
> iは0からはじまって、1ずつ増えて、Nになったら終わり

> i++を削除

177

プログラミングアシスタント ｜ **正しく実行できなかった方へ**

```
//入力と評点の計算
gokei = 0;
for (int i = 0; i < N; i++)
{
    printf("学生%dの得点を入力：", i + 1);
    scanf("%d", &hyouten);
    gokei += hyouten;
}
heikin = (double)gokei / i;
```

i

iはこの範囲でだけ
使える変数

N

変数iが使える範囲を超えているので
use of undeclared identifier 'i'
というエラーが発生します。ここは定数Nを
使ってください

プログラミングアシスタント ｜ **正しい結果が表示されなかった方へ**

平均点が0.0点になってしまった（その1）。

▼ 実行結果

```
学生1の評点を入力：94
学生2の評点を入力：4
学生3の評点を入力：83
平均点：  0.0点
```

平均点が0.0点に
なってしまった

gokei

```
int    gokei;    //合計点

//キーボードからの入力と評点の計算
gokei = 0;
for (int i = 0, gokei = 0; i < N; i++)
{
    printf("学生%dの得点を入力：", i + 1);
    scanf("%d", &hyouten);
    gokei += hyouten;
}
heikin = (double)gokei / N;
```

この範囲でだけ
使える新たな変数

gokei

ここでfor文の中だけに有効な変数
gokeiが新たに宣言されたことになり
ます。上で宣言されたgokeiとは別の
変数となります（もう少し詳しいこ
とは第5章で学びます）

for文の中では、確かに合計は求まっていますが、この
変数はあくまでもfor文の中だけで有効な変数です

ここでは、最初に宣言した方のgokeiが使
われますが、そこには求めた合計は記録さ
れておらず、平均は0点になってしまいます

4

制御してみよう

178

4-03 繰り返し構造2

平均点が0.0点になってしまった（その2）。

```
int        gokei = 0;      //評点の合計点
double     heikin;         //評点の平均点
int        i;                        ← iの宣言を削除し忘れていて

//変数の初期化
gokei = 0;                        i

//キーボードからの入力と平均点の計算
for (int i = 0; i < N; i++)
{
    printf("学生%dの得点を入力：", i + 1);    //入力ガイドの表示
    scanf("%d", &hyouten);                    //キーボードからの入力
    gokei += hyouten;                         //合計点の計算
}

//平均点を小数で求める                N
heikin = (double)gokei / 1;       ← このiをNに変更し忘れていると、最
                                     初に宣言されたiが使われるが、iは
                                     不定のため、平均は求まりません
```

この範囲でだけ使える新たな変数

学生2の入力がされず、2人で終わってしまった。

▼ 実行結果

```
学生1の評点を入力：94
学生3の評点を入力：4
平均点： 32.7点
```

学生2が表示されず、2回の入力で終了してしまった

```
int     gokei;      //合計点

//キーボードからの入力と評点の計算
gokei = 0;                        ← 再初期化はここに記述
for (int i = 0; i < N; i++)
{
    printf("学生%dの得点を入力：", i + 1);
    scanf("%d", &hyouten);
    gokei += hyouten;
    i++;      ← 基本例4-2のwhile文では、ここに再初期化がありましたが、ここではfor文の()内に記述しました。にもかかわらず、i++;が残っているため、1回の繰り返しで2回i++;を行うこととなり、学生2の入力が飛んでしまいます
}
heikin = (double)gokei / N;
```

応用例 4-3

得点が配列に記録されている場合はどうでしょうか？繰り返しの条件と添字の関係に注目して第3章の応用例3-2のプログラムを繰り返し構文に書き換えてみましょう。なお、得点は配列の初期化により設定し、キーボードからの入力は行いません。

▼ 図12　配列の宣言と初期化

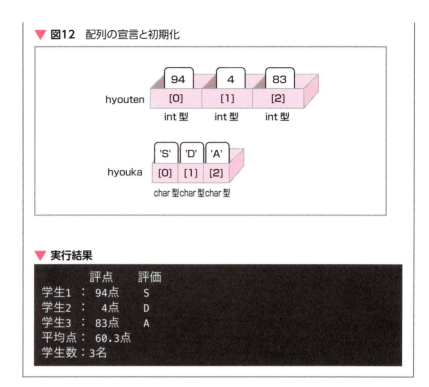

▼ 実行結果

```
         評点      評価
学生1 ：  94点     S
学生2 ：   4点     D
学生3 ：  83点     A
平均点： 60.3点
学生数：3名
```

学習 STEP 4　繰り返し構造で配列を処理する

　第3章応用例3-2では、配列に初期化されたデータを使って加算や表示を行いました。その時のプログラムを繰り返し構文で書き換えます。

① 元のプログラムで同じ文が並んでいることを確認します。

```
//評点の合計点と平均点を計算
gokei = 0;              //合計点を初期化
i = 0;                  //iを初期化
gokei += hyouten[i];
i++;
gokei += hyouten[i];
i++;
gokei += hyouten[i];
i++;
heikin = (double)gokei / i;   //平均点を計算
```

全く同じ文が3セット並んでいる

② 同じ文は1セット残して削除します。残した文は{}で囲みます。

```
//評点の合計点と平均点を計算
gokei = 0;              //合計点を初期化
i = 0;                  //iを初期化
{
    gokei += hyouten[i];
    i++;
}
heikin = (double)gokei / i;    //平均点を計算
```

1セット残して{}で囲む

③ for文を書きます。{}内のi++;はfor文の()に移動します。

```
//評点の合計点と平均点を計算
gokei = 0;              //合計点を初期化
i = 0;                  //iを初期化
for(i = 0; i < N; i++)
{
    gokei += hyouten[i];

}
heikin = (double)gokei / i;    //平均点を計算
```

for文を書く

i++;を削除

④ iの宣言と初期化を削除してfor文の中で宣言・初期化します。それに伴って平均を求める除数をNに変更します。

```
//評点の合計点と平均点を計算
gokei = 0;              //合計点を初期化

for(int i = 0; i < N; i++)
{
    gokei += hyouten[i];

}
heikin = (double)gokei / N;
```

iの初期化を削除

宣言文にする

iは使えないのでNに変更

元のファイル…sample3_2o.c
完成ファイル…sample4_3o.c

● プログラム例

第3章の応用例3-2のプログラムをfor文で書き換えてみましょう。

```
1   /*****************************
2       配列と繰り返し　応用例4-3
3   *****************************/
4   #include <stdio.h>
5   #define N    3                          //学生の人数を定数として定義
```

```
6
7    int main(void)
8    {
9        //変数の宣言
10       int      hyouten[N] = { 94 , 4 , 83 };      //N人分の評点の初期化
11       int      gokei;                             //評点の合計点
12       double   heikin;                            //評点の平均点
13       char     hyouka[N] = { 'S' , 'D' , 'A' };   //N人分の評価の初期化
14
15       //評点の合計点と平均点を計算
16       gokei = 0;                      //合計点を初期化
17       for (int i = 0; i < N; i++)
18       {
19           gokei += hyouten[i];        //合計点に学生の評点を加算
20       }
21       //平均点を小数で求める
22       heikin = (double)gokei / N;            //iにできないので注意！
23
24       //コマンドプロンプト画面に表示
25       printf("        評点     評価¥n");
26       for (int i = 0; i < N; i++)
27       {
28           printf("学生%d  :%3d点      %c¥n", i + 1, hyouten[i], hyouka[i]);
29       }
30       printf("平均点：%5.1f点¥n", heikin);
31       printf("学生数：%d名¥n", N);
32
33       return 0;
34   }
```

> iの宣言を削除

> iは0からはじまって、1ずつ増えて、Nになったら終わり

4
制御してみよう

コ ラ ム デバッグ法1

　プログラムが正しく動作するかどうかをチェックすることを**デバッグ**といい、プログラミングの作業の中でも、最も重要な作業です。ここでは、デバッグの方法の1つとして、**トレース**というデバッグ法を紹介します。トレースは、自分がコンピュータになったつもりで、変数の内容やその変化の様子、式の評価などを1つ1つ確認しながら、プログラムを進んでいくものです。繰り返し構造のプログラムでは、1回の繰り返しで行われる処理や、変数の内容を1行とする表を作成すると、変数の内容の変化がはっきりわかります。

　応用例4-3のプログラムをトレースする表を書いてみましょう。

▼ 表A i＝0

	i	i<3	繰り返し処理	total	i++の結果
1回目	0	真	gokei += hyouten[0]	94	1
2回目	1	真	gokei += hyouten[1]	98	2
3回目	2	真	gokei += hyouten[2]	181	3
4回目	3	偽			

4-03 繰り返し構造2

　人間が表を作成する代わりに、下の例のようにプログラムの途中の適当な位置にprintf関数を挿入して、キーとなる変数の内容を表示してみることもできます。

▼ 例

```
//平均点の計算
gokei = 0;                     //合計点を初期化
for (int i = 0; i < N; i++)
{
    gokei += hyouten[i];
printf("hyouten[%d] = %3d  gokei =%3d¥n" , i , hyouten[i] , gokei);
}
heikin = (double)gokei / N;         //iにできないので注意！
```

　繰り返しのたびに、配列の内容とそこまでの合計を表示します。この文を字下げしていないのは、この文が正式なプログラムではなく、テスト用に挿入したもので、あとで忘れずに削除するためです。

▼ 実行結果

```
hyouten[0] =  94  gokei = 94
hyouten[1] =   4  gokei = 98
hyouten[2] =  83  gokei =181
```

| 発　展 | 2次元配列の処理 |

　第3章で二次元配列を紹介したプログラム（注）は、一人分の評点は4つの課題の合計点で求めるというものでした。このときは、一人分の評点を求める文は以下のように書きました。

```
hyouten[i] = kadai[i][0] + kadai[i][1] + kadai[i][2] + kadai[i][3];
```

これは、次のように書き換えられます。

```
hyouten[i] = 0;                //初期化
hyouten[i] += kadai[i][0];      //課題1を加算
hyouten[i] += kadai[i][1];      //課題2を加算
hyouten[i] += kadai[i][2];      //課題3を加算
hyouten[i] += kadai[i][3];      //課題4を加算
```

（注）p148　sample3_h3.c

変数jを導入すると、以下のようになります。

```
int    j;
hyouten[i] = 0;                //初期化
j = 0;                         //jの初期化
hyouten[i] += kadai[i][j];     //課題1を加算
j++;
hyouten[i] += kadai[i][j];     //課題2を加算
j++;
hyouten[i] += kadai[i][j];     //課題3を加算
j++;
hyouten[i] += kadai[i][j];     //課題4を加算
j++;
```

ここまで来れば、for文で書き換えられますね。

```
hyouten[i] = 0;                //初期化
for(int  j = 0;j < KADAI_N;j++)
{
    hyouten[i] += kadai[i][j];
}
```

これは一人分です。N人分繰り返すと以下のようになります。

```
for(int i = 0; i < N; i++)
{
    hyouten[i] = 0;
    for(int  j = 0;j < KADAI_N;j++)
    {
        hyouten[i] += kadai[i][j];
    }
}
```

　このように、for文の繰り返し文の中にもう一つfor文が入っている構造を二重ループといいます。添字が2つになるので難しいですが、一つずつステップを踏んでいけば必ずできます。

　なお、話の展開の都合で、外側のfor文の変数がi、内側のfor文の変数がjになっていますが、通常は、iとjを反対に書きます。それに伴って、配列の添え字も

　　kadai[j][i]

のように前にj、後ろにiを使います。これは文法の決まりではなく、二次元配列の縦と横の添字がわからなくならないように、機械的に記述できるように「決めておく」というものです。

　iとjを入れ替えて完成させたプログラムです。

4-03 繰り返し構造2

▼ **リスト** プログラム例(sample4_h2.c)

```c
1    /*********************************************
2        発展          二重ループ
3    *********************************************/
4    #include <stdio.h>
5    #define    N        3       //学生数を定数として定義
6    #define    ID_N     5       //学籍番号の桁数を定数として定義
7    #define    KADAI_N 4       //課題の個数を定数として定義
8
9    int main(void)
10   {
11       //変数の宣言
12       char    id[N][ID_N + 1] = { "A0615" , "A2133" , "A3172" };  //学籍番号
13       int     kadai[N][KADAI_N] = {
14           { 16 , 40 , 10 , 28 },     //学生1の課題の得点
15           { 4 , 0 , 0 , 0 },         //学生2の課題の得点
16           { 12 , 40 , 10 , 21 }      //学生3の課題の得点
17       };
18       int         hyouten[N];            //N人分の評点
19
20       //各自の評点の計算
21       for (int j = 0; j < N; j++)
22       {
23           //各課題の得点を合計して各自の評点を求める
24           hyouten[j] = 0;       //初期化
25           for (int i = 0; i < KADAI_N; i++)
26           {
27               hyouten[j] += kadai[j][i];
28           }
29       }
30
31       //コマンドプロンプト画面に表示
32       printf("学籍番号      評点¥n");
33       for (int j = 0; j < N; j++)
34       {
35           printf("%-10s   %3d点¥n", id[j], hyouten[j]);
36       }
37
38       return 0;
39   }
```

> jは0からはじまって、1ずつ増えて、Nになったら終わり

> iは0からはじまって、1ずつ増えて、Nになったら終わり

> iは0からはじまって、1ずつ増えて、Nになったら終わり

▼ **実行結果**

```
学籍番号        評点
A0615          94点
A2133           4点
A3172          83点
```

制御してみよう

選択構造

いくつか用意された処理の中から1つだけ選択して実行するプログラムを書いてみましょう。はじめは、2つの中から1つを選びます。

基本例 4-4

キーボードから評点を入力し、60点以上なら「合格」、60点未満なら「不合格」を表示しましょう。

▼ **実行結果**

```
評点を入力：61
合格
```

```
評点を入力：59
不合格
```

☐ はキーボードからの入力を表す

学習 STEP 1　if文

▶いくつかの文の中から、どの文を実行するかを選択する文を**選択文**といいます。選択文には、if文のほかに、次に学習するswitch文があります。

条件により、2つの文のうちの1つを選択するには、if文を使います。

```
if(式)
{
        文1
}
else
{
        文2
}
```

▶文1・文2に含まれる文がそれぞれ1つしかないときは、{}を省略することができますが、保守性を高めるためには、省略しないことをお勧めします。

式には、関係演算子や論理演算子など、結果として論理値が得られるような演算を書きます。**文1**は、**式**の結果が真のときだけ実行され、**文2**は、**式**の結果が偽のときだけ実行されます。

▼ **例)** 合格または不合格を表示

```
#define GOKAKU 60    //合格点を定数として定義

if (hyouten >= GOKAKU)
{
    printf("合格¥n");
}
else
{
    printf("不合格¥n");
}
```

流れ図は図13のようになります。

▼ **図13** 流れ図

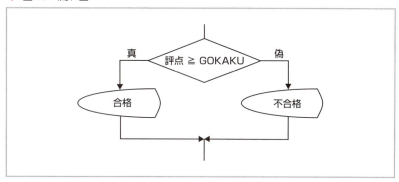

STEP 2　if 文の第 2 の構文

　式の結果が偽のとき、実行する文がないときは、else文と文2を省略することができます。

```
if(式)
{
        文1
}
```

▼ **例)** 合格のみを表示し、不合格のときは何も表示しない

```
if (hyouten >= GOKAKU)
{
    printf("合格¥n");
}
```

流れ図は図14のようになります。

▼ **図14** 流れ図

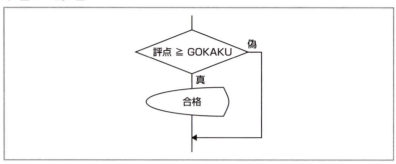

● プログラム例

元のファイル…rei4_4k.c
完成ファイル…sample4_4k.c

CD-ROMのプログラムは、選択条件の部分が書かれていません。皆さんで補ってから実行しましょう。

```c
/***********************************************
        選択構造        基本例4-4
***********************************************/
#include <stdio.h>
#define GOKAKU    60                //合格点を定数として定義

int main(void)
{
    //変数の宣言
    int    hyouten;                 //評点

    //キーボードから評点を入力
    printf("評点を入力：");          //入力ガイドの表示
    scanf("%d", &hyouten);          //キーボードから評点を入力

    //合否を判定して表示
    if (hyouten >= GOKAKU)          //評点が合格点以上であれば
    {
        printf("合格\n");           //合格と表示
    }
    else                            //そうでなければ
    {
        printf("不合格\n");         //不合格と表示
    }

    return 0;
}
```

4-04 選択構造

プログラミングアシスタント | **コンパイルエラーになった方へ**

```
if (hyouten >= GOKAKU);
{
    printf("合格\n");
}
else
{
    printf("不合格\n");
}
```

ここでexpected expressionというエラーが
出たらif文を確認してください

if文の最後に「;」が付いていると、
ここでif文が完結してしまい、

このelseに対するif文がない
ことになってしまいます

プログラミングアシスタント | **正しく実行されなかった方へ**

```
#define GOKAKU    100
                  60

int main(void)
        :
        :
    //合否を判定して表示
    if (hyouten < GOKAKU)
               >=
    {
        printf("合格\n");
    }
    else
    {
        printf("不合格\n");
    }
```

60点以上でも不合格になるなど、結果が期待
どおりでないときは、判定条件に誤りがあり
ます。条件を確認してください

定義名GOKAKUの定義が誤っていること
もありますので、こちらも確認してお
きましょう

189

応用例 4-4

図15のようにchar型の2次元配列に記録されている文字列からどちらかを選択して表示します。

▼ 図15 評価の文字列が記録されているchar型二次元配列

▼ 実行結果

```
評点を入力：73
評点： 73点    評価：合格
```

```
評点を入力：55
評点： 55点    評価：不合格
```

☐はキーボードからの入力を表す

学習 STEP 3 文字列の選択

1つの文字列を記録するには、char型の一次元配列が1つ必要です。

▼ 図16 文字列1つ

プログラムでは以下のように宣言します。

```
char   hyouka1[10] = "合格";
```

文字列を表示するには、

```
printf("%s\n" , hyouka1);
```

となります。文字列とは、複数の文字の集まりであると同時に、複数の文字を1つの塊として扱ったものということになります。配列hyouka1は配列であるにもかかわらず、printf文では添字を付けません。

▶第3章で復習しておきましょう。

　それでは、複数の文字列を1つの配列に記録するにはどうしたらよいでしょうか？第3章ですでに学んだように、文字列の数分を積み上げた二次元配列が必要です。

▼ 図17　複数の文字列

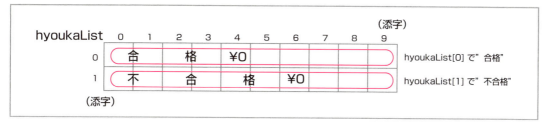

　配列hyoukaListは二次元配列配列ですが、「文字列」という扱いでは、まるで一次元配列であるかのように"合格"をhyoukaList[0]で、"不合格"をhyoukaList[1]で表現することができます。以上を踏まえると、printf文は以下のようになります。

▼ 合格

```
printf("%s\n" , hyoukaList[0]);
```

▼ 不合格

```
printf("%s\n" , hyoukaList[1]);
```

　添字を変数hyoukaIndexにすると、

```
printf("%s\n" , hyoukaList[hyoukaIndex]);
```

hyoukaIndexが0のとき「合格」、1のとき「不合格」が表示されます。

● プログラム例

基本例4-4のプログラムを、定義された二次元配列に対し添字で切り替えるプログラムに書き換えてみましょう。

```c
/*******************************************
     選択構造          応用例4-4
*******************************************/
#include <stdio.h>
#define GOKAKU    60          //合格点を定数として定義

int main(void)
{
    //変数の宣言
    int     hyouten;          //評点
    char    hyoukaList[2][10] = { "合格" , "不合格" };   //評価の文字列
    int     hyoukaIndex;      //評価の添字

    //キーボードから評点を入力
    printf("評点を入力：");                  //入力ガイドの表示
    scanf("%d", &hyouten);                   //キーボードから評点を入力

    //評価を求める
    if (hyouten >= GOKAKU)                   //評点が合格点以上であれば
    {
        hyoukaIndex = 0;                     //評価リストの添字は0（合格）
    }
    else                                     //そうでなければ
    {
        hyoukaIndex = 1;                     //評価リストの添字は1（不合格）
    }

    //コマンドプロンプト画面に表示
    printf("評点：%3d点     評価：%s\n",  hyouten, hyoukaList[hyoukaIndex]);

    return 0;
}
```

元のファイル…sample4_4k.c
完成ファイル…sample4_4o2.c

第2の構文を使って以下のように記述することもできます。

```c
/*********************************
    選択構造         応用例4-4  その2
*********************************/
#include <stdio.h>
#define GOKAKU     60          //合格点を定数として定義

int main(void)
{
    //変数の宣言
    int     hyouten;          //評点
    char    hyoukaList[2][10] = { "合格" , "不合格" };    //評価の文字列
    int     hyoukaIndex;      //評価の添字

    //キーボードから評点を入力
    printf("評点を入力：");    //入力ガイドの表示
    scanf("%d", &hyouten);     //キーボードから評点を入力

    //評価を求める
    hyoukaIndex = 0;           //評価リストの添字を0（合格）にしておく
    if (hyouten < GOKAKU)      //評点が合格点未満であれば
    {
        hyoukaIndex = 1;       //評価の添字を1（不合格）にする
    }
                         ← else以下を削除

    //コマンドプロンプト画面に表示
    printf("評点：%3d点    評価：%s\n", hyouten, hyoukaList[hyoukaIndex]);

    return 0;
}
```

コラム　デバッグ法2

プログラムの開発において、最も重要な工程は、プログラムが正しく動作するかどうかをテストすることです（もちろん、設計も開発も重要ですが）。できるかぎりあらゆるテストケースを想定し、できる限りあらゆる状況でのテストを行う必要があります。

選択構造では、選択されるのはどちらか（どれか）一つですので、プログラムのすべての文を実行することができません。

▼ Figure 2　選択構造

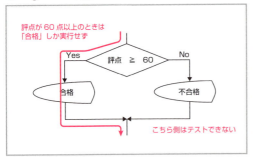
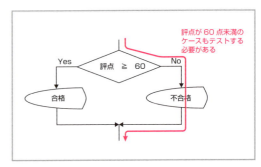

「合格」になる評点と「不合格」になる評点の少なくとも2種類の評点でテストする必要があります。さらには、合格と不合格の境界で正しく判定されているのかも確かめてください。理想的には、以下のような4つのデータでのテストをお勧めします。

▼ Figure 3　テストケース

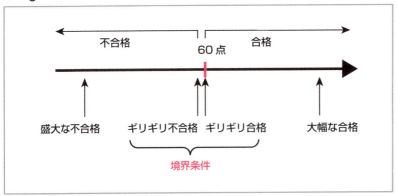

テストケースのための理論も提唱されています。ホワイトボックステスト、ブラックボックステストなどありますので、是非しらべてみてください。本書での解説はここまでとさせていただきます。

多分岐

選択肢が3つ以上ある選択構造を多分岐といいます。今度は、成績を5段階で評価してみましょう。

基本例 4-5

評価を、評点によって、表6のように評価することにします。

▼ **表6　評価基準**

評価	評点
S	90点以上
A	80点以上90点未満
B	70点以上80点未満
C	60点以上70点未満
D	60点未満

▼ **実行結果**

```
評点を入力：98
評点： 98点　　評価：S
```

```
評点を入力：82
評点： 82点　　評価：A
```

```
評点を入力：75
評点： 75点　　評価：B
```

```
評点を入力：60
評点： 60点　　評価：C
```

```
評点を入力：59
評点： 59点　　評価：D
```

☐ はキーボードからの入力を表す

学習 STEP 1 else if 文

　条件が「偽」であったとき、さらに、次の条件を評価することで、「偽」をさらに細かく場合分けすることができます。

```
if(式1)
{
    文1
}
else if(式2)
{
    文2
}
else if(式3)
{
    文3
}
    :
else
{
    文n
}
```

▶このように、プログラムの選択（分岐）が何段にもなっているものを**多分岐**といいます。

▶文1〜文nが、それぞれ1つの文のときは、{}を省略することができますが、保守性を高めるためには、省略しないことをお勧めします。

　式1から順に評価が行われ、評価の結果、式が初めて真になったとき、その文を実行します。それ以降は、スキップされます。すべての式の評価の結果が偽となったとき、文nが実行されます。すべての式の評価結果が偽のときに実行する処理がないときは、elseと文nは、省略可能です。

　図18のように2段目にたどり着くのは、1段目が偽になったときだけです。したがって、2段目の条件は評点≧80だけでよいことになります。

▼ **図18** 流れ図

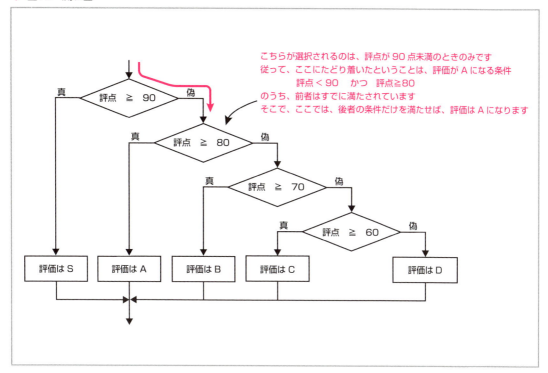

元のファイル…rei4_5k.c
完成ファイル…sample4_5k.c

● プログラム例

CD-ROMのプログラムは、評価を判定する部分が書かれていません。皆さんで補ってから実行しましょう。

```c
/*********************************************
    多分岐        基本例4-5
*********************************************/
#include <stdio.h>

int main(void)
{
    //変数の宣言
    int     hyouten;    //評点
    char    hyouka;     //評価

    //キーボードからの評点の入力
    printf("評点を入力：");     //入力ガイドの表示
    scanf("%d", &hyouten);      //キーボードから評点を入力
```

```
16          //評価を求める
17          if (hyouten >= 90)              //評点が90点以上だったら
18          {
19              hyouka = 'S';               //評価は'S'
20          }
21          else if(hyouten >= 80)          //評点が80点以上だったら
22          {
23              hyouka = 'A';               //評価は'A'
24          }
25          else if (hyouten >= 70)         //評点が70点以上だったら
26          {
27              hyouka = 'B';               //評価は'B'
28          }
29          else if (hyouten >= 60)         //評点が60点以上だったら
30          {
31              hyouka = 'C';               //評価は'C'
32          }
33          else                            //それ以外だったら
34          {
35              hyouka = 'D';               //評価は'D'
36          }
37
38          //コマンドプロンプト画面に表示
39          printf("評点：%3d点    評価：%c¥n", hyouten, hyouka);
40
41          return 0;
42  }
```

プログラミングアシスタント　　**正しくコンパイルされなかった方へ**

```
//評価を求める
if (hyouten >= 90)          //評点が90点以上だったら
{
    hyouka = 'S';           //評価は'S'
}
    :
    :
else if (hyouten >= 60)     //そうでなくて評点が60点以上だったら
{
    hyouka = 'C';           //評価は'C'
}
else(hyouten < 60)
{
    hyouka = 'D';
}
```

ここでexpected ';' after expressionというエラーが出たら、elseの後ろに余計な条件を書いています
評価がDになるのは60点未満という設定に惑わされることなく、「それ以外」と考えてください
エラーメッセージは';'が足りないと言っていますが、そうではなく、余計な記述が多いことによるエラーです

4
制御してみよう

198

4-05 多分岐

応用例 4-5

5つの評価が文字列になったらどうでしょうか？図19のようなデータ構造のとき、入力された評点から評価を求めて表示しましょう。評価の文字列だけでなく、評価基準も配列にします。

▼ 図19　5つの評価

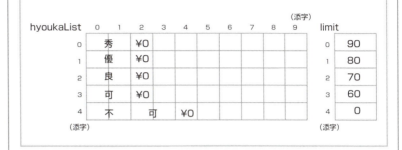

▼ 実行結果

```
評点を入力：98
評点： 98点　　評価：秀
```

```
評点を入力：82
評点： 82点　　評価：優
```

```
評点を入力：75
評点： 75点　　評価：良
```

```
評点を入力：60
評点： 60点　　評価：可
```

```
評点を入力：59
評点： 59点　　評価：不可
```

□ はキーボードからの入力を表す

学習 STEP 2　評価基準と評価の選択

評価の文字列だけでなく評価基準も配列にしておくと、評価の段階や基準の変更にも柔軟に対応できるようになります。配列の添字の値が重要になって

きます。hyoukaListの添字とlimitの添字が対応しています。

▼図20　hyoukaListとlimitの対応

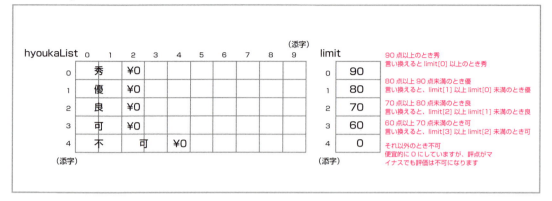

プログラム例

元のファイル…sample4_5k.c
完成ファイル…sample4_5o.c

基本例4-5のプログラムを書き換えましょう。

```c
/*********************************************
    多分岐        応用例4-5
*********************************************/
#include <stdio.h>

int main(void)
{
    //変数の宣言
    int     hyouten;            //評点
    char    hyoukaList[5][10] = { "秀" , "優" , "良" , "可" , "不可" };
    int     limit[5] = { 90 , 80 , 70 , 60 , 0 };       //評価基準
    int     hyoukaIndex;        //評価リストの添字

    //キーボードからの評点の入力
    printf("評点を入力：");                 //入力ガイドの表示
    scanf("%d", &hyouten);                  //キーボードから評点を入力

    //評価を求める
    if (hyouten >= limit[0])        //評点がlimit[0]以上だったら
    {
        hyoukaIndex = 0;            //評価リストの添字は0
    }
    else if (hyouten >= limit[1])   //評点がlimit[1]以上だったら
    {
        hyoukaIndex = 1;            //評価リストの添字は1
    }
```

```
27        else if (hyouten >= limit[2])      //評点がlimit[2]以上だったら
28        {
29            hyoukaIndex = 2;               //評価リストの添字は2
30        }
31        else if (hyouten >= limit[3])      //評点がlimit[3]以上だったら
32        {
33            hyoukaIndex = 3;               //評価リストの添字は3
34        }
35        else                               //それ以外だったら
36        {
37            hyoukaIndex = 4;               //評価リストの添字は4
38        }
39
40        //コマンドプロンプト画面に表示
41        printf("評点：%3d点      評価：%s¥n", hyouten, hyoukaList[hyoukaIndex]);
42
43        return 0;
44   }
```

発　展　**switch文**

　多分岐を行うための選択文で、評価の対象がすべて同じ、かつすべての条件が「==」で記述できるとき、多分岐の構文がもう一つ用意されています。以下のように書きます。

```
switch (式){
    case  定数式1：文1
    case  定数式2：文2
       :
       :
    case  定数式n：文n
    default       ：文n+1
}
```

　式と**定数式1**～**定数式n**は、整数型でなければなりません。**式**の値と等しい**定数式**を持つcase以下をすべて実行します。例えば、式の値が定数式1に等しいときは、文1～文n＋1はすべて実行され、式の値が定数式2に等しいときは、文2～文n＋1が実行されます。

　式の値が、**定数式1**～**定数式n**のどれにもあてはまらないときは、文n＋1だけが実行されます。どれにもあてはまらないとき、何も実行する処理がなければ、defaultと文n＋1を省略することができます。defaultが2つあったり、**定数式1**～**定数式n**の中に、同じ値があったりすることは許されません。

　なお、文1～文n＋1のそれぞれが複数の文からなるときでも、{}を使わず、並べて書きます。

　流れ図はFigure 4のようになります。

▼ **Figure 4** switch文の流れ図

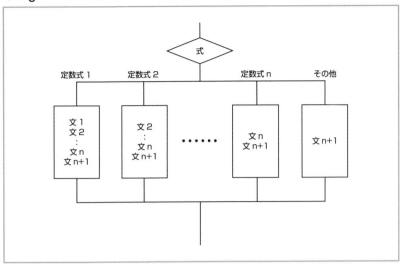

　実際には、該当する定数式に対応する文だけを実行したい、つまり、式が定数式1のときは文1だけを、式が定数式2のときは文2だけを実行したいことがほとんどです。そのためには文1を実行したあと、文2に移行せず、switch文を終了したいわけです。そこで各文の最後に記述するのが

```
break;
```

です。break文は、それ以下をスキップする働きをします。break文を入れて構文を書き換えたのが以下です。

```
switch    (式){
    case  定数式1：
        文1
        break;
    case  定数式2：
        文2
        break;
         :
         :
    case  定数式n：
        文n
        break;
    default       :
        文n+1
}
```

流れ図はFigure 5のようになります。

▼ **Figure 5**　流れ図

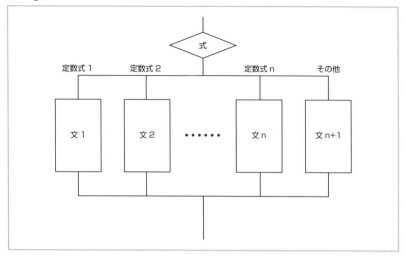

（注）1つのswitch文の中で、break;があるcaseとないcaseとが混じっていても構いません。該当するcaseからbreak;までの文を実行します。

switch文は、入力されたキーにより、処理を分けるときなどによく使われます。

▼ **リスト**　プログラム例（sample4_h3.c）

```
1   /***********************************************
2       発展        switch文
3   ***********************************************/
4   #include <stdio.h>
5   
6   int main(void)
7   {
8       char    key;        //入力された文字を記録する変数
9   
10      //キーボードからの文字入力
11      printf("キー入力：");           //入力ガイドの表示
12      scanf("%c", &key);              //keyの入力
13  
14      switch (key)
15      {
16          case '6':                   //入力されたキーが「6」のとき
17              printf("右へ移動¥n");   //「右へ移動」と表示
18              break;                  //switch文の終了
19          case '2':                   //入力されたキーが「2」のとき
20              printf("下へ移動¥n");   //「下へ移動」と表示
```

```
21          break;                   //switch文の終了
22      case '4':                    //入力されたキーが「4」のとき
23          printf("左へ移動¥n");       // 「左へ移動」と表示
24          break;                   //switch文の終了
25      case '8':                    //入力されたキーが「8」のとき
26          printf("上へ移動¥n");       // 「上へ移動」と表示
27          break;                   //switch文の終了
28      case 'S':                    //入力されたキーが「S」のとき
29          printf("停止¥n");          // 「停止」と表示
30          break;                   //switch文の終了
31      default:                     //それ以外
32          printf("何もしない¥n");     // 「何もしない」と表示
33      }
34
35      return 0;
36  }
```

▼ 実行結果

キー入力：4
左へ移動

□はキーボードからの入力を表す

4

制御してみよう

06

繰り返しと選択の組み合わせ

3つの基本構造を組み合わせると、あらゆる処理を記述できます。ここでは、基本構造の組み合わせ方を学びましょう。

基本例 4-6

評点から5段階の評価を求めます。図21のように文字列と評価基準が配列に記録されていることを利用して、より汎用性の高いプログラムを書いていきましょう。

▶3つの基本構造について、p164のコラムをもう一度見直しておきましょう。

▼ **図21** 評価文字列と評価基準

hyoukaList	0	1	2	3	4	5	6	7	8	9 (添字)
0	秀	¥0								
1	優	¥0								
2	良	¥0								
3	可	¥0								
4	不		可		¥0					

(添字)

limit	
0	90
1	80
2	70
3	60
4	0

(添字)

▼ **実行結果**

```
評点を入力：98
評点： 98点　　評価：秀
```

```
評点を入力：82
評点： 82点　　評価：優
```

```
評点を入力：75
評点： 75点　　評価：良
```

```
評点を入力：60
評点： 60点　　評価：可
```

205

```
評点を入力：59
評点： 59点    評価：不可
```

☐ はキーボードからの入力を表す

学習 STEP 1　基本構造の組み合わせ

1つの基本構造の内側に、もう一つ基本構造を構成することができます。このとき、2つの基本構造は、完全な入れ子でなければなりません。

▼ 図22　基本構造の組み合わせ

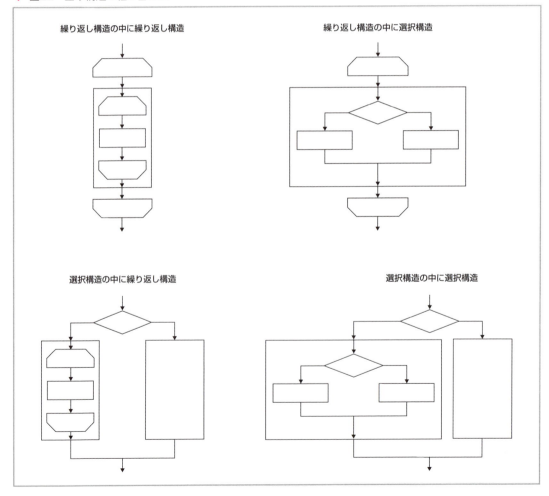

STEP 2 break 文と continue 文

繰り返しの途中で何等かの条件が満たされ、途中で終了したいことがあります。また、処理の途中でそれ以降をスキップすることもあります。そのようなときに活躍する2つの文を紹介します。

図23のように繰り返しの途中で、繰り返しを終了するための文がbreak文です。繰り返しの途中で以降をスキップします。

▶break文は、発展で取り上げたswitch文でも使いました。このときも、break文以降をスキップしましたので同様の意味があります。

▼ 図23　break文の役割

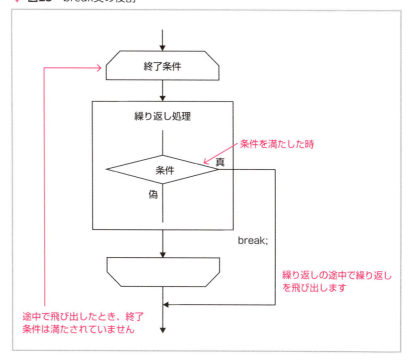

以下のような構文になります。

```
for(初期化;繰り返し条件;再初期化)
{
    繰り返し処理（前半）
    if(条件)
    {
        飛び出し前処理
        break;
    }
    繰り返し処理（後半）
}
```

繰り返しそのものからは飛び出さず、そのときの文を途中でスキップするのがcontinue文です。図24のような動作になります。

▼ **図24** continue文

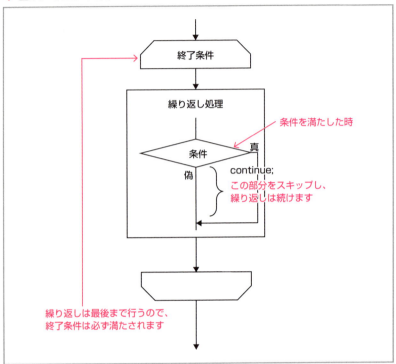

STEP 3　評価の求め方

　評価基準を記録する配列limitと評価を表す文字列を記録する配列hyoukaListとは、それぞれの添字が対応しています。次のように評価基準を順に調べ、該当する要素を指す添字を求めます。

▼ 図25 評価の求め方

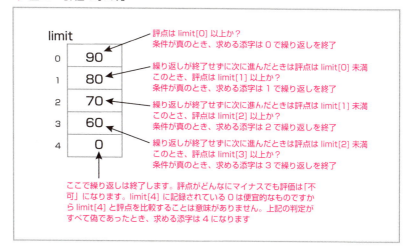

流れ図を描いておきましょう。

▼ 図26 流れ図

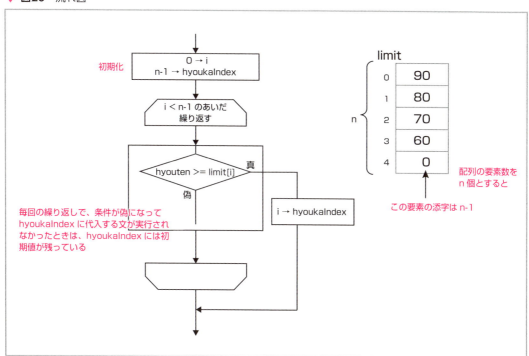

元のファイル…rei4_6k.c
完成ファイル…sample4_6k.c

● プログラム例

CD-ROMのプログラムには、外側の繰り返しの部分が書かれていません。皆さんで補ってから実行しましょう。

```c
/*************************************************
    繰り返しと選択の組み合わせ        基本例4-6
*************************************************/
#include <stdio.h>

int main(void)
{
    //変数の宣言
    int    hyouten;             //評点
    char   hyoukaList[5][10] = { "秀" , "優" , "良" , "可" , "不可" };
    int    limit[5] = { 90 , 80 , 70 , 60 , 0 };    //評価の基準
    int    hyoukaIndex;         //リストの添字
    int    n;                   //評価リストの配列要素数

    //キーボードからの評点を入力
    printf("評点を入力：");                 //入力ガイドの表示
    scanf("%d", &hyouten);                  //キーボードから評点を入力

    //評価を求める
    n = sizeof(limit) / sizeof(int);        //評価リストの配列要素数を求める
    hyoukaIndex = n - 1;                    //添字の初期化
    for (int i = 0; i < n - 1; i++)   ← iは0からはじまって、1ずつ増やして、n - 1になったら終了
    {
        if (hyouten >= limit[i])            //評点がlimit[i]以上だったら
        {
            hyoukaIndex = i;                //評価リストの添字はi
            break;                          //繰り返しの終了
        }
    }

    //コマンドプロンプト画面で表示
    printf("評点：%3d点    評価：%s\n", hyouten, hyoukaList[hyoukaIndex]);

    return 0;
}
```

4-06 繰り返しと選択の組み合わせ

> **プログラミングアシスタント**　　**正しく実行できなかった方へ**

評点が60点未満のとき、何も実行されず
に終了した。

```
//評価を求める
int n = sizeof(limit) / sizeof(int);
for (int i = 0; i < n - 1; i++)
{
    if (hyouten >= limit[i])
    {
        hyoukaIndex = i;
        break;
    }
}
```

`hyoukaIndex = n - 1;`

評点が60点以上であれば正しく結果を求めることがで
きますが、評点が60点未満のときに限り、実行を停止し
てしまうのであれば、初期値を使うときだけエラーにな
るということです。初期化を忘れていませんか?

評点として60点以上を入力すると、何点であっても「可」になってしまう。

```
//評価を求める
int n = sizeof(limit) / sizeof(int);
hyoukaIndex = n - 1;
for (int i = 0; i < n - 1; i++)
{
    if (hyouten >= limit[i])
    {
        hyoukaIndex = i;
    }
}
```

`break;`

評点が60点以上であれば、何点を入力しても「可」にな
ってしまうときは、繰り返しが途中で終了できていませ
ん。break;を忘れていませんか?

(注)この画面が表示されず、コマンドライン画面に何も表示されないまま実行を終了することもあります。

211

応用例 4-6

学生が10人いるとき、10人の最高点と最低点を求めてみましょう。最大値・最小値を求める定番のプログラムです。

▼ 図27　10人分の評点

(添字)	0	1	2	3	4	5	6	7	8	9
hyouten	94	4	83	90	99	95	8	93	78	66

▼ 実行結果

```
94    4   83   90   99   95    8   93   78   66
最高点：99点　　最低点：4点
```

学習 STEP 4　最大値を求めるアルゴリズム

最大値を求めるには以下のように考えます。

① 最大値を入れる変数を用意します。
② 最初のデータを、暫定最大値とします。

▼ 図28　暫定最大値

③ 次のデータと暫定最大値を比較します。暫定最大値より大きいデータのときだけmaxを変更します。

▼ 図29　データと暫定最大値の比較

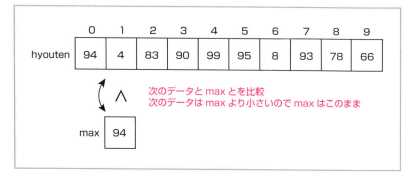

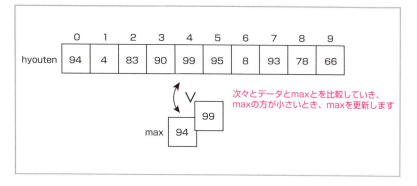

④ 全部のデータと比較し終えたときのmaxが最大値です。

▼ 図30　最大値

▼ **図31** 流れ図

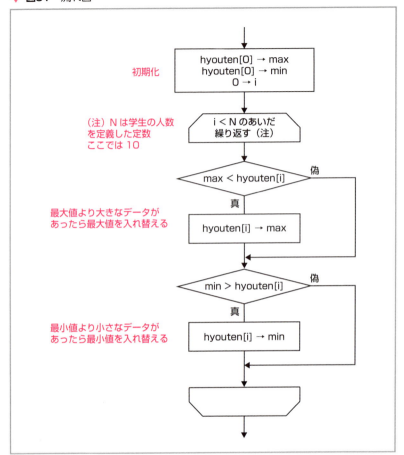

4-06 繰り返しと選択の組み合わせ

元のファイル…rei4_6o.c
完成ファイル…sample4_6o.c

プログラム例

CD-ROMのプログラムは、最高点を求める処理の一部が書かれていません。皆さんで補ってから実行しましょう。

```c
/*********************************************
    最大値　最小値を求める      応用例4-6
*********************************************/
#include <stdio.h>
#define     N    10           //学生の人数を定数として定義

int main(void)
{
    //変数の宣言
    int     hyouten[N] = { 94 , 4 , 83 , 90 , 99 , 95 , 8 , 93 , 78 , 66 };
    int     max;      //評点の最大値
    int     min;      //評点の最小値

    //最大値・最小値を求める
    max = hyouten[0];     //最大値を初期化
    min = hyouten[0];     //最小値を初期化
    for (int i = 1; i < N; i++)
    {
        if (max < hyouten[i])     //評点が最大値より大きかったら
        {
            max = hyouten[i];     //最大値を更新する
        }
        if (min > hyouten[i])     //評点が最小値より小さかったら
        {
            min = hyouten[i];     //最小値を更新する
        }
    }

    //コマンドプロンプト画面に表示
    for (int i = 0; i < N; i++)
    {
        printf("%5d", hyouten[i]);     //評点を表示
    }
    printf("\n最高点：%d点     最低点：%d点\n", max, min);

    return 0;
}
```

とりあえず先頭のデータを最大値・最小値とする

iは1からはじまって、1ずつ増え、Nになったら終わり

iは0からはじまって、1ずつ増え、Nになったら終わり

まとめ

● プログラムは、3つの基本構造の組み合わせで書くことができます。

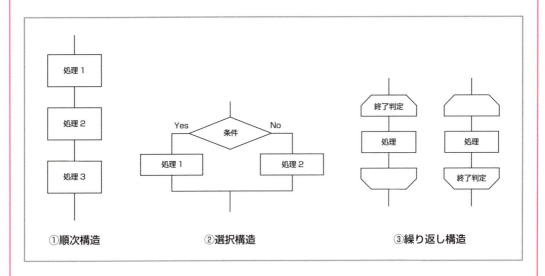

①順次構造　　②選択構造　　③繰り返し構造

● C言語では、論理値を以下のように表します。

論理値	意味	値
真	条件は正しい	1(非零)
偽	条件は正しくない	0

● 演算子一覧

	演算子	演算の意味
関係演算子	E1 < E2	小さい
	E1 > E2	大きい
	E1 <= E2	小さいか等しい
	E1 >= E2	大きいか等しい
	E1 == E2	等しい
	E1 != E2	等しくない
論理演算子	&&	論理的AND（かつ）
	||	論理的OR（または）
	!	論理否定（でない）

4-06 繰り返しと選択の組み合わせ

● 制御する文

<table>
<tr>
<td rowspan="2">反復</td>
<td>

```
while(式)
{
      文
}
```
</td>
<td>

```
do
{
      文
}while(式);
```
</td>
<td>

```
for(式1;式2;式3)
{
      文
}
```
</td>
</tr>
<tr>
<td rowspan="2">選択</td>
<td>

```
if(式)
{
      文1
}
else
{
      文2
}
```
</td>
<td>

```
if(式1)
{
      文1
}
else if(式2)
{
      文2
}
    :
else
{
      文n
}
```
</td>
<td>

```
switch(式)
{
   case  定数式1:文1
   case  定数式2:文2
            :
   case  定数式n:文n
   default    :文n+1
}
```
</td>
</tr>
<tr>
</tr>
</table>

Let's challenge 二値画像もどきの表示

sample4_x.c

　デジタル画像は1ピクセルごとに色を保存したものです。これを画素と言います。カラー画像であれば、赤・緑・青の3色を0から255の8ビットで表します。グレースケールの画像は、赤・緑・青がすべて同じ値になります。赤・緑・青がともに0であれば黒、ともに255であれば白になり、その間はグレーになります。白黒の二値画像は白か黒かのどちらかですから、255なら白、0なら黒になります。

　ここでは、二値画像もどきを考えてみます。1のとき白、0のとき黒の数値を並べた二次元配列を用意します。0は■、1は空白を表示して画像もどきを描いてみましょう。ここでは、配列に記録されるのは0または1ですが、実際の画像は1ピクセルを0〜255の8ビットで表します。そこで、char型の配列に画素データを記録することにします。

```
char  data[][YOKO] = {
        { 0,0,0,0,0,0,0,0,0,0,0,0,0,0,0,0 },
        { 0,0,0,0,0,0,0,0,0,0,0,0,0,0,0,0 },
        { 0,0,1,1,1,1,1,1,1,1,1,1,1,0,0,0 },
        { 0,0,0,0,0,0,0,0,0,0,0,0,1,0,0,0 },
        { 0,0,0,0,0,0,0,0,0,0,0,0,1,0,0,0 },
        { 0,0,1,1,1,1,1,1,1,1,1,0,1,0,0,0 },
        { 0,0,1,0,0,0,0,0,0,0,1,0,1,0,0,0 },
        { 0,0,1,0,0,1,1,1,1,1,1,0,1,0,0,0 },
        { 0,0,1,0,0,0,0,0,0,0,0,0,1,0,0,0 },
```

217

```
        { 0,0,1,0,0,0,0,0,0,0,0,0,0,1,0,0 },
        { 0,0,1,1,1,1,1,1,1,1,1,1,1,1,0,0 },
        { 0,0,0,0,0,0,0,0,0,0,0,0,0,0,0,0 },
        { 0,0,0,0,0,0,0,0,0,0,0,0,0,0,0,0 }
    };
```

(注) YOKOは横方向の「画素」数を定義した定数です。ここでは、二次元配列の1つの要素に1画素の値を記録しています。

▼ **実行結果**

第5章

関数を利用しよう

　家を建てるとき、はじめに窓の大きさや台所の高さを決める人はまずいないでしょう。「この辺が玄関で、この辺がリビングで…」と大まかな構想を練ることからはじめると思います。プログラミングも同じです。はじめからいきなりプログラムの細部を検討するのではなく、どんな処理を、どんな順番でしたらいいのか、をまず考え、次に、それでは、それを実現するためにはどうしたらいいのか、具体的に一つ一つの処理を考えます。そうすることで、処理を部品にしてしまうことができます。あとは、部品を組み立てるだけ。このような手順を踏めば、頭の中もすっきり整理できます。C言語では、処理のまとまりを関数といいます。

関数を利用しよう

関数とは

どんなに大きなプログラムでも、複雑な処理でも、小さな処理の組み合わせで成り立っています。小さな処理のまとまりを「部品」のように扱うと、全体を見渡しやすいプログラムになります。

STEP 1　処理をまとめる

　評点を得て、評価を求めるプログラムを考えてみましょう。処理を簡潔に表わすと、図1のようになります。

▼ 図1　処理の概要

```
main(){
    評点から評価を求めて表示する
}
```

とても簡単そうですね。1行で済みました。しかし、よく考えてみると、このままではプログラムが書けません。評点はどうやって得るのでしょうか？評価はどうやって求めるのでしょうか？ここでは、4つの課題の得点をキーボードから入力することにしましょう。評点は4つの得点を加算します。評価は、「秀」「優」「良」「可」「不可」のいずれかを判定します。その結果を、

▼ 実行結果

```
評価：優
```

などのように画面に表示することを考えましょう。

　最初は1行で済むと思ったのですが、それなりに長いプログラムになりそうです。ですが、やりたいことの概要は、

「評点から評価を求めて表示する」

というまとまった処理です。全体を見渡したいときや、細部は二の次というときには、図1のような概要はとても重宝します。そこで登場するのが、**関数**です。関数とは、プログラムの細部を別のひと塊として記述し、処理を表す名前となる関数名を付けたものです。main()には処理の概要を表す関数名だけを記述することができれば、図1のように全体が一目でわかるプログラムになります。

5-01 関数とは

もちろん、処理の詳細を知りたいときには、関数の記述を見ればよいのです。関数の詳細を定めたこのひと塊の処理を「**関数定義**」といい、main()に書く概要、つまり関数名を「**関数呼び出し**」といいます。

「評点から評価を求めて表示する」という処理を学生の人数分だけ繰り返したいとしても、関数定義では、何人分かということを考える必要はなく、「（一人分の）評点から評価を求めて表示する」ということだけに集中することができます。その分、main()に関数呼び出しを必要な場面で必要な回数分記述すればよいのです。

関数定義は、図2のように関数名に続いて、{と}とで囲って書きます。

▶ここでは、今までのプログラムの記述を踏襲してあえてint 関数名(void)と記述しています。本来は、intの代わりに関数の型を、voidの代わりに仮引数を記述するのですが、それは、本章の後ろの方で触れます。return 0;が不要な場合もあります。今のところはこの記述で我慢してください。

▼ 図2　関数定義

```
int 関数名(void)
{
    処理の詳細

    return 0;
}
```

どこかで見たことがありませんか?関数名をmainに置き換えてみましょう。

▶main()は、「最初に実行する」という特別な意味がある関数です。

▼ 図3　mainに置き換え

```
int main(void)
{
    処理
    return 0;
}
```

今まで書いてきたmain()は、実は関数の一つだったのです。関数を使ったプログラムは、次のような形式になります。

▶関数の中からさらに別の関数を呼ぶこともできます。

▼ 図4　関数の形式

```
int main(void)
{
    処理  ←──────── この処理の中で、関数名1や関数名2を呼び出す
    return 0;
}

int 関数名1(void)
{
    関数名1の処理
    return 0;
}
```

221

```
int 関数名2(void)
{
    関数名2の処理
    return 0;
}
```

STEP 2　関数を流れ図記号で表す

　関数定義には、関数で処理するプログラムを記述しますので、今まで利用してきた流れ図がそのまま使えます。プログラムの始めに書く端子の中には関数名を記述します。一方、関数呼び出しは、図5のような記号で記述します。

▼ 図5　関数に関する流れ図

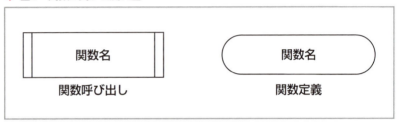

　課題の得点を入力して評点と評価を求めるプログラムの流れ図は図6のようになります。

▼ 図6　評価を求める流れ図（関数利用）

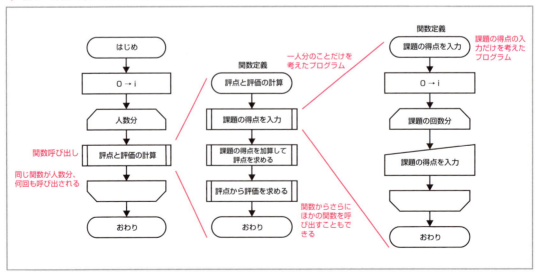

222

関数を利用しよう

関数定義と関数呼び出し

最初は関数を作成し、それを呼び出す練習です。関数を使ったプログラムを書く手順を学びましょう。

基本例 5-2

合格者を表示する関数と不合格者を表示する関数を作成し、以下のように表示してみます。

▼ 実行結果

```
合格者
A0615
A3172
B0009
B0014
B0024
B0040
B0142
B1005

不合格者
A2133
B0031
```

学習

STEP 1　関数を定義する

関数が、どんな処理をするのか、具体的な処理を書きます。形式はmain()と同じですが、main()とは別のまとまりのプログラムです。main()は、「プログラムがここから始まる」ことを表す特別な名前であり、どんなに大きなプログラムにも、小さなプログラムにも、必ず1つだけ必要なものです。main()が2つあってはダメなのです。そこで、main()の代わりに、そのプログラムのまとまりを一言で表すための名前として関数名を決めます。

223

▼ **例)** 合格者を表示する関数

> passをmainに置き換えると、今までと同じ形式の
> プログラムになります

```
int pass(void)
{
    printf("合格者\n");
    printf("A0615\n");
    printf("A3172\n");
    printf("B0009\n");
    printf("B0014\n");
    printf("B0024\n");
    printf("B0040\n");
    printf("B0142\n");
    printf("B1005\n");

    return 0;
}
```

▶()の付いた名前は関数名で
す。()をつけることで、この名
前が関数名であることを示し
ています。配列を表すときは、
配列名のうしろに[]をつけま
したね。それと同じです。

▶今まで書いてきたmain()も
関数の1つです。

　関数定義は、今までと同じようにプログラムを書くことに他なりません。今までと異なるのは、プログラム全体を書くのではなく、一部だけについて考えればよいということです。処理全体のうちの一部についてだけ書いたプログラムが関数です。

STEP 2 　関数のプロトタイプ宣言をする

　書いた関数を使うには、あらかじめこういう名前の関数を使います、という宣言が必要です。配列や変数のときも、宣言しましたね。関数の宣言を「プロトタイプ宣言」と言い、main()の前に書きます。関数定義の1行目（ここには関数名が書かれています）と同じものを記述し、最後に「;」を付けます。

▼ **例)** 関数のプロトタイプ宣言

```
#include <stdio.h>

//関数のプロトタイプ宣言
int pass(void);
int main(void)
{
    :
    return 0;
}
//関数定義
int pass(void)
{
    :
    return 0;
}
```

変数の宣言では、

```
int     x;
```

のように、変数名と型を宣言しました。関数の宣言では、

```
int     pass(void);
```

と書きます。関数の宣言には()が付きます。

▶関数にも型があります。ここはintと書いていますので、この関数の型はint型になります。関数の型については、p261で学習します。

STEP 3 関数を呼び出す

関数を使いたい(呼び出したい)ときには、使いたい場所に、関数名()を書きます。

プログラムの形式は、以下のようになります。

▼ **図7　関数の形式**

```
#include<stdio.h>
int 関数名（void）;                          ← 関数のプロトタイプ宣言

int main(void)
{
    処理
       :
    関数名1();                                ← 関数呼び出し
       :
    return 0;
}

int  関数名1(void)                            ← 関数定義
{
    関数名1の処理
       :
    return 0;
}
```

関数呼び出しは、本来はその位置に書かれているはずの処理を、処理の代表として関数名だけを書くものです。その代わり、記述しなかった処理本体を、関数定義に別記します。つまり、関数定義に書かれた処理は、関数が呼び出されてはじめて実行されます。ソースファイル中に関数定義を記述しても、呼び出されなければ、関数は実行されません。サッカーの選手がせっかく日本代表に招集されても、監督に呼ばれなければ試合で活躍できないのと同じです。

▼ **図8** 呼ばれない関数は活躍できない

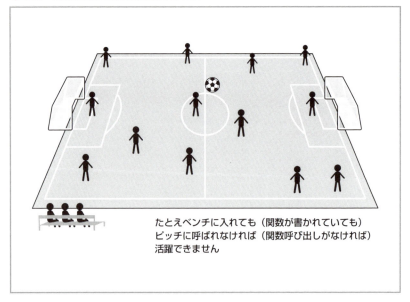

たとえベンチに入れても（関数が書かれていても）
ピッチに呼ばれなければ（関数呼び出しがなければ）
活躍できません

元のファイル…rei5_2k.c
完成ファイル…sample5_2k.c

● プログラム例

CD-ROMのプログラムは、以下のように関数を使わないで書かれています。合格者を表示する関数と不合格者を表示する関数に分けて書き直してみましょう。

▼ **リスト** 関数を使わないプログラム

```
1   /*****************************************
2       関数の利用    基本例5-2
3   *****************************************/
4   #include <stdio.h>
5
6
7   int main(void)
8   {
9       printf("合格者¥n");
10      printf("A0615¥n");
11      printf("A3172¥n");
12      printf("B0009¥n");
13      printf("B0014¥n");
14      printf("B0024¥n");
15      printf("B0040¥n");
16      printf("B0142¥n");
17      printf("B1005¥n");
```

この部分を関数pass()にする

5-02 関数定義と関数呼び出し

```c
18      printf("¥n");
19      printf("不合格者¥n");
20      printf("A2133¥n");
21      printf("B0031¥n");
22
23      return 0;
24  }
```

← この部分を関数failure()にする

▼ **リスト** 関数を使ったプログラム

```c
 1  /********************************
 2        関数の利用    基本例5-2
 3  ********************************/
 4  #include <stdio.h>
 5
 6  //関数のプロトタイプ宣言
 7  int pass(void);          //合格者を表示する関数
 8  int failure(void);       //不合格者を表示する関数
 9
10  int main(void)
11  {
12      pass();              //合格者を表示する関数の呼び出し
13      printf("¥n");        //改行
14      failure();           //不合格者を表示する関数の呼び出し
15
16      return 0;
17  }
18
19  /*****************************
20        合格者を表示する関数
21  *****************************/
22  int pass(void)
23  {
24      //コマンドプロンプト画面に表示
25      printf("合格者¥n");
26      printf("A0615¥n");
27      printf("A3172¥n");
28      printf("B0009¥n");
29      printf("B0014¥n");
30      printf("B0024¥n");
31      printf("B0040¥n");
32      printf("B0142¥n");
33      printf("B1005¥n");
34
35      return 0;
36  }
37
38  /*****************************
```

関数のプロトタイプ宣言

227

```
39        不合格者を表示する関数
40   *******************************/
41   int failure(void)
42   {
43       //コマンドプロンプト画面に表示
44       printf("不合格者¥n");
45       printf("A2133¥n");
46       printf("B0031¥n");
47
48       return 0;
49   }
```

プログラミングアシスタント 　正しくコンパイルできなかった方へ

```
/*********************************
     関数の利用    基本例5-2
*********************************/
#include <stdio.h>

//関数のプロトタイプ宣言
int pass(void)
int failure(void)

int main(void)
{
    pass();
    printf("¥n");
    failure();

    return 0;
}
```

> 関数のプロトタイプ宣言に「;」がないと、
> expected';'というエラーになります
> 関数宣言の1行目と同じ記述をしたら、最後に「;」を付加してください

```
/*********************************
     関数の利用    基本例5-2
*********************************/
#include <stdio.h>

//関数のプロトタイプ宣言
int pass(void);
int failure(void);


/*********************************
     合格者を表示する関数
*********************************/
int pass(void)
```

> main( )関数を記述するのを忘れると、
> Unresolved external '_main' refrenced from・・・
> というエラーが出ます
> main( )は、ここからプログラムが始まるという特別な関数
> で、必ず1つ必要です。main( )がないと関数を呼び出すこと
> もできません

228

5-02 関数定義と関数呼び出し

```
{
    printf("合格者¥n");
    printf("A0615¥n");
        :
        :
```

```
/**********************************
    合格者を表示する関数
**********************************/
int pass(void)
{
    printf("合格者¥n");
    printf("A0615¥n");
        :
        :
    return 0;
}
```

> 関数の終了を表す「}」を忘れがちなので気をつけましょう
> ここの「}」を忘れると、

```
/**********************************
    不合格者を表示する関数
**********************************/
int failure(void)
{
    printf("不合格者¥n");
    printf("A2133¥n");
    printf("B0031¥n");

    return 0;
}
```

> 次の関数の定義で
> function definition is not allowed here
> ここに関数を記述することができない、というエラーが出たり、

> ここで、
> expected ';' at end of declaration expected '}'
> 「;」が足りない、「}」が足りないといったエラーが出ることがあります

プログラミングアシスタント 　**正しく実行結果が表示されなかった方へ**

▼ 実行結果

```
c:¥Cstart> sample5_2k

c:¥Cstart>
```

> 何も表示されず、実行が終了してしまう

```
/**********************************
    関数の利用    基本例5-2
**********************************/
#include <stdio.h>

//関数のプロトタイプ宣言
int pass(void);
int failure(void);
```

229

```
int main(void)     pass();
{                  failure();

    return 0;
}
```

main()関数に関数を呼び出す記述をしないと、関数はベンチを温めている日本代表選手になってしまい、活躍できません。関数定義ばかりに意識が向きがちですが、作った関数をしっかり呼び出してあげましょう

コラム　関数呼び出しと実行の順序

「関数を呼び出す」とき、プログラムはどのように実行されるのでしょうか。

プログラムは、通常は上から下に順に実行されます。けれども、繰り返しや分岐があるときには、実行の順序は必ずしも「上から下」ではないことは、第4章で学びました。

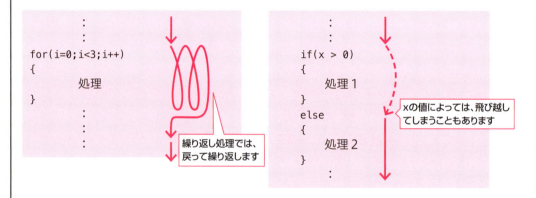

関数呼び出しの場合は、途中で関数の実行に移り、関数の処理が終わったら、戻ってきて続きを実行します。

```
int main(void)
{
    :
    y = func();
    :
    return 0;
}

//関数定義
int func(void)
{
    関数の処理

    return  0;
}
```

① 関数呼び出し
② 関数の処理
③
元に戻る

応用例 5-2

キーボードから3人分の学籍番号と4つの課題の得点を入力し、評点と合格または不合格を表示します。一人分の処理を関数で記述し、main()から人数分呼び出してみましょう。なお、評点が60点以上で「合格」、60点未満では「不合格」と表示します。「合格」「不合格」の文字はchar型配列 hyoukaListに保存されているとします。

▼ 図9　hyoukaList

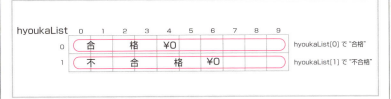

▼ 実行結果

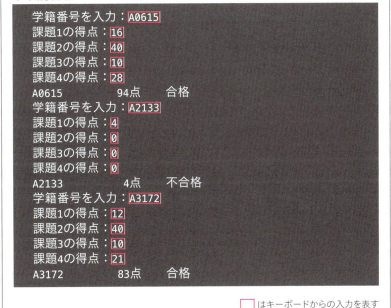

学習 STEP 4　ローカル変数とは何か

今まで、変数の定義はどこに書いてきたでしょうか。

▼ **図10　変数の宣言**

```
#include <stdio.h>
int main(void)
{
    int     x,y,z;

    x = 10;
    y = 12;
    z = x * y;
    :
    :
    return 0;
}
```

x,y,zはこの範囲で有効

main()の後の{と}の内側に書きました。この場合、{と}の間で、かつ、宣言の後ろでのみ、この変数は有効となります。今までは、関数が1つしかなかったので、プログラムの冒頭に変数を定義しておけば、あとはmain()の中で自由に使えました。

次の例はどうでしょうか。

▶{と}で囲まれた部分を**ブロック**といいます。

▼ **図11　ブロック内での変数の宣言**

```
#include <stdio.h>
int main(void)
{
    int     x=10,y=12,z;
    {
        int     i = 5;

        x = x * i;
        z = y * i;
    }
    :
    :
    return 0;
}
```

x、y、zはこの範囲で有効

iはこの範囲で有効

ここではiは使えません

ブロックの中に、小さいブロックがあったとき、小さいブロックの内側で定義している変数は、小さいブロックの中だけでしか使えません。このように{}内で宣言された変数を**ローカル変数**または**ブロック有効範囲**の変数、といいます。

main()の他に別の関数があった場合は、それぞれの関数内で変数を宣言することができます。

▼ **図12** それぞれの関数内で変数を宣言

```
#include <stdio.h>

//関数のプロトタイプ宣言
int 関数1(void);

int main(void)
{
    int x = 0, y = 12 , z;

    z = x * y;
        :
        :
    return 0;
}

int 関数1(void)
{
    int x  , y;
        :
        :
}
```

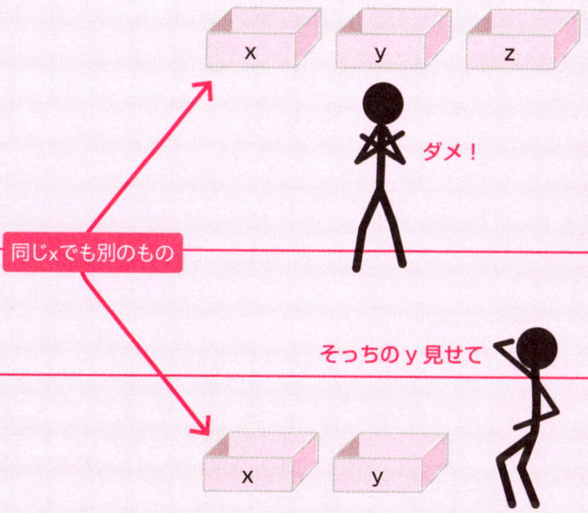

図12の例では、main()で定義された変数xと、関数1で定義された変数xとは、全く別のメモリに割り当てられ、まったく別の変数として扱われます。それぞれの変数は、それぞれ宣言されたブロック内でしか利用することができません。関数1からmain()内の変数xの値を参照したくても、それはできません。見ることも、書き換えることもできないように制限されています。そして、それぞれに値を持ちます。

STEP 5　グローバル変数とは何か

　変数は、すべてのブロックの外側で定義することもできます。この場合には、そのファイル内のすべての関数で有効です。つまり、どの関数からも、変数の値を参照することができます。このような変数を**グローバル変数**または**ファイル有効範囲**の変数、といいます。

　いつでも使えて、一見便利なように思いますが、どの関数からも使えるということは、いつ誰によって書き換えられてしまわないとも限らないという危険を伴うということです。グローバル変数は、複数の関数で普遍的に共通に利用するものに限り、多用しないようにしましょう。

▶ グローバル変数とローカル変数とで同名の変数が宣言されている場合には、プログラム中の変数名の使用は、より近くで宣言された方、つまり、ローカル変数を指します。関数1と関数2とで同名のローカル変数を宣言することは問題ありませんが、グローバル変数とローカル変数とで同名の変数を宣言することは、思わぬ不具合を招きます。できる限り避けてください。

▼ 図13　関数の外で変数の宣言

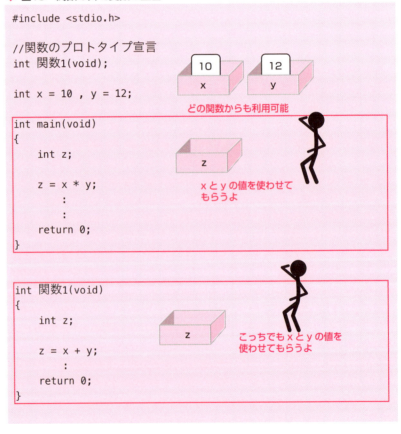

関数を惑星にたとえると、ローカル変数は各惑星に用意されたもので、よその星からは使うことができないのに対し、グローバル変数は宇宙ステーションで、どの惑星からも利用できるとイメージしてみてください。

▼ 図14　ローカル変数とグローバル変数のイメージ図

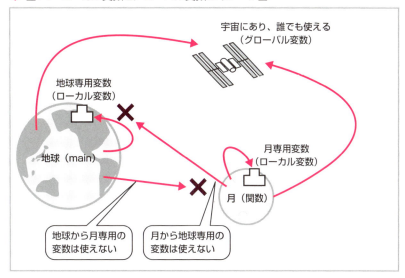

STEP 6　変数はどんな一生をたどるのか

変数がいつ確保され、いつ消滅するか、という点でも、ローカル変数とグローバル変数とでは異なります。

グローバル変数は、プログラム起動時に確保され、プログラムが終了するまで維持されます。それに対し、ローカル変数は、関数が呼び出された瞬間にメモリ上に確保され、関数が終了するとメモリは開放されて消滅してしまいます。同じ関数が2度呼び出された場合でも、毎回新しく確保され、消滅しますので、以前に呼び出されたときの値は継続されません。

▶ローカル変数を宣言するとき、staticという修飾子をつけると、ローカル変数であっても、関数の終了と同時には消滅せず、値を保存することができます。p236で学習します。

▶main()関数は、ここからプログラムがはじまり、main()関数の終了でプログラムが終了します。したがって、main()関数内で宣言されたローカル変数の一生は、結果として、グローバル変数の一生と同じになります。

▼ 図15 変数の一生

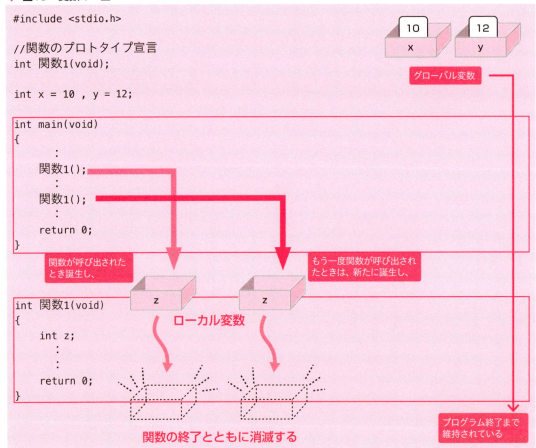

| 発 展 | staticなローカル変数 |

　ローカル変数でも関数の終了とともに消滅しないことがあります。変数を宣言したときstaticというキーワードを付けた変数です。staticは記憶域指定子と呼ばれ、プログラムを開始したときに一度だけ初期化され、そのままプログラムの最後まで保ち続けます。つまり、グローバル変数と同じ一生をたどるのです。staticなローカル変数は、ずっと継続していてほしいけれど、他の関数からは見られたくない、書き換えられたくない、というときに使います。

5-02 関数定義と関数呼び出し

▼ **リスト** プログラム例(sample5_h1.c)

```
/**********************************************
    コラム　staticはローカル変数
**********************************************/
#include <stdio.h>

//関数のプロトタイプ宣言
int func(void);

int main(void)
{
    func();          ←──────[ 関数を3回呼び出す ]
    func();
    func();

    return 0;
}
```

[変数yは関数が終了するたびに消滅し、毎回初期化される]

[変数xはローカル変数でありながら、関数が終了しても消滅せず、値を保持し続ける 初期化は1回だけ行われる]

```
/**********************************************
    staticなローカル変数xと
    ローカル変数yの一生
**********************************************/
int func(void)
{
    //変数の宣言と初期化
    int static x = 0; //staticなローカル変数
    int y = 0;        //ローカル変数

    x++;              //xに1を加算
    y++;              //yに1を加算

    //コマンドプロンプト画面に表示
    printf("x = %d y = %d¥n" , x , y);
    return 0;
}
```

▼ **実行結果**

```
x = 1 y = 1
x = 2 y = 1
x = 3 y = 1
```

237

STEP 7 関数を再利用する

関数は何度でも呼び出すことができます。例えば、学生一人分の処理を関数にしたとき、3人分の成績処理を行いたければ、関数を3回呼び出せばよいのです。このように、一度作った関数を使いまわすことを**関数の再利用**といいます。いかに汎用性が高く、再利用しやすい関数を設計できるかが、プログラミングの効率や安全性を左右します。

● プログラム例

元のファイル…rei5_2o.c
完成ファイル…sample5_2o.c

CD-ROMのプログラムには、「合格」「不合格」の文字列の宣言とそれを利用する記述、関数のプロトタイプ宣言、関数呼び出しなどが書かれていません。皆さんで補ってから実行しましょう。なお、「合格」「不合格」の文字列が記録されている配列hyuokaListはグローバルな配列とします。

```
/*****************************************
    一人分の成績処理を関数にする  応用例5-2
*****************************************/
#include <stdio.h>
#define     KADAI_N    4       //課題の個数を定数として定義
#define     ID_N       5       //学籍番号の桁数を定数として定義
#define     N          3       //学生の人数を定数として定義
#define     GOKAKU     60      //合格点を定数として定義

//グローバル変数
char    hyoukaList[2][10] = { "合格" , "不合格" };

//関数のプロトタイプ宣言
int one();                    //1人分の成績処理をする関数

int main(void)
{
    for (int i = 0; i < N; i++)     ← N回繰り返す
    {
        one();                //1人分の成績処理をする関数の呼び出し
    }
    return 0;
}

/*****************************************
    一人分の成績処理
*****************************************/
int one()
{
```

hyoukaList
0 "合格"
1 "不合格"

5-02 関数定義と関数呼び出し

```
30      //変数の宣言
31      char    id[ID_N + 1];            //学籍番号を記録する配列
32      int     kadai[KADAI_N];          //各課題の得点を記録する配列
33      int     hyouten;                 //評点（課題の合計点）
34      int     hyoukaIndex;             //評価を表す添字
35
36
37      //キーボードからデータを入力
38      printf("学籍番号を入力：");       //入力ガイドの表示
39      scanf("%s", id);                 //学籍番号を入力
40
41      for (int i = 0; i < KADAI_N; i++) ◄───   iが0からKADAI_Nより小さい間繰り返す
42      {
43          printf("課題%dの得点：", i + 1);      //入力ガイドの表示
44          scanf("%d", &kadai[i]);              //各課題の得点を入力
45      }
46
47      //評点を求める
48      hyouten = 0;                     //hyoutenの初期化
49      for (int i = 0; i < KADAI_N; i++) ◄───   iが0からKADAI_Nより小さい間繰り返す
50      {
51          hyouten += kadai[i];                 //評点に各課題の点数を加算
52      }
53
54      //評価を求める
55      if (hyouten >= GOKAKU)           //評点がGOKAKU以上だったら
56      {
57          hyoukaIndex = 0;             //hyoukaIndexに0を代入
58      }
59      else                             //それ以外だったら
60      {
61          hyoukaIndex = 1;             //hyoukaIndexに1を代入
62      }
63
64      //コマンドプロンプト画面に表示
65      printf("%-10s    %3d点     %s¥n", id, hyouten , hyoukaList[hyoukaIndex]);
66
67      return 0;
68  }
```

（注）学籍番号を入力するchar型の配列idは、5文字＋'¥0'の分しか用意していません。それより長い文字列をキーボードから入力すると、配列の範囲を超えてしまいます。本来であれば、入力文字数の検査をするべきですが、このプログラムでは、そのような検査を全く行っていません。プログラム実行時には、学籍番号が5文字を超えないように気を付けてください。

（注）入力例はp231を参照してください。

239

03 関数に渡す引数

関数を利用しよう

関数を呼び出すとき、関数内で利用する値を呼び出し側から与えることができると、関数の汎用性を高めることができ、また、より小さい範囲を関数にすることができます。一連の処理を細分化して関数にする方法を学びましょう。

基本例 5-3

応用例5-2では、課題の得点の入力から評点の計算、さらには評価を求めて表示するところまでを1つの関数にしました。一方、第4章の基本例4-6では、評点から評価を求めるプログラムを作成しました。評点が与えられたとき、評価を求める部分だけを関数にしてみましょう。第4章では、一人分の評価しか求めることができませんでしたが、10人分に挑戦します。しかし、10人分の評点をいちいちキーボードから入力するのは大変ですから、main()で配列に定義してしまうことにします。その上で、第4章基本例4-6のプログラムを関数を使って書き換えてみましょう。ついでに、学籍番号もmain()で定義し、表示できるようにします。評価の名称を表す文字列と評価基準は普遍的な情報ですから、グローバルな配列にすることにします。

▼ 図16 評価文字列と評価基準（グローバルな配列）

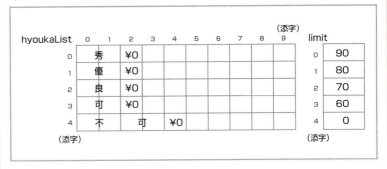

5-03 関数に渡す引数

▼ **図17** 10人分の学籍番号と評点

id	0	1	2	3	4	5 (添字)		hyouten	
0	A	0	6	1	5	¥0	0	94
1	A	2	1	3	3	¥0	1	4
2	A	3	1	7	2	¥0	2	83
3	B	0	0	0	9	¥0	3	90
4	B	0	0	1	4	¥0	4	99
5	B	0	0	2	4	¥0	5	95
6	B	0	0	3	1	¥0	6	8
7	B	0	0	4	0	¥0	7	93
8	B	0	1	4	2	¥0	8	78
(添字) 9	B	1	0	0	5	¥0	(添字) 9	66

▼ **実行結果**

```
学籍番号    得点    評価
A0615      94点    秀
A2133       4点    不可
A3172      83点    優
B0009      90点    秀
B0014      99点    秀
B0024      95点    秀
B0031       8点    不可
B0040      93点    秀
B0142      78点    良
B1005      66点    可
```

学習

STEP 1 関数に値を渡す

　関数を呼び出すとき、関数内の処理に必要な値を呼び出し側から関数に渡すことができます。これを**引数**といいます。引数は、複数個与えることもできます。

　関数側では、与えられた引数を記録する変数が必要になります。これを**仮引数**といいます。仮引数は、関数内で宣言されたローカル変数と同様の振る舞いをします。ですから、変数名と型を宣言しなければなりませんし、関数が終了し

241

たら、ローカル変数と同様に仮引数も消滅します。が、唯一「普通」のローカル変数と異なることは、関数に実行が移った瞬間に、呼び出し側から渡された値で初期化されるということです。普通のローカル変数と仮引数を区別するために、仮引数は、関数定義の関数名に続く()の中に宣言を書きます。複数個の引数を受け取るときは、()の中にカンマ(,)で区切って並べて書きます。

一方、呼び出し側には、関数呼び出しの()の中に、仮引数の並び順のとおりに関数に渡すデータを並べて書きます。実際の値ですから、リテラル値を指定することもできますし、何らかの値が入った変数を指定することもできます。この実際の値を**実引数**といいます。実引数には式を書くこともできます。

関数のプロトタイプ宣言には関数定義の1行目と同じ内容を記述しますから、仮引数の並びも関数定義と同じものを書きますが、プロトタイプ宣言では、型のみが必要で、仮引数名を省略することができます。

▶関数のプロトタイプ宣言は、コンパイルのとき、実引数と仮引数の型が互いに合致しているかどうかを調べるために記述するものです。コンパイルは、プログラムの上から順に行いますから、関数呼び出しより関数定義の方が下に書かれていると、関数呼び出しの実引数の型をチェックすることができません。それを解決するために、関数呼び出しに先立ってプロトタイプ宣言を行うのです。

▼ 図18　実引数と仮引数

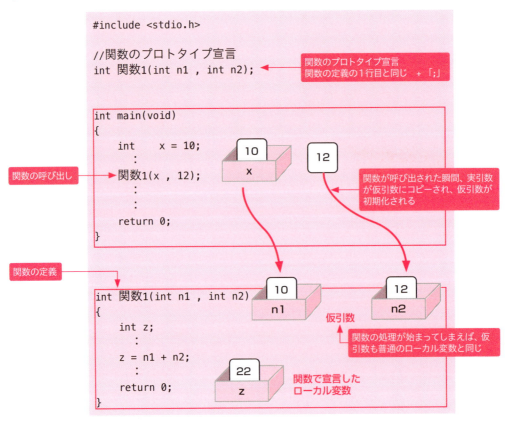

STEP 2 値渡しとは何か

呼び出し側から渡される実際の値（実引数）は、関数側の特別なローカル変数（仮引数）にコピーされます。ですから、関数側の仮引数の値を変更しても、元の呼び出し側の値は、何ら影響を受けません。関数の処理が終了して、呼び出し側に制御が戻ってきたとき、実引数の値は、元のままです。

▶このような引数の渡し方を**値渡し（Call by Value）**といいます。値渡しの関数は、互いに独立しており、独立性の高い関数といえます。

▼ 図19 呼び出し側の変数は影響を受けない

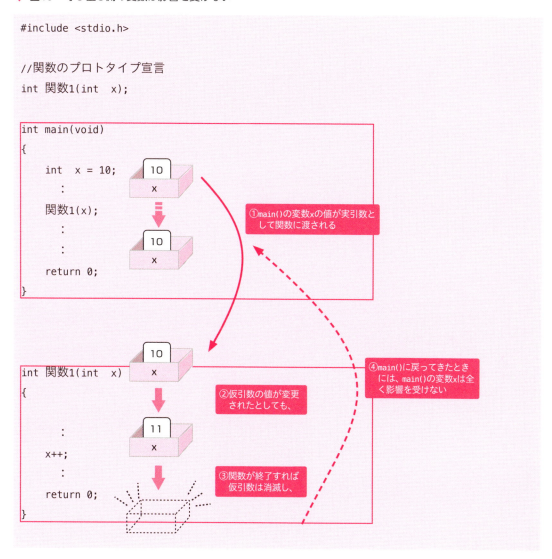

STEP 3　配列の要素を実引数とする

　配列には複数の値を記録することができますが、添字を指定することで、そのうちの1つを取り出すことができます。これを実引数として関数に渡すと、関数側では変数として扱うことになります。

▼ **図20　配列の一つを仮引数に渡す**

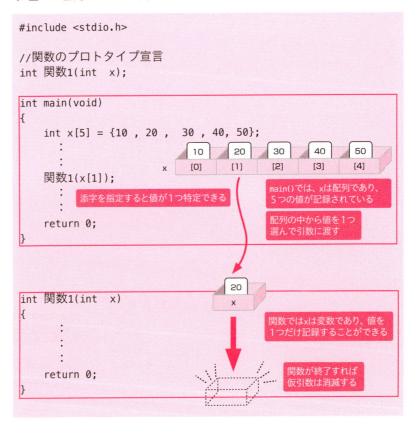

　複数の学籍番号を記録するには、2次元配列が必要です。そのうちの一つを選んで関数に渡すと、関数側では1次元配列として扱います。

STEP 4　配列を引数に渡す

　引数として関数に配列を渡すこともできます。しかし、変数のときとは少し事情が異なります。引数が変数のときは、実引数は仮引数という別の変数にコピーされました。そのため、関数側で仮引数の値が変更されても、呼び出し側には、何の影響もありませんでした。しかし、配列を丸ごと関数に渡すと、その

値がコピーされるのではなく、関数側から呼び出し側の配列を直接参照することになります。

▼ **図21** 引数を配列にすると直接参照する

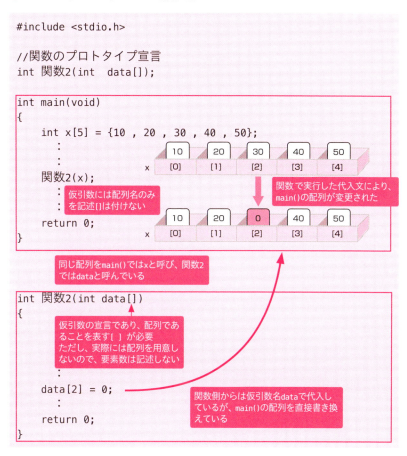

そのため、関数側で配列型の仮引数を書き換えると、呼び出し側にも影響します。関数が終了しても、配列は消滅しません。

関数側の仮引数には、要素数を表す数値は書きません。関数側で配列を用意するわけではないからです。しかし、配列であることを表す「[]」は必要です。一方、呼び出し側の実引数は配列名のみを記述し、「[]」は書きません。配列名がすでに宣言されているので、「[]」を記述する必要がないのです。

配列型の仮引数は、実引数として渡された配列を参照します。したがって、同じ関数が複数回呼び出され、実引数として異なる配列が指定されれば、関数内の仮引数は、それぞれ指定された実引数の配列を参照することになります。

▶正確には、配列の先頭のアドレス（番地）が関数に渡されます。渡されたアドレスは、関数の終了とともに消滅します。詳しくは第6章で学びます。

▶このように値を渡すのではなく、アドレスを渡す引数の受け渡し方法を**Call by Reference**といいます。

▼ **図22**　実引数として指定された配列を参照

```
#include <stdio.h>

//関数のプロトタイプ宣言
int 関数2(int  data[]);
```

```
int main(void)
{
    int x[5] = {10 , 20 , 30 , 40 , 50};
    int y[3] = {11, 12, 13};
       :
       :
    関数2(x);
       :
       :
    関数2(y);
       :
       :
    return 0;
}
```

x | 10 [0] | 20 [1] | **30** [2] | 40 [3] | 50 [4]

1回目に実引数としてxが指定されて呼び出されたときは、ここを書き換える

y | 11 [0] | 12 [1] | **13** [2]

```
int 関数2(int data[])
{
       :
    data[2] = 0;
       :
    return 0;
}
```

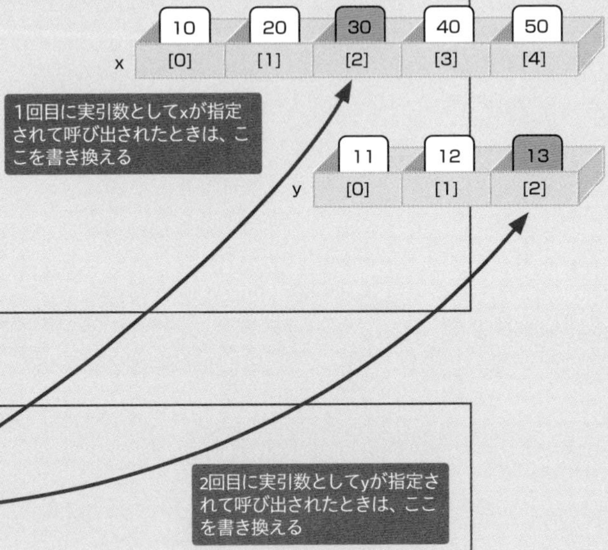

2回目に実引数としてyが指定されて呼び出されたときは、ここを書き換える

　関数側では、引数として渡された配列を自分で用意しないので、要素数がわかりません。配列を渡すときは、要素数も一緒に関数に渡すと汎用性を高めることができます。以下の例は、配列と要素数を受け取って、内容を表示する関数です。要素数を受け取っていますので、例えば図22の配列xを受け取ったときは5つの要素を、配列yを受け取ったときには3つの要素を表示することができ、呼び出し側で定義された配列の事情に応じた処理が可能になります。

▼ **例**

```
/********************************
    受け取った配列を表示する関数
    n : 配列要素数
********************************/
int kansu(int data[] , int n)
```

5-03 関数に渡す引数

```
{
    for(int i = 0; i < n; i++)
    {
        printf("%5d" , data[i]);          ← n個の要素を表示
    }
    printf("¥n");

    return 0;
}
```

STEP 5　関数に文字列を渡す

　文字列はchar型の配列に記録されていますから、関数に渡すときは、配列の受け渡しになります。文字列は、文字の並びの最後の「¥0」で文字列の終わりを検出することができますから、配列要素数をわざわざ渡してもらう必要はありません。

▼ **図23　引数として文字列を渡す**

```
#include <stdio.h>

//関数のプロトタイプ宣言
int 関数3(char id[]);
```

```
int main(void)
{
    char id[6] ="A0615";
      :
      :
    関数3(id);
      :
      :
    return 0;
}
```

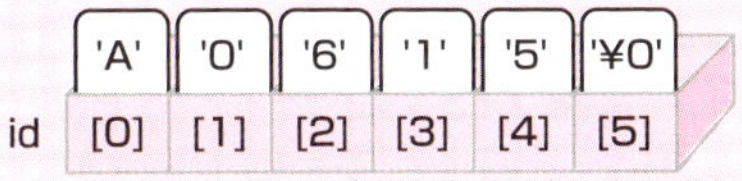

'A'	'0'	'6'	'1'	'5'	'¥0'
id [0] | [1] | [2] | [3] | [4] | [5]

```
int 関数3(char id[])
{
      :
    printf("%s¥n" , id);
      :
    return 0;
}
```

main( )で宣言された配列を直接参照して、'¥0'まで一気に表示する

247

　では、文字列が複数あったとき、そのうちの1つを関数に渡すにはどうしたらよいでしょうか? 第3章の発展で触れたように、複数の文字列を扱うには二次元配列を使います。

▼ **図24**　複数の文字列を扱う二次元配列

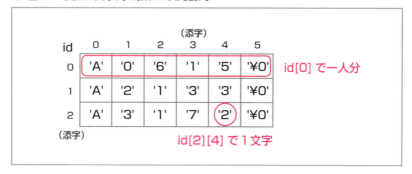

　図24のような二次元配列では、添字を2つ伴って1文字を表し、添字を1つ伴って文字列を1つ扱います。したがって、複数の文字列を記録した二次元配列から文字列を1つ関数に渡すには、添字を1つ指定します。

▼ **図25**　文字列を1つ関数に渡す

```
#include <stdio.h>

//関数のプロトタイプ宣言
int 関数3(char  id[]);

int main(void)
{
    char  id[3][ID_N + 1] = {"A0615" , "A2133" , "A3172"};
        :
        :
    関数3(id[0]);
        :
        :
    関数3(id[1]);
        :
        :
    return 0;
}
```

呼び出し側ではidは二次元配列であり、複数の文字列を記録する

1回目は"A0615"を関数に渡す

2回目は"A2133"を関数に渡す

id	0	1	2	3	4	5
0	'A'	'0'	'6'	'1'	'5'	'¥0'
1	'A'	'2'	'1'	'3'	'3'	'¥0'
2	'A'	'3'	'1'	'7'	'2'	'¥0'

5-03 関数に渡す引数

```
int 関数3(char  id[])
{                関数ではidは一次元配列であり、
    :            文字列を1つ受け取る
    printf("%s\n" , id);
    :
    return 0;
}
```

1回目
| id | 'A' | '0' | '6' | '1' | '5' | '\0' |

2回目
| id | 'A' | '2' | '1' | '3' | '3' | '\0' |

関数内では、この図のように見えているが、実際には、main( )で定義した領域を直接見ている

● プログラム例

元のファイル…sample5_2o.c
完成ファイル…sample5_3k.c

応用例5-2のプログラムを書き換えます。

```
 1  /*******************************
 2      引数  基本例5-3
 3  ********************************/
 4  #include <stdio.h>
 5  #define     ID_N      5       //学籍番号の桁数を定数として定義
 6  #define     N         10      //学生の人数を定数として定義
 7
 8
 9  //グローバル変数の宣言と初期化
10  char    hyoukaList[5][10] = { "秀" , "優" , "良" , "可" , "不可" };   //評価
11  int     limit[5] = { 90 , 80 , 70 , 60 , 0 };                        //評価基準
12
13  //関数のプロトタイプ宣言
14  int one(char id[], int hyouten);      //評点から評価を求めて表示する関数
15
16  int main(void)
17  {
18      //変数の宣言と初期化
19      char id[N][ID_N + 1] = {"A0615", "A2133", "A3172", "B0009", "B0014",
20              "B0024", "B0031", "B0040", "B0142", "B1005"};    //学籍番号
21
22      int hyouten[N] = {94, 4, 83, 90, 99, 95, 4, 93, 78, 66};  //評点
23
24      //評価を求めてコマンドプロンプト画面に表示
25      printf("学籍番号     評点     評価\n");
26      for (int i = 0; i < N; i++)
27      {
28          one(id[i] , hyouten[i]);           //一人分の成績処理をする関数の呼び出し
29      }
30
31      return 0;
```

```
32  }
33
34  /****************************************
35      評点から評価を求めて表示する関数
36      id : 学籍番号
37      hyouten:評点
38  ****************************************/
39  int one(char id[] , int hyouten)
40  {
41      //変数の宣言
42      int     hyoukaIndex;            //評価を表す添字
43      int     n;                      //配列要素数
44
45      //評価を求める
46      n = sizeof(limit) / sizeof(int);       //評価基準の配列要素数を求める
47      hyoukaIndex = n - 1;                    //評価を表す添字の初期化
48      for (int i = 0; i < n - 1; i++)
49      {
50          if (hyouten >= limit[i])            //評点がlimit[i]以上だったら
51          {
52              hyoukaIndex = i;                //評価リストの添字はi
53              break;                          //繰り返しの終了
54          }
55      }
56
57      //コマンドプロンプト画面に表示
58      printf("%-10s    %3d点    %s¥n", id, hyouten, hyoukaList[hyoukaIndex]);
59
60      return 0;
61  }
```

sample4_6k.cより

プログラミングアシスタント　　**正しくコンパイルできた方も確認しよう**

```
//関数のプロタイプ宣言
int one(char id[], int hyouten);


int main(void)
{
        :
        :
}

int one(char id[] , int hyouten)
{
```

関数のプロタイプ宣言を忘れても
このケースではエラーになりません
が、そう遠くない将来のために確認
しておきましょう

5-03 関数に渡す引数

```
//変数の宣言
int     hyoukaIndex;          //評価を表す添字
          :
          :
```

プログラミングアシスタント ▎**正しく実行できなかった方へ**

▼ 実行結果

学籍番号	得点	評価
A0615	1703576点	秀
A0615	1703576点	秀
A0615	1703576点	秀
A0615	1703576点	秀
A0615	1703576点	秀
A0615	1703576点	秀
A0615	1703576点	秀
A0615	1703576点	秀
A0615	1703576点	秀
A0615	1703576点	秀

```
//関数のプロトタイプ宣言
void one(char id[], int hyouten);

int main(void)
{
          :
          :

    printf("学籍番号      得点     評価¥n");
    for (int i = 0; i < N; i++)
    {           id[i]
        one( id , hyouten );
    }              hyouten[i]
    return 0;
}



void one(char id[] , int hyouten)
{
    :
```

関数呼び出しで仮引数に添字を忘れると
ここに警告が発生します
警告ですから、実行することはできますが、実行結果
は右上のように誤ってしまいます

仮引数は一次元配列と変数であるのに対し、実引数が
二次元配列と一次元配列であって、型が異なることが
原因です
int型、char型といったいわゆる型だけでなく、配列な
のか変数なのか、配列の場合は次元まで一致している
必要があります

発　展 ▎**二次元配列と関数の引数**

　基本例5-3では、複数の文字列が記憶されているchar型の二次元配列のうち、文字列を1つ取り出し
て関数の仮引数に渡しました。二次元配列を丸ごと関数に渡す場合には、どうすればよいでしょうか?

　二次元配列と言えども、メモリ上にはひと続きに配置されており、それを2つの添字で表現しているに
過ぎないことは、第3章で学びました。

▼ **Figure 1** 二次元配列の表現とメモリ配置

一方で、関数の仮引数に配列を渡すとき、仮引数には要素数は記述しないということも学びました。これは、関数内でメモリ領域を確保するわけではないこと、異なった要素数の配列が渡されることもあることが理由でしたね。

二次元配列を仮引数に渡すときは、渡された二次元配列を関数側で扱うとき、どこで折り返すのか、つまり横にいくつ要素があるのか、ということがわからないと、要素を2つの添字で表すことができません。したがって、二次元配列を引数に渡すときは、横の要素の個数だけは記述しなければなりません。

▼ **Figure 2** どこから2段目になるのかを指定する

以下の例は、二次元配列を丸ごと関数の仮引数に受け取って、すべてを表示するプログラムです。

5-03 関数に渡す引数

▼**リスト**　プログラム例(sample5_h2.c)

```c
/**********************************************
    発展　二次元配列を引数とする
**********************************************/
#include <stdio.h>
#define TATE    4     //二次元配列の縦の要素を定数として定義
#define YOKO    3     //二次元配列の横の要素を定数として定義

//関数のプロトタイプ宣言
int print_all(int data[][YOKO], int n);  //二次元配列を表示する関数

int main(void)
{
    //変数の宣言
    int  data[TATE][YOKO] = {     //数値を記憶するint型二次元配列
        {75 , 59 , 92},
        {52 , 95 , 70},
        {22 , 19 , 31},
        {100 , 99 , 96}
    };

    print_all(data, TATE);        //二次元配列を表示する関数の呼び出し

    return 0;
}

/**********************************************
   二次元配列を引数としてすべて表示する関数
   data：二次元配列（横の要素数を与える）
   n：縦の配列要素数
**********************************************/
int print_all(int data[][YOKO] , int n)
{
    for (int j = 0; j < n; j++)
    {
        for (int i = 0; i < YOKO; i++)
        {
            printf("%5d", data[j][i]);
        }
        printf("\n");
    }
    return 0;
}
```

横の個数を与える （9行目へ）

二次元配列の仮引数では横の配列要素数の記述が必要 （31行目へ）

縦の配列要素数 （31行目へ）

縦の要素数分繰り返す （33行目へ）

横の要素数分繰り返す （35行目へ）

253

▼ 実行結果

```
    75    59    92
    52    95    70
    22    19    31
   100    99    96
```

応用例 5-3

　　10人分の評点を小さい順に並べ替えてみましょう。並べ替えには、いろいろな手法がありますが、基本交換法（バブルソート）を取り上げます。今までよりちょっと込み入ったアルゴリズムですが、からまった紐をほどくように分解して考えていきます。分解した一つひとつが関数になります。

▼ 実行結果

```
ソート前    94   4 83 90 99 95   8 93 78 66
ソート後     4   8 66 78 83 90 93 94 95 99
```

学習

STEP 6 基本交換法で並び替える

　　基本交換法は、隣り合うデータの大小を順に比較・交換する作業を繰り返す方法です。配列の10個の整数を並び替える手順は以下のとおりです。

① 隣のデータと比較し、大きい方が後ろになるように交換します。これを順に最後まで行います。

▼ 図26　基本交換法①

5-03 関数に渡す引数

data[4] と data[5] とを交換する

	[0]	[1]	[2]	[3]	[4]	[5]	[6]	[7]	[8]	[9]
data	4	83	90	94	95	99	8	93	78	66

data[5] と data[6] とを交換する

	[0]	[1]	[2]	[3]	[4]	[5]	[6]	[7]	[8]	[9]
data	4	83	90	94	95	8	99	93	78	66

data[6] と data[7] とを交換する

	[0]	[1]	[2]	[3]	[4]	[5]	[6]	[7]	[8]	[9]
data	4	83	90	94	95	8	93	99	78	66

data[7] と data[8] とを交換する

	[0]	[1]	[2]	[3]	[4]	[5]	[6]	[7]	[8]	[9]
data	4	83	90	94	95	8	93	78	99	66

data[8] と data[9] とを交換する

	[0]	[1]	[2]	[3]	[4]	[5]	[6]	[7]	[8]	[9]
data	4	83	90	94	95	8	93	78	66	99

data[9] が最大値として確定する

	[0]	[1]	[2]	[3]	[4]	[5]	[6]	[7]	[8]	[9]
data	4	83	90	94	95	8	93	78	66	99

　　　　こうして、最大値である99は配列の最後まで順に送られていきます。この一連の交換処理を関数とすることを考えてみましょう。

② もう一度先頭から①と同様の処理を繰り返します。ただし、配列の最後はすでに最大値が確定しているので、その前まででよいことになります。

▼ **図27**　基本交換法②

	[0]	[1]	[2]	[3]	[4]	[5]	[6]	[7]	[8]	[9]
data	4	83	90	94	95	8	93	78	66	99

data[0] と data[1] とは交換しない
data[1] と data[2] とは交換しない
data[2] と data[3] とは交換しない
data[3] と data[4] とは交換しない
data[4] と data[5] とを交換する

	[0]	[1]	[2]	[3]	[4]	[5]	[6]	[7]	[8]	[9]
data	4	83	90	94	8	95	93	78	66	99

data[5] と data[6] とを交換する

	[0]	[1]	[2]	[3]	[4]	[5]	[6]	[7]	[8]	[9]
data	4	83	90	94	8	93	95	78	66	99

255

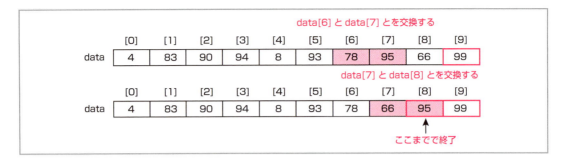

ここで、2番目に大きな値が後ろから2番目に送られ、確定します。①で考えた関数を1回呼び出すと最大値が確定し、2回呼び出すと2番目までが確定することになります。1回目と2回目とではどこまで交換処理が必要なのかが異なります。それを引数として①の関数に渡す必要がありそうです。

③ 以上を繰り返していきます。

▼ 図28 基本交換法③

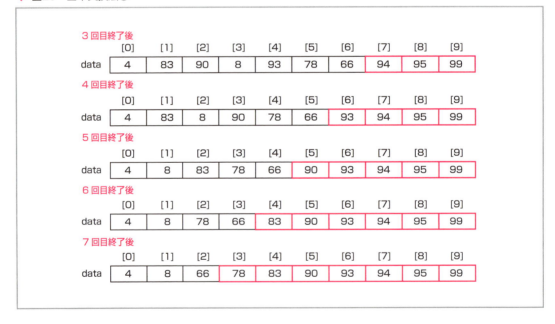

後ろから順に最大値が確定していきます。①で作成した関数の処理範囲を指定しながら何度も呼び出します。それをまた別の関数にしておくと、並び替えを丸ごと関数という形でまとめることができます。

④ 本来は、8回目、9回目と進んで行くのですが、8回目ではすでに交換が1回も行われません。一度も交換が行われなかったときは、途中でも終了します。

▶応用例5-3のプログラムでは、途中で終了する判定を省略し、最後まで繰り返します。

▶並べ替えのことを**ソーティング**ともいいます。小さい順が昇順、大きい順が降順です。

STEP 7 データを交換する

変数aと変数bに格納されているデータを交換したいときは、どうしたらよいでしょうか？

▶もちろん、交換したい変数aとbは同じ型でなければなりません。

▼ 図29 データを交換する

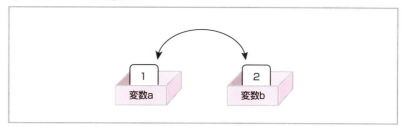

人間にとってはとても簡単です。答えは…

▼ 図30 データを交換した

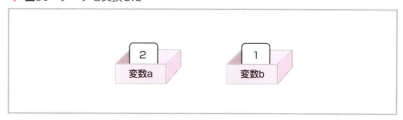

どうやってやりましたか？

▼ 図31 データを交換する過程

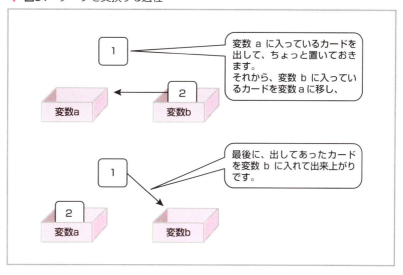

途中、「変数aのカードを出して、ちょっと置いておく」という作業がありました。プログラムでは、ちょっと置いておくための「場所」、つまり、変数を用意してあげなければなりません。プログラムは、以下のようになります。

```
temp = a;       // aをちょっと置いておく
a = b;          // bをaへ移す
b = temp;       // 置いておいたカードをbへ移す
```

▶ちょっと置いておくための変数の名前には、「一時的な」という意味のTemporaryを略した変数名をよく使います。こういう名前でなければならない、ということではありませんが、変数名に意味付けをすることは、理解しやすいプログラムを書く上で大切なことです。

◎ CD-ROM ≫

元のファイル…rei5_3o.c
完成ファイル…sample5_3o.c

● プログラム例

CD-ROMのプログラムは、1行分の交換関数を呼び出す処理、2つのデータを交換する処理などが書かれていません。皆さんで補ってから実行しましょう。

```
1   /***********************************
2       バブルソート　応用例5-3
3   ***********************************/
4   #include <stdio.h>
5   #define    N          10      //学生の人数を定数として定義
6
7   //関数のプロトタイプ宣言
8   int disp(int data[], int n);            //配列要素を表示する関数
9   int sort(int data[], int n);            //並べ替えすべてを行う関数
10  int sort_one(int data[], int n);        //並べ替え1回分を行う関数
11
12  int main(void)
13  {
14      //配列の宣言と初期化
15      int hyouten[N] = { 94,4,83,90,99,95,8,93,78,66 };        //評点
16
17      printf("ソート前　");
18      disp(hyouten, N);                   //配列要素を表示する関数の呼び出し
19      sort(hyouten, N);                   //並べ替えすべてを行う関数の呼び出し
20      printf("ソート後　");
21      disp(hyouten, N);                   //並べ替え1回分を行う関数の呼び出し
22
23      return 0;
24  }
25
26  /***********************************
27      並べ替えすべて
28      data : 並べ替える配列
29      n : 配列要素数
```

5

関数を利用しよう

```c
30    *********************************/
31    int    sort(int data[], int n)
32    {
33        for (int i = n; i > 1; i--)
34        {
35            sort_one(data, i);      //1回分のソートを行う
36        }
37
38        return 0;
39    }
40
41    /********************************
42        並べ替え1回分
43        data : 並べ替える配列
44        n : 配列要素数
45    *********************************/
46    int sort_one(int data[], int n)
47    {
48        //変数の宣言
49        int   temp;      //データ交換に使う一時的に保管する変数
50        for(int i = 1; i < n;i++)
51        {
52            if (data[i - 1] > data[i])
53            {
54                //data[i - 1]とdata[i]を交換する処理
55                temp = data[i - 1];        //data[i - 1]を置いておく
56                data[i - 1] = data[i];     //data[i]をdata[i - 1]へ移す
57                data[i] = temp;            //data[i - 1]をdata[i]へ移す
58            }
59        }
60
61        return 0;
62    }
63
64    /***********************************
65        配列要素を表示
66        data : 表示する配列
67        n : 配列要素数
68    ************************************/
69    int disp(int data[] , int n)
70    {
71        for (int i = 0; i < n; i++)
72        {
73            printf("%3d", data[i]);     //表示
74        }
75        printf("¥n");                   //改行
76
77        return 0;
78    }
```

iは関数sort_oneで確定する配列要素の添字
後ろから順に確定する

1行分の交換処理
i個の要素を対象とする

[0]と[1]の比較にはじまって、
[n - 2]と[n - 1]の比較まで順
に行う

data[i-1]とdata[i]とを
交換する処理

n個のデータを表示する

関数を利用しよう

5 04 関数からの戻り値

引数は呼び出し側から関数に値を渡すしくみでしたが、今度は、関数で求めた値を呼び出し側に返してみましょう。

基本例 5-4

4つの課題の得点から評点を算出し、算出した評点から評価を求めます。課題の得点から評点を求める関数、評点から評価を求める関数、一人分を表示する関数、というように関数を細分化して、より狭い範囲を集中的にプログラムできるようにします。

▼ **図32** 評価文字列と評価基準（グローバル変数）

hyoukaList	0	1	2	3	4	5	6	7	8	9
0	秀	¥0								
1	優	¥0								
2	良	¥0								
3	可	¥0								
4	不	可	¥0							

limit	
0	90
1	80
2	70
3	60
4	0

▼ **図33** 10人分の学籍番号と課題の得点

id	0	1	2	3	4	5
0	A	0	6	1	5	¥0
1	A	2	1	3	3	¥0
2	A	3	1	7	2	¥0
3	B	0	0	0	9	¥0
4	B	0	0	1	4	¥0
5	B	0	0	2	4	¥0
6	B	0	0	3	1	¥0
7	B	0	0	4	0	¥0
8	B	0	1	4	2	¥0
9	B	1	0	0	5	¥0

kadai	0	1	2	3
0	16	40	10	28
1	4	0	0	0
2	12	40	10	21
3	20	35	10	25
4	20	40	10	29
5	18	40	10	27
6	4	0	0	0
7	18	40	10	25
8	6	40	10	22
9	6	35	10	15

▼ 実行結果

```
学籍番号  課題1 課題2 課題3 課題4  評点   評価
A0615     16   40   10   28   94点   秀
A2133      4    0    0    0    4点   不可
A3172     12   40   10   21   83点   優
B0009     20   35   10   25   90点   秀
B0014     20   40   10   29   99点   秀
B0024     18   40   10   27   95点   秀
B0031      8    0    0    0    8点   不可
B0040     18   40   10   25   93点   秀
B0142      6   40   10   22   78点   良
B1005      6   35   10   15   66点   可
平均点： 71.0点
```

STEP 1　関数の型を指定する

　現実の社会では、仕事を依頼されたらそれに対する何らかのアウトプットを出しますね。営業だったら契約かもしれませんし、経理だったら決算書かもしれません。関数は「処理のまとまり」ですから、「処理」という仕事をします。仕事を依頼した人、つまり、呼び出し側は、その結果を次の処理に使いたいと思うのは実社会と同じでしょう。例えば、配列を渡して全要素の合計を求めたいとき、呼び出し側は求めた合計を次の処理に使いたいのです。C言語では、関数は1つだけ結果を呼び出し側に返すことができます。これを**戻り値**といいます。値ですから必ず型を持ち、呼び出し側の変数に代入することができます。

▼ 図34　仕事のアウトプット

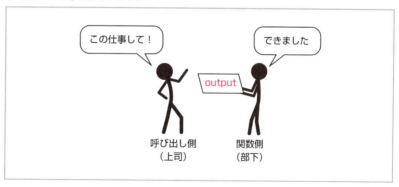

▼ **図35** 戻り値のイメージ

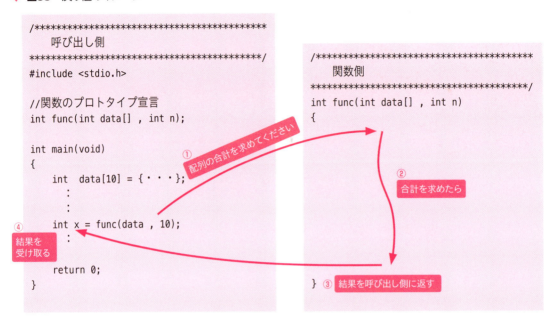

　このとき、戻ってきた値には型があります。図35ではint型です。これを関数の型と言います。もし、char型の値を返してほしいのであれば、戻り値はchar型になります。今まで、main()を含め、関数名の前には必ずintと書いてきました。実は、これは関数の型であり、戻り値の型だったわけです。今までは、呼び出し側に戻り値を返すことをしてきませんでした。戻り値を返さない関数はvoid型と呼び、本来は関数名の前にvoidと書きます。

STEP 2　return 文で戻り値を返す

　値を返すと言っても、関数側のローカル変数に求まった値を直接呼出し側から見ることはできません。また、関数側のローカル変数は関数の終了とともに消滅してしまいますから、その前になんとかしなければなりません。

▼ 図36　関数の結果を受け取りたい

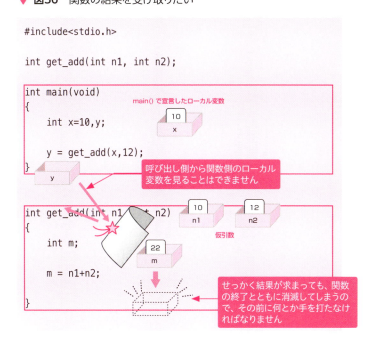

そこで、C言語には、関数が終了する間際に、求めた値を呼び出し側に投げ返す仕組みが用意されました。次のように書きます。

　　return　戻り値；

もともとreturn文は、関数が終了し、制御を呼び出し側に返すための文です。関数を終了させると同時に戻り値を呼び出し側に投げます。関数の型がvoid型であれば、return文を省略することができますが、その場合は、関数の終わりの}がreturn文を代用します。return文は、文法上は、かならずしも、関数の最後になくてもかまいませんし、複数個あってもかまわないことになっています。

江戸時代、日本は鎖国をしていましたが、長崎の出島だけはオランダと中国の船が出入りし、出島を通して貿易をしていました。出島が互いに接する唯一の場所だったわけです。呼び出し側と関数側とでは互いのローカル変数は接することがありませんが、関数の戻り値は、「出島」のような場所にコピーされ、呼び出し側はそこから取り出して代入することにより、呼び出し側は、たった一つだけ、関数からの結果を受け取ることができます。

▼ 図37　return文による動作

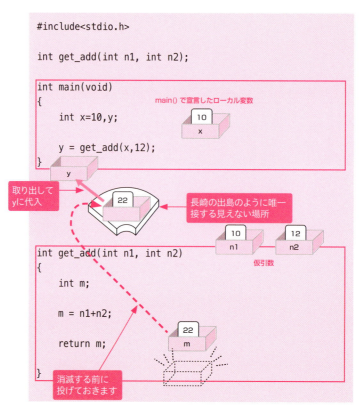

　この仕組みを用いると、呼び出し側では、戻り値を変数に代入するだけでなく、引数に関数を記述し、その戻り値を実引数とすることもできます。

▼ 図38　関数の戻り値を直接表示

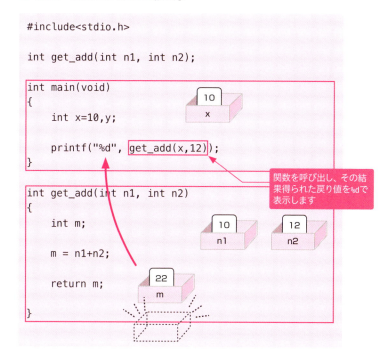

　プログラムの基本は、入力に対して処理を行い、結果を出力するということです（入力→処理→出力）。関数にとって、入力は引数であり、結果は戻り値です。ですから、引数としてどんなデータを受け取りたいのか、その結果どんなデータを戻り値として返すのかをコメント文として明記するように心がけましょう。

元のファイル…rei5_4k.c
完成ファイル…sample5_4k.c

● プログラム例

　CD-ROMのプログラムには、関数の引数や戻り値などが書かれていません。皆さんで補ってから実行しましょう。

```
1   /*********************************
2       戻り値  基本例5-4
3   *********************************/
4   #include <stdio.h>
5   #define    ID_N      5     //学籍番号の桁数を定数として定義
6   #define    KADAI_N   4     //課題の個数を定数として定義
7   #define    N         10    //学生の人数を定数として定義
8
9
```

```c
//グローバル変数の宣言と初期化
char    hyoukaList[5][10] = { "秀" , "優" , "良" , "可" , "不可" };    //評価
int     limit[5] = { 90 , 80 , 70 , 60 , 0 };      //評価基準

//関数のプロトタイプ宣言
void disp_title(int kadai_n);                      //タイトルを表示する関数
void disp_one(char id[], int kadai[], int kadai_n, int hyouten, int hyoukaIndex);
int  get_gokei(int data[], int n);          //評点を求める関数
int  get_hyouka(int hyouten);               //評価を求める関数

int main(void)
{
    //変数の宣言と初期化
    char id[N][ID_N + 1] = { "A0615", "A2133", "A3172", "B0009", "B0014",
        "B0024", "B0031", "B0040", "B0142", "B1005" };       //学籍番号

    int kadai[N][KADAI_N] = {      //N人分の課題の得点
        {16 , 40 , 10 , 28},
        { 4 ,  0 ,  0 ,  0},
        {12 , 40 , 10 , 21},
        {20 , 35 , 10 , 25},
        {20 , 40 , 10 , 29},
        {18 , 40 , 10 , 27},
        { 8 ,  0 ,  0 ,  0},
        {18 , 40 , 10 , 25},
        { 6 , 40 , 10 , 22},
        { 6 , 35 , 10 , 15}
    };
    int hyouten[N];                         //N人分の評点
    int hyoukaIndex[N];                     //N人分の評価の添字

    //評点と評価の算出
    for (int i = 0; i < N; i++)          ◄── N人分繰り返す
    {
                                                        一人分の課題の得点から評点を求める
        hyouten[i] = get_gokei(kadai[i], KADAI_N);◄──
        hyoukaIndex[i] = get_hyouka(hyouten[i]);◄──
    }                                               求めた評点を実引数として評価を求める

    //コマンドプロンプト画面に表示
    disp_title(KADAI_N);   //タイトルを表示する関数の呼び出し
    for (int i = 0; i < N; i++)
    {                                                   一人分の学籍番号、課題の得点、評点、
                                                        評価を実引数として渡し、表示する
        //一人分を表示する
        disp_one(id[i], kadai[i], KADAI_N, hyouten[i] , hyoukaIndex[i]);
    }
                                                        合計を求める関数を実引数
    //平均点の表示                                      に直接記述する
    printf("    平均点：%5.1f点\n", (double)get_gokei(hyouten, N) / N);
```

5-04 関数からの戻り値

```c
59        return 0;
60  }
61
62  /**************************************
63      タイトルを表示する関数
64      kadai_n : 課題の数
65  **************************************/
66  void disp_title(int kadai_n)
67  {
68
69      printf("学籍番号   ");
70      for (int i = 0; i < kadai_n; i++)
71      {
72          printf("課題%d ", i + 1);
73      }
74
75      printf("  評点    評価¥n");
76  }
77
78  /**************************************
79      一人分の情報を表示する関数
80      id : 一人分の学籍番号（文字列）
81      kadai : 一人分の課題の得点
82      kadai_n：課題の数
83      hyouten : 一人分の評点
84      hyoukaIndex : 評価文字列への添字
85  **************************************/
86  void disp_one(char id[], int kadai[], int kadai_n , int hyouten, int hyoukaIndex)
87  {
88      printf("%-10s", id);              //学籍番号
89      for (int i = 0; i < kadai_n; i++)
90      {
91          printf("%5d ", kadai[i]);      //各課題の得点
92      }
93
94      printf(" %3d点     %s¥n", hyouten, hyoukaList[hyoukaIndex]);   //評価と評点
95  }
96
97  /**************************************
98      配列要素の合計を求める関数
99      data : 配列
100     n : 配列要素数
101     戻り値 : 配列要素の合計点
102 **************************************/
103 int    get_gokei(int data[], int n)
104 {
105     //変数の宣言
106     int    gokei;            //評点（課題の得点の合計）
107
```

- 表示するのが仕事なので、戻り値はなく、void型の関数 （line 66）
- 課題の個数分繰り返す （line 70）
- 表示するのが仕事なので、戻り値はなく、void型の関数 （line 86）
- 課題の個数分繰り返す （line 89）
- int型の合計値を返す関数 （line 103）

267

```
108    gokei = 0;                          //評点の初期化
109    for (int i = 0; i < n; i++)                          ← 配列要素数分繰り返す
110    {
111        gokei += data[i];               //評点に得点を加算
112    }
113
114    return gokei;                       //求めた合計値を戻り値として返す
115 }
116
117 /*********************************************
118    評価を求める関数
119    hyouten ：  評点
120    戻り値 ： 評価文字列の添字
121 *********************************************/
122 int get_hyouka(int hyouten)                          ← int型の評価の添字を返す関数
123 {
124    //変数の宣言
125    int    hyoukaIndex;             //評価を表す添字
126    int n = sizeof(limit) / sizeof(int);     //配列要素数を求める
127
128    hyoukaIndex = n - 1;                        //添字の初期化  ← 初期値は「不可」
129    for (int i = 0; i < n - 1; i++)
130    {                                          「不可」を除く評価の個数分繰り返す
131        if (hyouten >= limit[i])            //評点がlimit[i]以上だったら
132        {
133            hyoukaIndex = i;                //評価リストの添字はi
134            break;                          //繰り返しの終了
135        }
136    }
137
138    return hyoukaIndex;     //評価の添字を戻り値として返す
139 }
```

　　　　ずいぶん長いプログラムになりました。ですが、関数一つひとつは短かく、小
さい部品を組み立てているという感覚を味わっていただけたでしょうか？

5-04 関数からの戻り値

プログラミングアシスタント | **警告またはエラーになった方へ**

```
//関数のプロトタイプ宣言
void  get_gokei(int data[], int n);
     int

int main(void)
{
        :
        :
    //評点と評価の算出
    for (int i = 0; i < N; i++)
    {
        hyouten[i] = get_gokei(kadai[i], KADAI_N);
        hyoukaIndex[i] = get_hyouka(hyouten[i]);
    }
}
```

プロトタイプ宣言において関数の型がvoidとなっていると

ここで、
assigning to 'int' from incompatible type 'void'
int型とvoidには互換性がないというエラーが出ます
関数の宣言がvoid 、つまり戻り値がないのに、呼び出し側で代入しようとしているというエラーです。関数定義が正しくint型が指定されていたとしても、プロトタイプ宣言が間違っているだけで、このエラーが出ます

```
/***************************************
    配列要素の合計を算出
    data : 配列
    n : 配列要素数
    戻り値 : 配列要素の合計点
***************************************/
int    get_gokei(int data[], int n)
{
    int    gokei;

    gokei = 0;
    for (int i = 0; i < n; i++)
    {
        gokei += data[i];
    }

    return gokei;
}
```

ここで、
conflicting types for
'get_gokei'というエラーが出ます。プロトタイプ宣言と関数定義が食い違っています

```
/***************************************
    タイトル表示
    kadai_n : 課題の数
***************************************/
int disp_title(int kadai_n)
{ void

    printf("学籍番号   ");
    for (int i = 0; i < kadai_n; i++)
    {
        printf("課題%d ", i + 1);
    }

    printf("   評点     評価¥n");

}
```

戻り値がないのに関数の型をvoidにしないと

ここで、戻り値がないという警告が出ます
コンパイラによってはエラーになることもあります

269

```
/*********************************************
    評価の算出
    hyouten :  評点
    戻り値 : 評価文字列の添字
*********************************************/
int get_hyouka(int hyouten)          ← 戻り値がint型なのに
{
    //変数の宣言
    int     hyoukaIndex;              //評価を表す添字

    //評価を求める
    int n = sizeof(limit) / sizeof(int);     //配列要素数を求める
    hyoukaIndex = n - 1;                       //添字の初期化
    for (int i = 0; i < n - 1; i++)
    {
        if (hyouten >= limit[i])
        {
            hyoukaIndex = i;
            break;
        }
    }
                                      hyoukaIndex
    return hyoukaList[hyoukaIndex];
}
```

> 戻り値に文字列が指定されており、型が食い違っていると警告が出ます。コンパイラによっては、エラーになることもあります

コラム　長崎の出島のような唯一接する見えない場所とは

　「関数を呼び出す」ということについて、機械語レベルでどのようなことが行われているのかを簡単に説明しましょう。

　関数呼び出しを行う際に欠かせないのが、**スタック**と呼ばれるメモリ領域です。普通の変数や配列は、どの変数にはどんなデータが入るか、つまり、何番地にはどんなデータが入るか、が決まっていますが、スタックは、段ボール箱を積むように、必要になったら、必要になった順に記憶させる仕組みです。段ボール箱は、下から順に積み上げ、上から順に取り出していきますが、スタックも同じです。

▼ **Figure 3** スタックは段ボール箱

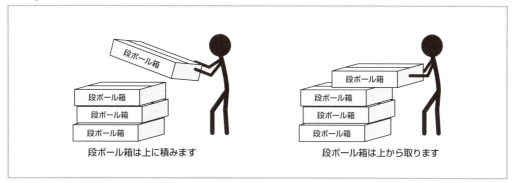

　あらかじめ確保されたメモリ領域が現在どこまで利用されているかを示す働きをするのがスタックポインタです。何か値を記憶する必要が生じたら、スタックポインタが示す場所にデータを格納し、スタックポインタをずらします。この動作を**push**といいます。今度は、格納しておいたデータが必要になりました。しかし、このときは、段ボール箱の例と同じように、最後に記憶したデータからしか取り出すことができません。取り出すときは、スタックポインタを1つ戻して、そこに示された値を取り出します。その後、今まで使われていたメモリは開放されます。この動作を**pop**といいます。また、スタックのように、後から入れたデータを先に出す仕組みを**先入れ後出し**（FILO:First in Last out）といいます。

▼ **Figure 4** スタックの仕組み

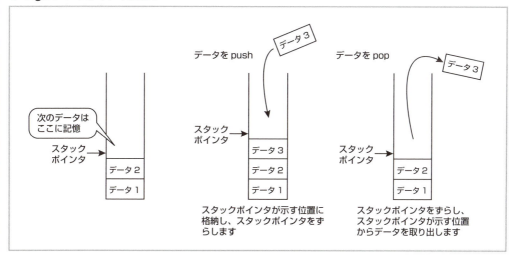

　ところで、関数の実行が終了したあとは、呼び出し元の続きを実行します。そのためには、どこまで実行したところで関数が呼び出されたのか、を覚えておかなければなりません。そこにスタックが使われています。ついでに、実引数もスタックにpushしておきます（①）。関数側では、スタックからpopした実引数を仮引数に入れ、関数の実行を始めます。最後に戻り値をpushして関数を終了します（②）。関数終了とともに

に、戻り値と呼び出し側をどこまで実行していたのか、という情報が取り出され、呼び出し側の続きが実行される（③）、という仕組みです。

▼ **Figure 5** 関数呼び出しの仕組みとスタックのかかわり

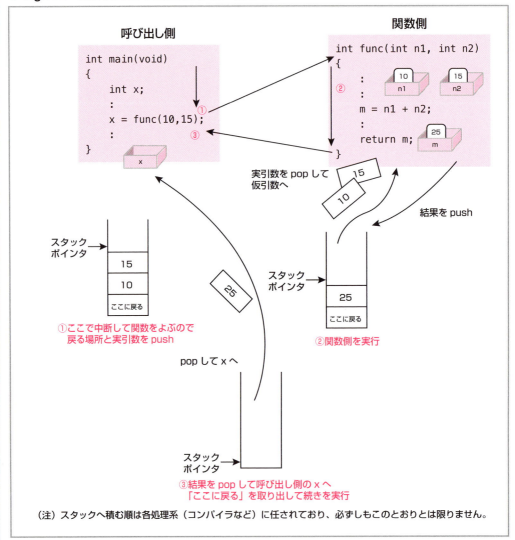

（注）スタックへ積む順は各処理系（コンパイラなど）に任されており、必ずしもこのとおりとは限りません。

　スタックは、ハードウエアが管理する特別なメモリであり、「長崎の出島のような唯一接する場所」とはスタックのことです。スタックは、C言語のプログラムに表れることはありませんが、裏方で重要な働きをしているスーパーグローバル変数なのです。

応用例 5-4

10人分の評点を小さい順に並べ替えてみましょう。応用例5-3とは異なる方法として、基本選択法を取り上げます。最も直感的な方法です。戻り値のない関数はvoid型とします。

▼ 実行結果
```
ソート前   94  4 83 90 99 95  8 93 78 66
ソート後    4  8 66 78 83 90 93 94 95 99
```

学習 STEP 3 基本選択法のアルゴリズム

基本選択法は、必要な範囲の最小値を求めてはその範囲の先頭のデータと交換するという作業を繰り返す方法です。配列に格納された10個の整数を並び替える処理手順は以下のとおりです。

① 全体の中から最小のデータを探し、先頭と交換する。

▼ 図39　基本選択法①

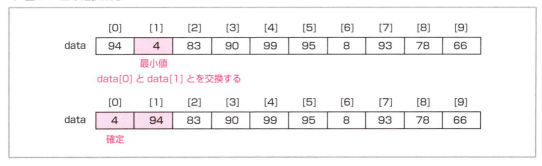

最小値の位置（添字）を求める関数を作成し、その戻り値を添字とする値と先頭の値とを交換することになります。

② 先頭は確定したので、残りの範囲から最小値を求め、2番目のデータと交換する。

▼ 図40　基本選択法②

最小値の位置（添字）を求める関数において、最小値は配列の途中から求めますから、配列要素数の他に最小値をどの範囲から求めるのかという情報が必要です。

③ 以上を繰り返した結果、最後に残った1つは、最大値となる。

▼ 図41　基本選択法③

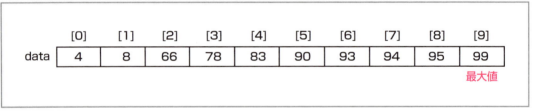

最小値を求めて交換する処理を繰り返すという関数を新たに作成すれば、それが並び替えの関数になります。

STEP 4　最小値の位置を求める

　最大値・最小値を求めるアルゴリズムは、第4章応用例4-6で実習しました。このときは、暫定最大値または暫定最小値を記憶しておいて、これより大きいまたは小さい値があれば、それを新たな暫定最大値・暫定最小値にするというものでした。今回は、最大値・最小値そのものではなく、最大値・最小値がどこに記憶されているのかということが問題になります。ですから、暫定最小値が記憶されている添字を保持しておくことになります。今回は、値がint型で、添字もint型ですから、どれが値でどれが添字なのか、しっかり把握してください。値と添字を比べても意味がありません。値と値を比べるのだけれど、記憶して

いるのは添字だということをしっかり認識してください。

▼ **図42** 最小値の位置を求める

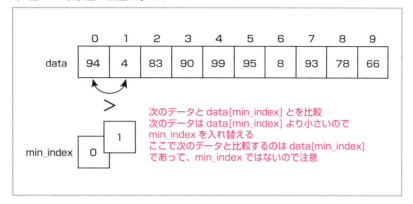

元のファイル…rei5_4o.c
完成ファイル…sample5_4o.c

● プログラム例

　CD-ROMのプログラムは、関数呼び出しや引数、関数の型、2つのデータを交換する処理などが書かれていません。皆さんで補ってから実行しましょう。

```c
/********************************
    選択ソート　応用例5-4
********************************/
#include <stdio.h>
#define    N           10        //学生の人数を定数として定義

//関数のプロトタイプ宣言
void disp(int data[], int n);                        //配列要素を表示する関数
void sort(int data[], int n);                        //並べ替えすべてを行う関数
int  get_min_index(int data[], int n, int start);    //最小値の場所を求める関数

int main(void)
{
    //配列の宣言と初期化
    int hyouten[N] = { 94,4,83,90,99,95,8,93,78,66 };

    printf("ソート前  ");
    disp(hyouten, N);         //配列要素を表示する関数の呼び出し
    sort(hyouten, N);         //並べ替えすべてを行う関数
    printf("ソート後  ");
    disp(hyouten, N);         //配列要素を表示する関数

    return 0;
}
```

```
25
26    /**************************************
27        並べ替えすべてを行う関数
28        data : 並び替える配列
29        n : 配列要素数
30    **************************************/
31    void sort(int data[], int n)
32    {
33        //変数の宣言
34        int min_index;      //最小値の添字
35        int temp;           //一時保存用の変数
36
37        for (int i = 0; i < n-1; i++)
38        {
39            //最小値の位置を求める
40            min_index = get_min_index(data, N, i);
41
42            //先頭と最小値を交換
43            temp = data[min_index];      //data[min_index]をちょっと置いておく
44            data[min_index] = data[i];   //data[i]をdata[min_index]に移す
45            data[i] = temp;              //置いておいたdata[min_index]をdata[i]に移す
46        }
47    }
48
49    /**************************************
50        最小値の場所を求める関数
51        data : 最小値を求める配列
52        n : 配列要素数
53        start：開始位置（添字）
54        戻り値：最小値の位置（添字）
55    **************************************/
56    int get_min_index(int data[], int n , int start)
57    {
58        int min_index;      //最小値の位置を示す添字
59
60        min_index = start;                       //指定位置から最小値の探索を始める
61        for (int i = start+1; i < n; i++)        //先頭の次から比較を始める
62        {
63            if (data[min_index] > data[i])       //暫定最小値より小さかったら
64            {
65                min_index = i;                   //暫定最小値を更新する
66            }
67        }
68
69        return min_index;    //戻り値として最小値の位置(添字)を返す
70    }
71
72    /**************************************
73        配列要素を表示する関数
```

実引数には、配列名、配列要素数、
どこから開始するのかを記述する

戻り値は最小値の位置（添字）である

5-04 関数からの戻り値

```
74        data : 表示する配列
75        n : 配列要素数
76    *******************************/
77    void disp(int data[], int n)          表示する関数につき、戻り値はない
78    {
79        for (int i = 0; i < n; i++)
80        {
81            printf("%3d", data[i]);       //表示
82        }
83        printf("¥n");                     //改行
84    }
```

コラム　基本交換法の完成

　応用例5-3では、基本交換法で並べ替えをしましたが、アルゴリズムの最後の「すでに一度も交換が行われなかったときは、途中でも終了します。」という部分を省略していました。関数からの戻り値を学習した今、この最後の手順を盛り込んでプログラムを完成させましょう。変更するのは

　　int sort(int data[], int n);

　　int sort_one(int data[], int n);

の2つの関数です。

　関数sort_one()を以下のように改造します。

「一度でも交換が行われたら1を返し、一度も交換しなければ0を返す」

したがって、これまで無条件にreturn 0;としていた「戻り値」は状況に応じて0または1が返るようになります。

　次にsort_one()を呼び出すsort()では、sort_one()からの戻り値を受け取り、0だったらそこでソートを終了します。

▼ **リスト**　変更した関数のみ(sample5_3o2.c)

```
 9    //関数のプロトタイプ宣言
10    void disp(int data[], int n);         //配列要素を表示する関数
11    void sort(int data[], int n);         //並べ替えをすべて行う関数
12    int  sort_one(int data[], int n);     //並べ替え1回分を行う関数

26    /*******************************
27        並べ替えすべてを行う関数
28        data : 並べ替える配列
29        n : 配列要素数
30    *******************************/
31    void    sort(int data[], int n)
32    {
33        int flg = 1;     //交換が行われたか？     はじめは「交換した」ことにし、処理を開始する
34
```

277

```
35    for (int i = n; i > 1 && flg ; i--)    ← 交換が一度でも行われたことを継続の条件に加える
36    {
37        flg = sort_one(data, i);    //1回分のソートを行う
38        disp(data, N);    ← ソートの結果、交換が行われたかどうかを受け取る
39    }    ← テストのために追加
40  }    ← 戻り値をvoidに変更したためreturn 0;を削除
41
42  /*********************************
43     並べ替え1回分を行う関数
44     data ： 並べ替える配列
45     n ： 配列要素数
46     戻り値：１回でも交換したら1
47             １度も交換しなかったら０
48  *********************************/
49  int sort_one(int data[], int n)
50  {
51     //変数の宣言
52     int temp;        //データ交換に使う一時的に保管する変数
53     int flg = 0;        //交換が行われたかどうかを記録する変数
54                    ← 初期値は「交換していない」
55     for (int i = 1; i < n; i++)
56     {
57        if (data[i - 1] > data[i])    //隣どうしを比較して前の方が大きいとき
58        {
59            //data[i - 1]とdata[i]を交換する処理
60            temp = data[i - 1];        //data[i - 1]をちょっと置いておく
61            data[i - 1] = data[i];    //data[i]をdata[i - 1]に移す
62            data[i] = temp;        //置いておいたdata[i - 1]をdata[i]に移す
63            flg = 1;    ← 一度でも交換したら1にし、そのまま保持する
64        }
65     }
66
67     return flg;    ← 交換したかどうかを返す
68  }
```

```
75  void disp(int data[],int n)
76  {
        (中略)
                    ← return 0;を削除
82  }
```

　基本交換法は、途中ですでにソートが完了していることを感知できるため、ソート前の状態が、ほぼ並んでいるが若干乱れているというとき、短い処理時間で並び替えを完了することができます。

　データの初期値を下のように変更して、効果を体験してみてください。

```
int hyouten[N] = {4,8,66,78,94,83,90,93,95,99};
```

5-04 関数からの戻り値

▼ 途中経過を表示しています

```
ソート前     4   8 66 78 94 83 90 93 95 99
         4   8 66 78 83 90 93 94 95 99
         4   8 66 78 83 90 93 94 95 99
ソート後     4   8 66 78 83 90 93 94 95 99
```

このケースでは、2回でソートを完了することができました。

関数を利用しよう

ライブラリ関数

あらかじめ用意されている汎用的な関数をライブラリ関数といいます。ライブラリ関数を上手に使って効率よくプログラムを作成しましょう。

基本例 5-5

今までは、10人分のデータを配列に初期設定してきました。ファイルから読み込んでもっとたくさんの生徒の成績処理を行いましょう。学籍番号と4つの課題の得点を収めたテキストファイルを用意しました。このファイルは、データを「,」で区切り、一人分を1行に収めてあります。このような形式はCSVファイルと呼ばれ、Excelなどで扱うことができます。

▼ テキストファイル seiseki.csv

```
学籍番号,課題1,課題2,課題3,課題4
A0615,16,40,10,28
A2133,4,0,0,0
A3172,12,40,10,21
B0009,20,35,10,25
B0014,20,40,10,29
B0024,18,40,10,27
     :
     :
```

▼ 実行結果

```
学籍番号   課題1 課題2 課題3 課題4   評点    評価
A0615      16    40    10    28    94点    秀
A2133       4     0     0     0     4点    不可
A3172      12    40    10    21    83点    優
B0009      20    35    10    25    90点    秀
        <<中略>>
B0142      18    40    10    25    93点    秀
B1005      12    40     0    25    77点    良
     平均点： 72.8点
```

5-05 ライブラリ関数

学習

STEP 1 ライブラリ関数とは

▶ライブラリとは、英語で「図書館」という意味ですね。図書館に本がたくさんあるように、Cコンパイラのライブラリには便利な汎用関数がたくさんしまってあって、必要なときにいつでも取り出せるようになっています。

▶ライブラリ関数を使いこなせるかどうかが、C言語習得の重要な鍵のひとつと言っても過言ではないでしょう。

　たとえば文字列を処理したり、時間の管理をしたり、ということは身の回りのプログラムで頻繁に行われていることです。そのたびに各自で作成していては、効率が悪く、信頼性も上がりません。そこで、C言語では、よく使いそうな便利な関数をあらかじめたくさん作っておいて、それをコンパイラと一緒に提供してくれています。このような提供されている関数を**ライブラリ関数**といい、規格化されています。

STEP 2 ライブラリ関数の利用法

　ライブラリ関数といえども、普通の関数と何ら変わることはありません。今まで私たちが作ってきた関数と全く同様です。関数の形式を復習しておきましょう。

```
void  kansuu(int a,int b);        ←  関数のプロトタイプ宣言

int main(void)
{
    :
    kansuu(x,y);                  ←  関数呼び出し
    :
}

void kansuu(int a,int b)  ⎫
{                         ⎬
    :                     ⎪  ←  関数定義
    :                     ⎪
    :                     ⎭
}
```

　ライブラリ関数では、関数定義は誰かがプログラムを書いて提供してくれます。自分で書く必要はありません。一方で関数のプロトタイプ宣言は必要です。そこで、プロトタイプ宣言を集めたファイルが用意されています。そのファイルをソースプログラム中に取り込めば、一つひとつプロトタイプ宣言を書かなくても済むというありがたいファイルです。このファイルを**ヘッダファイル**といい、拡張子として「.h」をつけます。

　ヘッダファイルをソースプログラムに取り込むには

```
#include<ファイル名>
```

と書きます。どこかで見たことがありませんか？そうです。C言語の学習のはじめから、おまじないのように書いてきた

#include <stdio.h>

は、ライブラリ関数のプロトタイプ宣言を集めたヘッダファイルの取り込みだったのです。ライブラリ関数は多数ありますので、用途・機能別にグループ分けされており、それぞれのグループごとにヘッダファイルが用意されています。

第1章では、「ソースプログラムを機械語に翻訳する仕事を担うコンパイルの後、あらかじめ用意されたプログラムと連結（リンク）して、実行可能プログラムを作成する」ということを学びましたが、リンクはプログラム中で利用しているライブラリ関数の関数定義の部分を実行可能ファイルに取り込む仕事をしています。

ライブラリ関数を利用するには、該当するヘッダファイルを「include」し、決められた通りに呼び出しさえすればよいのです。ライブラリ関数は、その多くが規格化されており、コンパイラとともに提供されます。また、ライブラリを追加して利用することもできます。第1章からお世話になっているprintf()や第2章で登場したscanf()は、入出力を行うためのライブラリ関数であり、標準的な入出力を扱う関数の1つとして、stdio.hというヘッダファイルにプロトタイプ宣言が収められています。つまり、printf()やscanf()を使いたいために、

#include <stdio.h>

をおまじないのように記述していたということです。

> ▶#includeは、ヘッダファイルでなくても、C言語のファイルであれば何でも指定することができます。

> ▶ リンクは、コンパイル終了後直ちに行われ、普段はあまり意識することはありませんが、リンクは大事な仕事をしています。

| 発　展 | ヘッダファイル |

JIS規格では、次の24個を標準ヘッダと規定しています。

<assert.h>	<inttypes.h>	<signal.h>	<stdlib.h>
<complex.h>	<iso646.h>	<stdarg.h>	<string.h>
<ctype.h>	<limits.h>	<stdbool.h>	<tgmath.h>
<errno.h>	<locale.h>	<stddef.h>	<time.h>
<fenv.h>	<math.h>	<stdint.h>	<wchar.h>
<float.h>	<setjmp.h>	<stdio.h>	<wctype.h>

STEP 3 ファイルからデータを読み込む

ファイルからデータを読み込んだり、ファイルに書き出したりするには以下の手順を踏みます。
① ファイルを開く
② ファイルとの間で読み書きする
③ ファイルを閉じる

これは、日常生活の中で本を開いて読み、閉じてしまうのと同じですね。

▼ **図43** 読み書きの手順

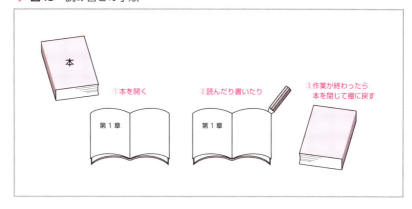

これらはすべてライブラリ関数に用意されていますので、決まりに従ってライブラリ関数を呼び出せばよいのです。ファイル入出力に関するヘッダは `stdio.h` です。

▶ライブラリ関数にはまだ学習していない事柄も多く含まれています。その部分はあとの章で解説を追加することにし、ファイル操作をパターンとして紹介します。

● 1. ファイルのオープン　fopen()

ファイル名を指定してファイルをオープンします。複数のファイルを同時にオープンした状態にすることができ、それぞれを識別するための変数が必要です。

▶FILEについては第7章で、*については第6章で学びます。今は、「こう書く」と思っていてください。

```
FILE *変数名 = fopen("ファイル名" , "モードを表す文字列");
```

モードは下表の中のいずれかを指定します。

▶NULLについては第6章で学習します。ファイルが存在しないときは、ファイルから情報を読み込むことはできません。fopen()の戻り値がNULLであれば、それ以上プログラムを進めることができないエラーの状態だと考えてください。

▼ 表1　ファイルオープンのモード

モード	意味
"r"	テキストファイル読み込みモード。ファイルが存在しないと戻り値はNULLになる
"w"	テキストファイル書き込みモード。ファイルが存在しないときは作成され、存在するときは、内容は消去され上書きされる
"a"	テキストファイル書き込みモード。ファイルが存在しないときは作成され、存在するときは、後ろに追加される
"rb"	バイナリファイル読み込みモード。ファイルが存在しないと戻り値はNULLになる
"wb"	バイナリファイル書き込みモード。ファイルが存在しないときは作成され、存在するときは、内容は消去され上書きされる
"ab"	バイナリファイル書き込みモード。ファイルが存在しないときは作成され、存在するときは、後ろに追加される

▶バイナリファイルとは数値を数値のまま記録したファイルです。例えば、数値の「1」は16進数では「01」ですが、文字の「1」の文字コードは16進数で「31」であり、テキストファイルには「31」が記録されています。文字コードが記録されているテキストファイルに対し、数値がそのまま記録されているのがバイナリファイルです。したがって、バイナリファイルはテキストエディタで表示することができません。

▼ 例

```
FILE *fp = fopen("seiseki.csv" , "r");
if (fp == NULL)
{
    printf("ファイルがありません¥n");
    return 0;
}
```

コラム　ファイルとプログラムをつなぐ道

　ファイルからのデータの取り込みや、ファイルへの書き込みは、プログラムとファイルの間に道を作り、その道を通ってやり取りされる、ということをイメージしてください。道は必要に応じてその都度作ります。複数のファイルとやり取りをするのであれば、それぞれに専用の道を作ります。ファイルオープンは道を作る作業であり、読み書きが終了した後は、道を撤去します。撤去する作業はファイルのクローズです。道が複数あるときは、互いを区別する必要があり、そのために名前を付けます。もちろん、ハードウエア的には、パソコンとファイルが保存されているデバイスとは電気的にずっとつながっているわけですが、ソフトウエア的には、論理的な道がその都度作られ、撤去してしまえば、それ以上やり取りすることはできません。

▼ Figure 6　ストリーム

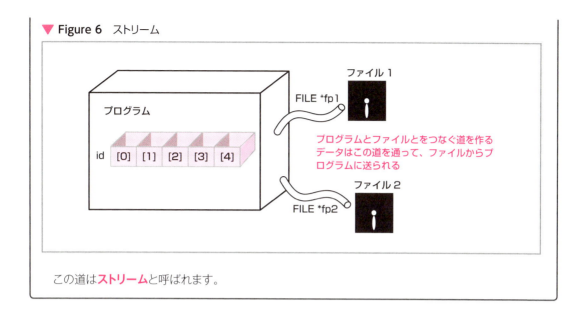

この道は**ストリーム**と呼ばれます。

2. ファイルからの読み込み1　fgets()

オープンしているファイルから1行分を文字列として読み込みます。読み込み先のchar型配列を指定します。ファイルに記録されている1行分ですから、文字列の最後には改行を表す'¥n'が付いています。

▼ 図44　fgets()の動作

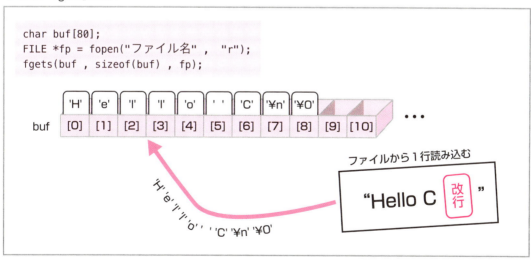

▶ファイル識別子はファイルを識別するためにfopen()から返されたものです。

fgets(読み込み先配列名 , 読み取る最大文字数 , ファイル識別子);

1行の文字数が記録可能な最大文字数（配列要素数）を超えている場合は、配列に収まるところまでで読み込みを打ち切り、残りは次のfgets()に引き継がれます。そのため、配列の領域を超えることがなく、安全な関数といえます。

▼ 図45　fgetsは安全な関数

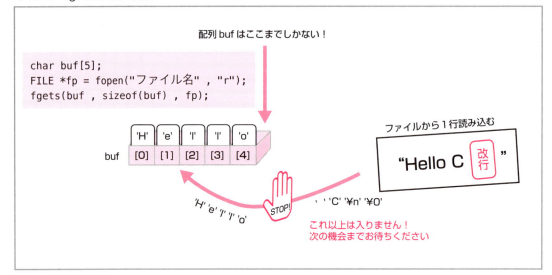

▼ 例

```
char    buf[256];         //ファイルからの読み込みバッファ
FILE *fp = fopen("ファイル名", "r");
fgets(buf, sizeof(buf), fp);
```

3. ファイルからの読み込み2　fscanf()

キーボードから入力するscanf()のファイル版です。変換指定子で書式を指定します。変換指定子は、scanf()と同じですし、文字や数値を変数に読み込むときは「&」が必要であることもscanf()と同じです。

```
fscanf(ファイル識別子 , "変換指定子" , 受け取り変数や配列の並び);
```

ファイルの終端にたどり着き、入力することができないときはEOFを返します。

fscanf()を何度も繰り返すと、ファイルから次々と読み込むことができます。EOFになったら終了します。

▶バッファとは読み込んだ文字を貯めておく仕組みを指します。

▶ファイル識別子はファイルを識別するためにfopen()から返されたものです。

▶EOFはstdio.hファイル内で定義されている定数名です。

▼ 図46　ファイルからの読み込み

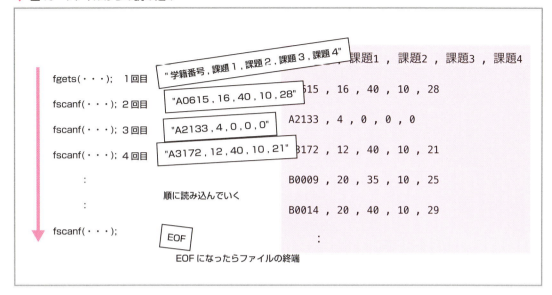

　成績ファイルは1行目にタイトルが記録されており、これをfgets()で読み込みますが、タイトルなので処理はなく、そのまま次の行に進みます。2行目以降は課題の得点をint型に変換して記憶するためにfscanf()を使うことにしましょう。ファイルを読み込みながら、配列に記憶していきます。

▼ 例

```
fscanf(fp , "%5s,%d,%d,%d,%d", id[0], &kadai[0][0], &kadai[0][1], &kadai[0][2], &kadai[0][3]);
```

▼ 図47　一行分の入力

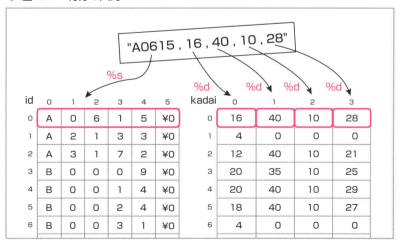

ここまで来れば、あとは基本例5-4と同じになります。

● 4. ファイルのクローズ　fclose()
ファイルを閉じます。

```
fclose(ファイル識別子);
```

▼ 例
```
fclose(fp);
```

コラム　転ばぬ先の領域チェック

　ファイルに記録されている正確な人数は、ファイルを読んでみなければわかりません。そのため、読み込んだデータを格納するための配列要素は多めに用意しています。しかし、「多めに用意」だけでは十分ではありません。用意した配列を超えた人数の情報がファイルに記録されていないという保証はない、という前提のもと、対策を講じておきましょう。つまり、ファイルにまだ読み込んでいないデータがあったとしても、記憶する配列を使い果たしてしまったら、それ以上は読み込んではいけない、ということです。C言語では、領域をはみ出さないようにする責任はプログラムを書いているあなたにあるのです。

▼ Figure 7　配列の要素数を超えて読み込んではいけない

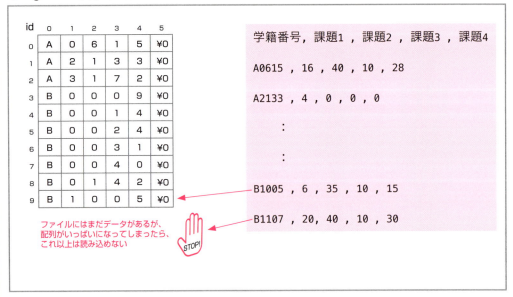

方法はいくつかありますが、配列要素数以上繰り返しをしないようにガードする処理が必要です。

▼ 例

```c
for (int i = 0; i < N ; i++)
{
    if (fscanf(fp , "%5s,%d,%d,%d,%d",・・・) == EOF)
    {
        n = i;
        break;
    }
}
```

配列要素数以上には読み込まない
Nは配列要素数とする

ファイルに記録されたデータを全部読んでしまったら終了
読み込んだ件数をnに記録する

◉ CD-ROM »

元のファイル…sample5_4k.c
完成ファイル…sample5_5k.c

▶第1章で紹介した方法で実習されている方はC:¥Cstartフォルダにseiseki.csvをコピーしてください。Visual Studioをお使いの方は、ソースプログラムが保存されているフォルダにseiseki.csvをコピーしてください。

● プログラム例

　基本例5-4のプログラムを、学籍番号と課題の得点をファイルから読み込むように改造しましょう。ファイルから読み込んだ後の処理である評点の算出、評価の判定、結果表示の関数には変更はありません。変更のない関数については掲載を省略します。基本例5-4を見てください。

　なお、成績ファイルseiseki.csvは、ソースプログラムと同じフォルダに保存してください。

```c
 1   /**********************************
 2        ファイル 基本例5-5
 3   **********************************/
 4   #include <stdio.h>
 5   #define    ID_N       5      //学籍番号の桁数を定数として定義
 6   #define    KADAI_N    4      //課題の個数を定数として定義
 7   #define    N          100    //用意する配列要素数を定数として定義
 8
 9
10   //グローバル変数の宣言と初期化
11   char    hyoukaList[5][10] = { "秀" , "優" , "良" , "可" , "不可" };  //評価
12   int     limit[5] = { 90 , 80 , 70 , 60 , 0 };                      //評価基準
13
14   //関数のプロトタイプ宣言
15   void disp_title(int kadai_n);                   //タイトルを表示する関数
16   void disp_one(char id[], int kadai[], int kadai_n, int hyouten, int hyoukaIndex);
17   int  get_gokei(int kadai[], int kadai_n);       //評点を求める関数
18   int  get_hyouka(int hyouten);                   //評価を求める関数
19
20   int main(void)
21   {
22       //変数の宣言
```

ファイルに何人分の成績データが記録されているかわからないので、配列要素は多めに用意する

```c
23    char id[N][ID_N + 1];        //学籍番号
24    int  kadai[N][KADAI_N];      //課題の得点
25    int  hyouten[N];             //評点
26    int  hyoukaIndex[N];         //評価の添字
27    char buf[256];               //ファイルからの読み込みバッファ
28    int  n;                      //読み込んだ人数
29    FILE *fp;                    //ファイル制御用の変数
30
31    //ファイルを開く
32    fp = fopen("seiseki.csv" , "r");
33    if (fp == NULL)
34    {
35        //ファイルがないとき
36        printf("ファイルがありません¥n");
37        return 0;
38    }
39
40    //ファイルからの入力
41    fgets(buf, sizeof(buf), fp);      //1行目のタイトルを入力。処理はない
42    n = N;                            //学生の人数の初期値を配列の要素数とする
43
44    for (int i = 0; i < N ; i++)
45    {
46        if (fscanf(fp , "%5s,%d,%d,%d,%d", id[i], &kadai[i][0], &kadai[i][1],
47                                   &kadai[i][2], &kadai[i][3]) == EOF)
48        {
49            //ここでファイルは終了
50            n = i;      //学生の人数決定
51            break;      //繰り返しを終了
52        }
53    }
54
55    fclose(fp);      //ファイルを閉じる
56
57    //評点と評価の算出
58    for (int i = 0; i < n; i++)
59    {
60        hyouten[i] = get_gokei(kadai[i], KADAI_N);      //評点を求める
61        hyoukaIndex[i] = get_hyouka(hyouten[i]);        //評価を求める
62    }
63
64    //コマンドプロンプト画面に表示
65    disp_title(KADAI_N);      //タイトルを表示する関数の呼び出し
66    for (int i = 0; i < n; i++)
67    {
68        //一人分を表示する
69        disp_one(id[i], kadai[i], KADAI_N, hyouten[i], hyoukaIndex[i]);
70    }
71
```

学籍番号と課題の得点の初期化を削除

ファイルからの読み込み用配列を用意

ファイルオープン
ファイルがないときはプログラムを終了する

読み込んだ結果EOFになったらbreakで終了

読み込んだ人数分繰り返す

5-05 ライブラリ関数

```
72        //平均点の表示
73        printf("    平均点：%5.1f点¥n", (double)get_gokei(hyouten, n) / n);
74
75        return 0;
76  }
77
```

合計を求める関数を実引数に直接記述

```
/*以下の関数は、基本例5-4と同じなので省略しますが、皆さんは基本例5-4と同じものを以下
に記述してください。
void disp_title(int kadai_n);
void disp_one(char id[], int kadai[], int kadai_n, int hyouten, int hyoukaIndex);
int  get_gokei(int data[], int n);
int  get_hyouka(int hyouten);
*/
```

プログラミングアシスタント　**正しく実行できなかった方へ**

「ファイルがありません」と表示されたら、

```
        :
//ファイルを開く
FILE *fp = fopen("seiseki.csv" , "r");
if (fp == NULL)
{
    printf("ファイルがありません¥n");
    return 0;
}
```

▼ 実行結果

```
ファイルがありません
```

成績ファイルをソースプログラムと同じフォルダに
コピーしましたか？成績ファイルのファイル名と、
ここに記述したファイル名が一致していますか？

▼ 実行結果

C:¥Cstart>sample5_5k						
学籍番号	課題1	課題2	課題3	課題4	評点	評価
A0615	16	40	10	28	94点	秀
A2133	4	0	0	0	4点	不可
A3172	20	40	10	29	99点	秀
B0009	20	35	10	25	90点	秀
B0014	12	40	10	21	83点	優
B0024	18	40	10	27	95点	秀
B0031	8	0	0	0	8点	不可
B0040	18	40	10	25	93点	秀
B0142	6	40	10	22	78点	良
B1005	6	35	10	15	66点	可
平均点： 71.0点						

```
/********************************
    ファイル 基本例5-5
********************************
#include <stdio.h>
#define    ID_N       5
#define    KADAI_N    4   [100]
#define    N          10   //用
```

定数Nが10のままだと、成績ファイルから読み込んだ情報を記憶する
ための配列は要素数が10個しか用意されないため、

10人分しか表示されません。
配列要素数の上限チェックが正しく行われ
たことが証明された結果でもあります

Nの値を100といった大きめの値に変更してください。

▼ 実行結果

```
C:¥Cstart>sample5_5k
学籍番号　課題1 課題2 課題3 課題4　評点　　評価
学籍・　　　　 0 6566620　　 8　 17　6566645点　　秀
ヤ号,・　　　 17 4457056　　-2 1701552　6158623点　　 秀
◻題 1　 1952331650 1701784 2004233200 499981157　163280495点　　 秀
課題・　　　 -2 1701600 2004049609　 128　2005751335点　　秀
Q,課　　　 136 4457176 1701576　　 0　6158888点　　秀
関R,・　 4456448 1952723672　　 136 4457056　1961637312点　　 秀
◻題 4　　 0　　 3　　 0　 128　131点　　秀
A0615　　 16　 40　 10　 28　 94点　　秀
A2133　　 4　　 0　　 0　　 0　　 4点　　不可
```

> 一人目の結果の前に謎の表示が出たときは

```
//ファイルからの入力
fgets(buf, sizeof(buf), fp);
n = N;        //人数の初期値を配列の要素数とする
for (int i = 0; i < N ; i++)
{
    if (fscanf(fp , "%5s,%d,%d,%d,%d", id[i], &kadai[i][0], &kadai[i][1], &kadai[i][2], &kadai[i][3]) == EOF)
    {
        n = i;
        break;
    }
```

> 成績ファイルseiseki.csvは1行目がタイトル行です。これを読み飛ばしましたか？

> すべて文字であるタイトル行をこのfscanf文で読み込もうとすると、数値に変換することができず、誤った情報が表示されます

▼ seiseki.csv

```
学籍番号,課題１,課題２,課題３,課題４
A0615,16,40,10,28
A2133,4,0,0,0
```

| コ ラ ム | 関数のデバッグ～単体検査 |

　大きなプログラムを開発するときは、たくさんの関数を使います。そのたくさんの関数の1つ1つが、正確に動作する「部品」でなければなりません。とても大きなシステムでは、多くのプログラマが分担してプログラムを書きます。ですから、関数ができても、その関数を呼び出す側のプログラムができていないこともありますし、逆に呼び出し側を書いているときに、そこで必要な関数がすべて完成しているとは限りません。大規模システムのプログラマは、そんな条件の中ででも、自分が担当する関数を正しく動作するように仕上げなければならないのです。このような、小さな1つの関数が正しく動作するかどうかをデバッグする作業を**単体検査**といいます。納期に追われ、ともすれば、なおざりになりがちな単体検査ですが、大きなタワーがネジ一本でその土台が崩れてしまうように、巨大プログラムも、1つ1つの小さい関数がしっかりできていることが、大前提です。

　けれども、テストしたい関数を呼び出してくれる部分が完成していないときには、どうしたらいいのでしょうか、また、必要な関数がまだできていないときには、どうやってテストしたらいいのでしょうか。そのようなときには、目的の関数を呼び出すだけのダミーの呼び出し側を作ったり、欲しい値を返すだけのダ

ミーの関数を作ったりしてテストします。ダミーの呼び出し側を**ドライバー**、ダミーの関数を**スタブ（埋め草）**といいます。

▼ Figure 8　ドライバの例

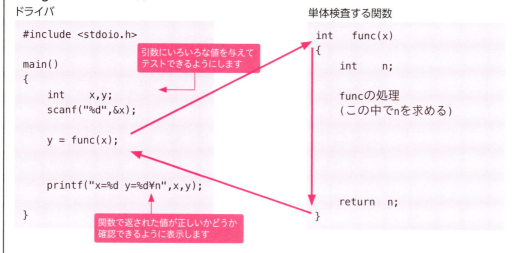

▼ Figure 9　スタブの例

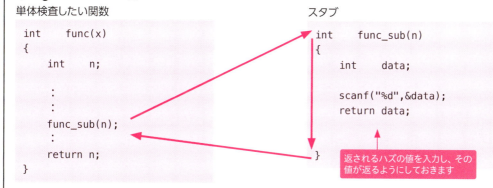

　各関数の単体検査が終わったら、出来上がった本物の呼び出し側や本物の関数を使ってテストしてみます。それぞれの関数は正しくても、関数同士のやり取り、例えば、引数の並び順や返す値の定義に誤解があっては、全体は正しく動作しません。このような関数間のやりとりを**インターフェイス**といいます。大規模なシステムでは、インターフェイスの確認は、もっとも重要な作業項目の1つです。また、本物の関数を使ってテストすることを**結合テスト**といいます。期待したとおりの結果が得られなかったとき、どの関数が間違っているのか、または、インターフェイスに誤解はないか、よく見極めなければなりません。あらためて単体検査からやり直しをする必要が出てくる場合もあります。

応用例 5-5

読み込んだ成績情報のすべてを表示するのではなく、指定された一人の成績を表示します。学籍番号をキーボードから入力して、全データの中から探索することにしましょう。何度も繰り返して探索できるようにし、Enterキーのみ押されたときに終了します。また、指定の学籍番号が存在しないときはエラーメッセージを表示します。

▼ 実行結果

```
探索したい学籍番号を入力：A3172
学籍番号  課題1 課題2 課題3 課題4  評点    評価
A3172    12   40   10   21   83点    優
探索したい学籍番号を入力：A0024
A0024の学生はいません
探索したい学籍番号を入力：Enter
```

□はキーボードからの入力を表す

STEP 4 　線形探索法のアルゴリズム

線形探索法は、前から順に比較して一致するデータを探す方法です。

▼ 図48　線形探索法

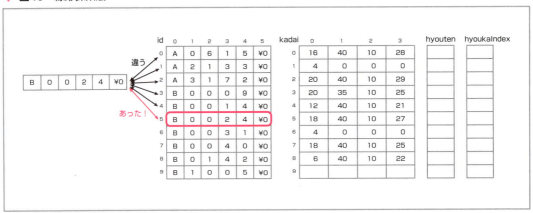

最後まで一致しないとき、「該当なし」となります。

STEP 5　キーボードからの文字列の入力

今まで、キーボードからの入力はscanf()が担ってきました。scanf()は%dや%lfなどの変換指定子で指定の形式に変換して変数に収めてくれる便利な関数ですが、%sによる文字列の入力については、用意されたchar型の配列要素数をチェックする仕組みがありません。これは大変危険なことです。

▼ 図49　scanf()で文字列入力は危険

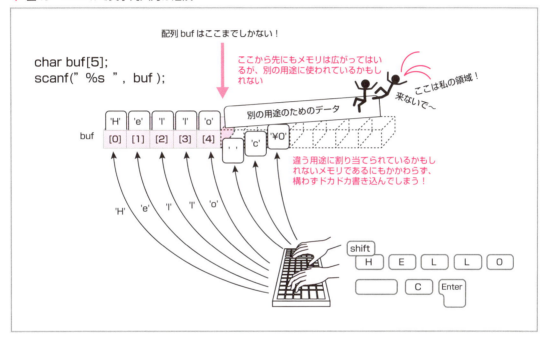

そこで、ファイルからの入力関数fgets()の出番です。fgets()は与えられた配列要素以上の文字列をファイルから読み込むことがない安全な関数であることはすでに学びました。キーボードからの入力にも使えれば、たとえ悪意ある人間が長い文字列をキーボードから入力したとしても、他の領域への侵入を防ぐことができます。ファイルの代わりにキーボードに道をつなげばよいのです。キーボードからの入力は標準入力、画面への表示は標準出力と言い、プログラムが開始されたと同時に道が作られ、プログラムの終了と同時に破棄されます。したがって、プログラム内でオープンしたりクローズしたりする必要はありません。この道には名前がついており、標準入力にはstdin、標準出力にはstdoutを使います。

▼ 図50 標準入出力の道

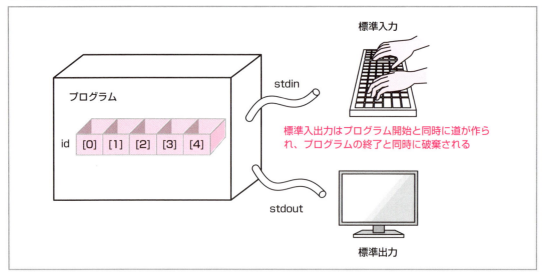

標準入出力はプログラム開始と同時に道が作られ、プログラムの終了と同時に破棄される

▼ 例

```
char key[80];
fgets(key , sizeof(key) , stdin);
```

STEP 6　文字列処理のライブラリ関数

　文字列をコピーしたり、比較したりということは非常に頻繁に行われます。C言語では文字列を扱うライブラリ関数が多数用意されています。ここでは、文字数を数える関数と文字列を比較する関数を紹介します。いずれもヘッダファイル

```
<string.h>
```

にプロトタイプ宣言が収められています。

▶プログラムの最初に #include <string.h> が必要です。

1. 文字列の長さを求めるライブラリ関数 strlen()

¥nの前までの文字数を調べます。

▼ 図51　文字列の長さを求める

全角文字は2文字分になります。

▼ 図52　全角の文字数

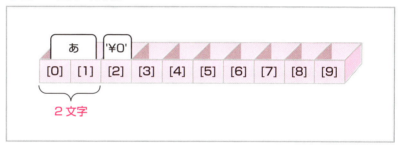

キーボードから改行だけが入力されたときは「改行」が入り、1文字になります。

▼ 図53　Enterキーだけが押されたとき

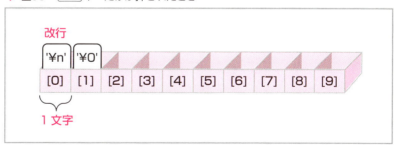

▼ 例

```
int n = strlen("Hello");
```

結果はn = 5となります。

● 2. 文字列を比較するライブラリ関数strcmp()

辞書の順により前後関係を調べます。

▼ 例

```
int kekka = strcmp(文字列1 , 文字列2);
```

結果は次の表のようになります。

▼ 表2　文字列比較の結果

文字列の関係	結果
文字列1 ＞ 文字列2	正の数
文字列1＝文字列2	0
文字列1 ＜ 文字列2	負の数

STEP 7　文字列の一部取り出し

文字列を途中でカットして一部を取り出すには、カットしたいところを「'¥0'」とします。

▼ 図54　文字列のカット

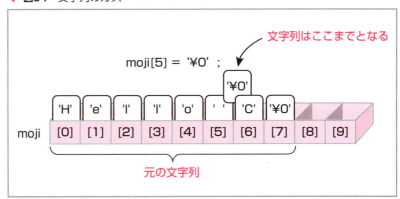

キーボードからの入力では、最後に改行('¥n')が入ります。キーボードから入力された文字列と記憶されている学籍番号とを比較するために、改行を捨てます。

▼ 図55　改行を捨てる

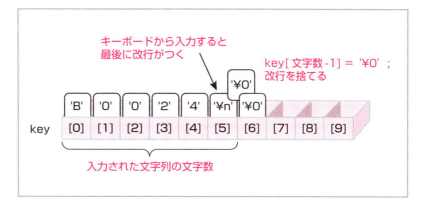

STEP 8　回数未定の繰り返し

　第4章の応用例4-2（p170）では、回数未定の繰り返しについて、今回と似た例を実習しました。ここでは、もう一つの方法として条件なしの繰り返しとbreak文とを組み合わせた方法を紹介します。

　第4章で学んだように、繰り返しには必ず終了条件が必要です。N回繰り返したら終了する、入力された評点がマイナスだったら終了する、フラグがONになったら終了する、などいくつかの例題プログラムを書いてきました。ここで紹介するのは、終了条件のない繰り返し、つまり無限ループです。そのままでは、本当に無限に繰り返し続けてしまいますので、繰り返し処理の中でif文による条件判定を行い、break文で無限ループからの脱出を試みます。繰り返し文には終了条件はありませんので、常にtrueになるように以下のように書きます。

▶break文による繰り返しからの脱出についてはp207で解説しています。

```
while(1)
{
    if(終了条件)
        break;

}
```

▼ **図56** 無限ループからの脱出

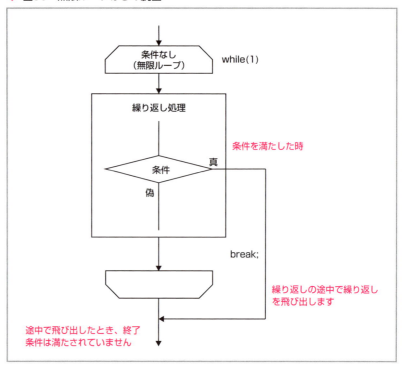

● プログラム例

元のファイル…rei5_5o.c
完成ファイル…sample5_5o.c

　CD-ROMのプログラムは、新たに追加したヘッダファイル、関数のプロトタイプ宣言、関数呼び出しや引数、探索に関する文などが書かれていません。皆さんで補ってから実行しましょう。

```
1   /*********************************
2       探索    応用例5-5
3   *********************************/
4   #include <stdio.h>
5   #include <string.h>
6   #define    ID_N       5      //学籍番号の桁数を定数として定義
7   #define    KADAI_N    4      //課題の個数を定数として定義
8   #define    N          100    //用意する配列要素数を定数として定義
9
10
11  //グローバル変数の宣言と初期化
12  char    hyoukaList[5][10] = { "秀" , "優" , "良" , "可" , "不可" };      //評価の文字列
13  int     limit[5] = { 90 , 80 , 70 , 60 , 0 };                          //評価基準
14
```

```
15    //関数のプロトタイプ宣言
16    void disp_title(int kadai_n);            //タイトルを表示する関数
17    void disp_one(char id[], int kadai[], int kadai_n, int hyouten, int hyoukaIndex);
18    int  get_gokei(int kadai[], int n);      //評点を求める関数
19    int  get_hyouka(int hyouten);            //評価を求める関数
20    int  search_seiseki(char key[], char id[][ID_N + 1], int n);    //学籍番号を探索する関数
21
22    int main(void)
23    {
24        //変数の宣言
25        char id[N][ID_N + 1];      //学籍番号
26        int  kadai[N][KADAI_N];    //課題の得点
27        int  hyouten[N];           //評点
28        int  hyoukaIndex[N];       //評価の添字
29        char buf[256];             //ファイルからの読み込みバッファ
30        int  n;                    //学生の人数
31        char key[10];              //探索したい学籍番号をキーボードから入力
32        int  moji_su;              //入力された文字数
33        int  index;                //探索結果（添字）
34
35        //ファイルを開く
36        FILE *fp = fopen("seiseki.csv", "r");
37        if (fp == NULL)
38        {
39            //ファイルがないときはプログラムを終了する
40            printf("ファイルがありません¥n");
41            return 0;
42        }
43
44        //ファイルからの入力
45        fgets(buf, sizeof(buf), fp);                //1行目のタイトルを入力
46        n = N;          //人数の初期値を配列の要素数とする
47        for (int i = 0; i < N; i++)
48        {
49            if (fscanf(fp, "%5s,%d,%d,%d,%d", id[i], &kadai[i][0], &kadai[i][1],
50                &kadai[i][2], &kadai[i][3]) == EOF)
51            {
52                //読み込んだ結果EOFになったら
53                n = i;          //学生の人数をiとする
54                break;          //繰り返し終了
55            }
56        }
57        fclose(fp);     //ファイルを閉じる
58
59        //評点と評価の算出
60        for (int i = 0; i < n; i++)
61        {
62            hyouten[i] = get_gokei(kadai[i], KADAI_N);    //一人分の課題の得点から評点を求める
63            hyoukaIndex[i] = get_hyouka(hyouten[i]);        //求めた評点から評価を求める
```

```c
        }
65
66      //学籍番号による探索
67      while(1)
68      {
69          printf("探索したい学籍番号を入力："); 　//入力ガイドの表示
70          fgets(key , sizeof(key) , stdin);           //キーボードから学籍番号の入力
71          int moji_su = strlen(key);                  //入力文字数（改行を含む）
72          if (moji_su <= 1)       //改行のみ入力されたら
73              break;              //終了
74
75          key[moji_su - 1] = '\0';                    //入力された改行を捨てる
76          int index = search_seiseki(key, id, n);   //学籍番号を探索する関数呼び出し
77
78          if (index >= 0)
79          {
80              //探索できたとき
81              disp_title(KADAI_N);        //タイトルを表示
82              disp_one(id[index],kadai[index], KADAI_N, hyouten[index], hyoukaIndex[index]);
83          }
84          else
85          {
86              //該当者がいなかったとき
87              printf("%sの学生はいません\n", key);
88          }
89      }
90
91      return 0;
92  }
93
94  /*****************************************
95      学籍番号で探索する関数
96      key : 探索したい学籍番号
97      id : 全員分の学籍番号の配列
98      n : 全員の人数（データの個数）
99      戻り値：入力した学籍番号が存在する場合は学籍番号の配列の添字
100             存在しない場合は-1
101  *****************************************/
102  int search_seiseki(char key[], char id[][ID_N + 1], int n)
103  {
104      for (int i = 0; i < n; i++)
105      {
106          if (strcmp(key, id[i]) == 0)      //探索できたとき
107              return i;                       //学籍番号の配列の添字を戻り値として返す
108      }
109      //該当者がいないとき
110      return -1;
111  }
112
```

```
/*以下の関数は、基本例5-4と同じなので省略しますが、皆さんは基本例5-4と同じものを
記述してください。
void disp_title(int kadai_n);
void disp_one(char id[], int kadai[], int kadai_n, int hyouten, int hyoukaIndex);
int  get_gokei(int data[], int n);
int  get_hyouka(int hyouten);
*/
```

発展　再帰呼び出しによる二分探索法

　応用例5-5では、先頭から順に探していくという最も単純な方法で検索を行いました。データが50件程度であれば先頭から順に探してもたいしたことはありませんが、もっとたくさんのデータから探索するとなると処理時間がかかります。そこで、データをあらかじめ昇順に並べておき、半分より前か後ろかを調べて探索範囲を半分ずつ減らしていくことを考えます。これを**二分探索法**といいます。

　まず、具体的な例で考えてみましょう。話を単純にするために、昇順にならんだ10個の整数から指定の値（key）を探索する例です。

▼ Figure 10　指定の値（key）を探索する例

例1）key = 51の場合

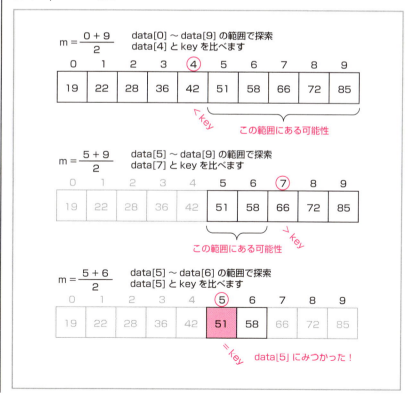

例2) key = 50の場合

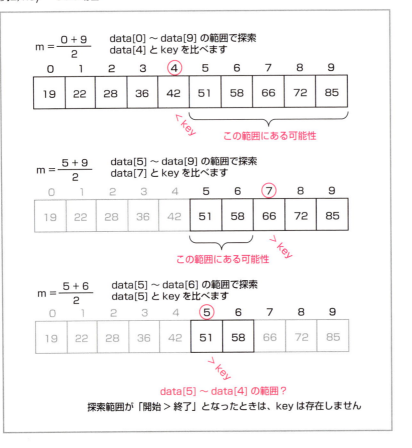

　やっていることはとても単純で、「範囲の中央付近のデータとkeyとを比較し、等しければそれが求める探索値であり、等しくなければ新しい範囲を決めてもう一度同じことをする」それだけです（注）。「同じことをする」のですから、そこから新しい範囲でもう一度同じ関数を呼び出せばよいのです。つまり、新しい範囲で自分自身を呼び出すことになります。ちょっとイメージが湧きにくいかもしれませんが、直感的にプログラムを書くことができます。自分自身を呼び出すことを**再帰呼び出し**といいます。流れ図はFigure 11のようになります。

▼ **Figure 11** 二分探索法の流れ図

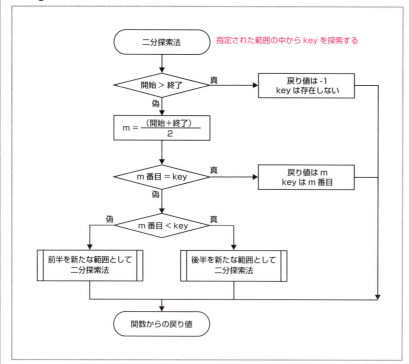

（注）「開始＞終了となったときは、keyは存在せず、終了する」という条件もあります。

　応用例5-5のプログラム（sample5_5o.c）の一部を以下のように差し替えてください（sample5_5o2.c）。

▼ 関数のプロトタイプ宣言

```
20   int search_seiseki(char key[], char id[][ID_N + 1], int start, int end);
```

▼ main()の探索の関数の呼び出し

```
76   int index = search_seiseki(key, id, 0 , n-1);
```

▼ 関数search_seiseki()

```
94    /*************************************
95        学籍番号を二分探索法で探索する関数
96        key : 探索したい学籍番号
97        id  : 全員分の学籍番号の配列
98        start : 探索範囲の開始位置（添字）
99        end : 探索範囲の終了位置（添字）
100       戻り値：入力した学籍番号が存在する場合は学籍番号の配列の添字
```

```c
101              存在しない場合は-1
102 ******************************************/
103 int search_seiseki(char key[], char id[][ID_N + 1], int start , int end)
104 {
105     if (start > end)
106         return -1;      //該当なし -1を戻り値として返す
107
108     //変数の宣言と初期化
109     int    m = (start + end) / 2;      //中心付近の添字
110     int hikaku = strcmp(key, id[m]);   //keyと探索範囲の中心付近のデータを比較
111     if (hikaku == 0)
112     {
113         return m;                       //一致したときは添字を返す
114     }
115     else if (hikaku > 0)
116     {
117         //keyの方が大きいとき
118         return search_seiseki(key, id, m + 1, end);     //右半分を探索する
119     }
120     else
121     {
122         //keyの方が小さいとき
123         return search_seiseki(key, id, start, m - 1);   //左半分を探索する
124     }
125
126 }
```

/*以下の関数は、基本例5-4と同じなので省略しますが、皆さんは基本例5-4と同じものを記述してください。

```c
void disp_title(int kadai_n);
void disp_one(char id[], int kadai[], int kadai_n, int hyouten, int hyoukaIndex);
int get_gokei(int data[], int n);
int get_hyouka(int hyouten);
*/
```

5-05 ライブラリ関数

 まとめ

- まとまった処理を1つの小さな「部品」として扱うものを関数といいます。

- 変数は、定義する場所によって有効範囲が異なります。

```
#include <stdio.h>

int    x;          ←   すべてのブロックの外側で定義された変数は**グローバル変数**

main()
{
    int    y;      ←   ブロックの内側で定義された変数は**ローカル変数**

        :
        :
}
```

- 関数の使い方

```
int  kansuu(int a,int b);      ←   関数のプロトタイプ宣言

main()
{
        :
                               ←   関数呼び出し
    z = kansuu(x,y);
        :                      ←   実引数
}
       関数の型    関数定義
int kansuu(int a,int b)
{                              ←   仮引数
        :
        :
    return c;  ←                    戻り値
}
```

- ライブラリ関数

コンパイラが提供してくれる関数を利用するには、ヘッダファイルをインクルードします。

Let's challenge 度数分布を調べる

多数の数値データがあったとき、データの分布を調べて度数分布グラフを作成してみましょう。度数分布表とは、データの取り得る値の範囲を等間隔のゾーンに分けたとき、どのゾーンにいくつのデータが入っているのかを調べた表です。

ここでは、200個のデータが記録されているファイルdata5.csvを「sample」フォルダにご用意しました。このデータに対し、キーボードから入力された幅ごとに度数分布を調べてグラフを描きます。グラフは、度数分の「*」を横に並べて表します。

▼ **実行結果1**

```
階級幅（最小10）：10
階級数：10 階級幅：10
  0～ 10 ( 30) : ******************************
 10～ 20 ( 46) : **********************************************
 20～ 30 ( 37) : *************************************
 30～ 40 ( 29) : *****************************
 40～ 50 (  8) : ********
 50～ 60 (  7) : *******
 60～ 70 (  3) : ***
 70～ 80 ( 11) : ***********
 80～ 90 ( 19) : *******************
 90～100 ( 10) : **********
```

▼ **実行結果2**

```
階級幅（最小10）：20
階級数：5 階級幅：20
  0～ 20 ( 76) : ****************************************************************************
 20～ 40 ( 66) : ******************************************************************
 40～ 60 ( 15) : ***************
 60～ 80 ( 14) : **************
 80～100 ( 29) : *****************************
```

ファイルから読み込む関数、度数分布を求める関数、グラフを表示する関数など、小さな部品に分けてプログラムを書いてみてください。

第6章

ポインタを使いこなそう

　変数や配列は、値（データ）を入れる「箱」でしたね。この「箱」にデータを入れる、とは、「コンピュータ内のメモリに記憶される」ことだということは、第2章で学びました。そして、メモリには、1つ1つ番地（アドレス）がついている、ということも学びました。今までは、メモリに記憶する情報としてデータを扱ってきましたが、ここでは、アドレスを扱います。さあ、C言語最大の山場です。頑張りましょう!

6-01 ポインタって何?

ポインタを使いこなそう

ポインタを学習する前に、その基本となるアドレスについて理解しておきましょう。

STEP 1 データを記憶する場所はアドレスで表す

2つのint型変数x、yの値を足し算して、同じくint型変数zに代入するプログラムを考えてみましょう。

▼図1　x + y → z

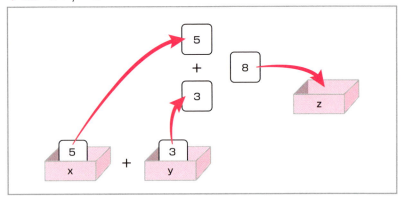

変数x、yのそれぞれに保存されている値を取り出し、加算をします。その結果を変数zに代入するのですが、コンピュータ内部では、どんなことが行われるのでしょうか。

まず、メモリ領域の適切な場所に必要なバイト数分を確保します。メモリは、1バイトごとに連続して付けられたアドレスと呼ばれる番号で識別できます。int型の変数が4バイトであるとき、たとえば、変数xが10100番地からの4バイト分に、変数yが10110番地からの4バイト分に、変数zが10120番地からの4バイト分に割り当てられたとします。

▶割り当てられるアドレスは、マシンによって、その時の環境によって異なります。平たく言えば、コンピュータは、その時自分の都合のいい(空いている)アドレスを割り当てるのです。

▼ 図2　メモリに割り当てられた様子

図2のようにメモリが割り当てられているとき、

　　z = x + y;

の式は、コンピュータ内では、次のように解釈します。

「10100番地の内容と、10110番地の内容を取り出して加算し、その結果を10120番地に保存する」

次に配列の場合を考えます。配列の全要素が連続したアドレスに割り当てられることは、第3章で学びました。配列名は、配列の全要素のアドレスを代表する名前であり、同時に先頭要素のアドレスを表します。

▶プログラマは、その変数が何番地に割り当てられているか、ということは、まったく意識する必要はありません。むしろわからないので、アドレスの代わりに、変数名や配列名を指定します。

▶第3章で復習しておきましょう。

▼ 図3　配列がメモリに割り当てられた様子

このとき、

　　x[0] = x[2] + x[3];

は、配列xの2番めの要素と3番めの要素を取り出し、加算した結果を0番めの要素に代入するものです。

▼ 図4　配列の加算

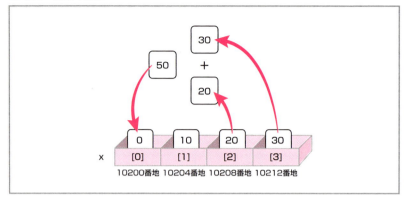

コンピュータ内では、次のように解釈します。

「10208番地の内容と、10212番地の内容を取り出して加算し、その結果を10200番地に保存する」

コンピュータの立場で考えると、変数も配列もまったく同じということです。

STEP 2　アドレスを扱う変数はポインタと呼ばれる

　変数も、配列も同じように扱うためには、変数名や配列名ではなく、アドレスを使えばいい、ということはわかりました。しかし、変数や配列が何番地に割り当てられるのか、という肝心なことが人間にはわかりません。変数や配列のアドレスは、実行する瞬間に決定されるので、「あらかじめ」知ることはできないばかりか、その時々で異なるものです。しかし、ひとたび実行が始まれば、コンピュータは知っています。それならば、図5のように、各変数のアドレスを保存しておくための別の変数を用意しておけばどうでしょうか？

▶プログラムがメモリにコピーされることを**ロード**といいます。

▼ 図5　変数のアドレスを保存しておく

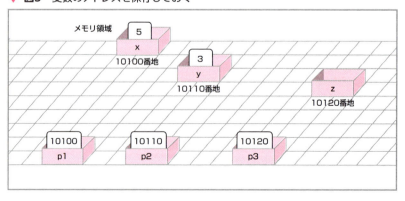

```
    z = x + y;
```
の式は、次のように書き換えられます。

「p1に記憶している番地の内容と、p2に記憶している番地の内容を取り出して加算し、その結果をp3に記憶している番地に保存する」

配列でもやってみましょう。図6のような配列を用意します。

▼ **図6** 配列要素のアドレスを保存しておく

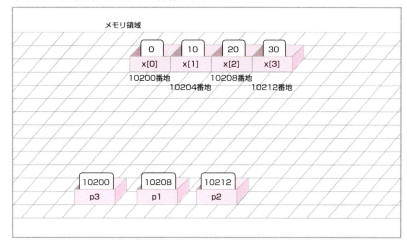

```
    x[0] = x[2] + x[3];
```
の式は、次のように書き換えられます。

「p1に記憶している番地の内容と、p2に記憶している番地の内容を取り出して加算し、その結果をp3に記憶している番地に保存する」

同じになりましたね。p1、p2、p3に記憶するアドレスを変えれば、同じ式で、どの変数にもどの配列にも適用できそうです。

このように、アドレスを記憶する変数を**ポインタ**といいます。

▶配列でも変数でも同じようにプログラムが書けるということは、これを第5章で学んだ引数に利用すると、汎用性が非常に高い関数が作成できるということです。

STEP 3　ポインタをたくさん並べてポインタ配列を形成する

　次は、バラバラになったデータをまとめて扱いたいという状況を考えましょう。

▼ 図7　バラバラなデータ

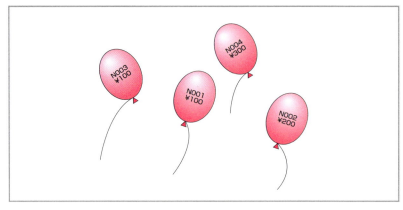

　これを効率よく管理するいい方法はないでしょうか？風船が飛んで行ってしまわないように、糸でしっかりゆわえておきましょう。こうしておけば、根元を順にたどると、それぞれのデータにたどりつけます。

▼ 図8　しっかりゆわえて管理する

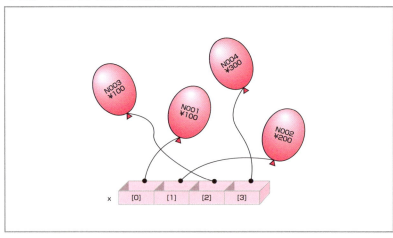

データが1つずつ変数に入っているとき、各変数のアドレスを配列にしておけば、バラバラの変数をまとめて管理することができます。

▼ 図9　ポインタ配列

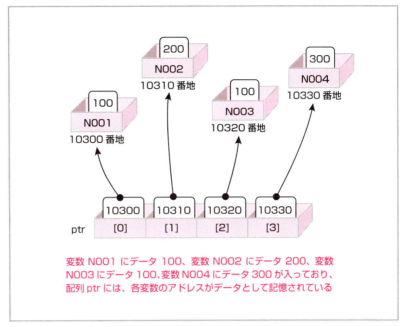

このように、ポインタを並べた配列を**ポインタ配列**といいます。

6-02 ポインタ変数を使う

ポインタを使いこなそう

とにかくポインタ変数を使ってみましょう。はじめは練習です。

基本例 6-2

int型の変数xと、int型を指すポインタpxを宣言し、ポインタpxがint型変数xを指すように設定、各値を表示します。

▼ 図10　ポインタ変数

変数xのアドレスを代入する
変数pxが指す先の値を求める
変数pxが指す先の値を求める
変数xのアドレスを求める

▼ 実行結果

```
xの値は 10
xのアドレスは 0019FF08
pxの指す先の値は 10
pxの値は 0019FF08
pxのアドレスは 0019FF04
```

▶アドレスは、実行するたびに異なります。右の「実行結果」と同じにはなりません。xの値とpxの指す先の値が一致している、xのアドレスとpxの値が一致している、さらに、pxの値とpxのアドレスが異なっていれば正しい結果といえます。

学習 STEP 1　ポインタ型変数を宣言する

ポインタが別の変数のアドレスを保持しているとき、ポインタはその変数を指している、といいます。

▼ 図11 ポインタが指している

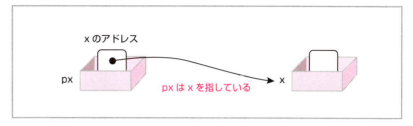

　ふつうの変数の宣言を行うときには、変数の型を明確にしなければなりませんが、ポインタ型変数の宣言をするときには、この変数がポインタ型であることを明示するほかに、このポインタが指す先の変数の型をも明確にします。指す先の型がないと、相手のバイト数もデータの形式もわからず、指す先のデータを正しく扱うことができません。

▶ポインタ型変数は、キャスト演算子を使わない限り、指定の型以外を指すことはできません。

▼ 図12 ポインタ型変数の宣言には、指す先の型が必要

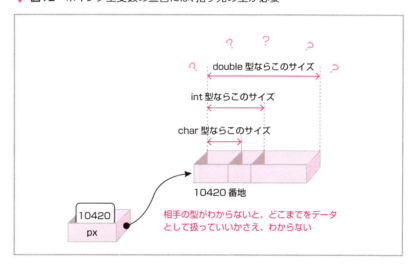

▶型には、第2章 p81の表Aにある型名が入ります。

　ポインタ変数の宣言は以下のように行います。

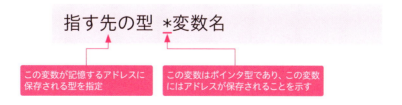

　「*」は掛け算を表す演算子と同じ記号です。場面によって意味が異なりますので、注意が必要です。宣言文ですから、掛け算ではありません。

317

▶int型を指すポインタ型は「int *型」、char型を指すポインタ型は「char *型」と考えてください。int型には整数が、char型には文字が、そして、int *型やchar *型にはアドレスが入ります。

▶ポインタ変数名には、先頭に「p」をつけていますが、「p」をつけなければならない、ということではありません。逆に「p」をつけたからと言ってポインタになるわけでもありません。
　　int　point;
は、普通の変数ですし、
　　int　*box;
は、ポインタです。ポインタだということがわかるようなネーミングを工夫しましょう。

▼ 例
```
int    *px;       //pxはint型を指すポインタ型変数
char   *pa;       //paはchar型を指すポインタ型変数
```

　ポインタは、アドレスを保存するための変数です。ポインタを用意するだけでは事足りず、実際にデータを保存する領域が必要です。ポインタは、あくまでも実際にデータを保存する領域のアドレスを記憶するための変数だからです。

▼ 図13　ポインタには指す先が必要

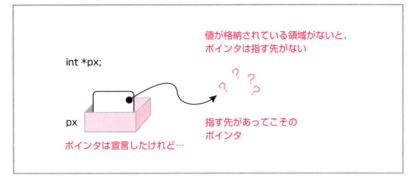

STEP 2　ポインタ型変数にアドレスを代入する

　アドレスを記憶する変数は用意できました。肝心のアドレスはいったい何番地なのでしょうか？アドレスは実行する瞬間に決まります。しかも、毎回同じとは限りません。そのため、実行中にアドレスを調べる必要があります。C言語には、そのための演算子「&」が用意されています。

▶「&」は**アドレス演算子**と呼ばれます。

▶第2章で学んだscanf()では、変数名の前に絶対書かなければならないもの、として＆を使っていますが、これは、アドレス演算子だったのです。もう少し詳しいことは、この後の項目で学習します。

▼ 例
```
int    x = 10;    //int型変数の宣言
int    *px;       //int型変数を指すポインタの宣言

px = &x;          //アドレスの設定
```

▼ **図14** アドレスを求めて代入する

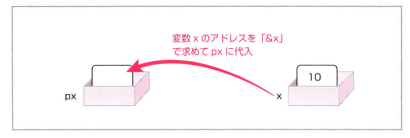

　ポインタ型変数と言えども、普通の変数と同じように変数ですから、アドレスが割り当てられます。ポインタpxのアドレスは

　　&px

で求めることができます。

▼ **図15** ポインタ型変数にもアドレスが割り当てられている

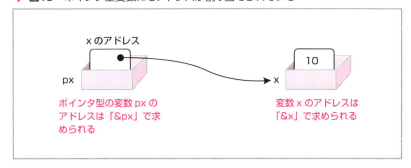

STEP 3　間接演算子を使って指す先の値を求める

　ポインタ型の変数を介して、その指す先のアドレスに保存されている値を知るには、間接演算子「*」を使います。

▼ **図16** 間接演算子は指す先の値を得る

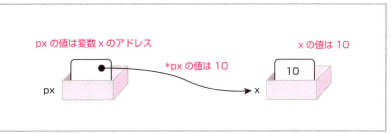

▶同じ「*」でも、宣言文中の「*」と、実行文中の「*」とでは意味が異なります。宣言文中では、「この変数にはアドレスが入ります」という意味ですが、実行文中では、「指す先の内容を求める」という演算を行います。乗算も含め、「*」には3つの使い方がありますので、どの意味なのかを区別することが大切です。ポインタがわかりにくい原因の一つは、同じ演算子が場面によって異なる意味を持つことです。

STEP 4　アドレスを表示するための変換指定子を使う

printf()関数で、アドレスを表示するには、変換指定子として

　%p

を指定します。アドレスは16進数で表示されます。

▼ 例

```
printf("%p¥n" , px);
```

STEP 5　指す先のない NULL ポインタ

ポインタは、指す先があってはじめて有効に働くものです。その一方で、どこも指さないという状況もありえます。そのようなときは、「どこも指していない」ということを明示するために、ポインタの値を「0」にします。ポインタの「0」には、NULLという定数名が定義されています。ポインタpがどこも指していないとき

　p = NULL;

とします。

▶0番地にデータを入れることはシステム上あり得ません。したがって、0番地を指すということはありえないことから、ポインタの値が0であれば、それは、「指していないことを表す」と、決められています。これをNULLと呼びます。

▼ 図17　どこも指していないポインタ

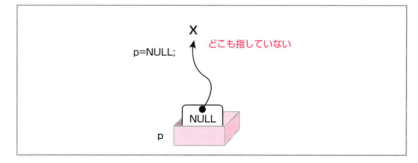

▶コンパイルの段階では、ポインタの内容がNULLかどうかわかりません。ですから、この種のエラーはコンパイルエラーにはならず、実行時にはじめて検出されます。このようなエラーを**実行時エラー**といいます。ポインタにはアドレスが記憶されます。そのため、相手が変数でも配列でも同じように扱えて便利なのですが、反面、間違ったアドレスが入ってしまうと、ところ構わず参照してしまう、という怖い面があります。アドレスの取り扱いには、慎重な対応が必要です。

ポインタ型変数ｐが図17のような状態のとき、間接演算子を適用して、「*p」を実行しようとすると、エラーが発生し、プログラムが停止してしまいます。間接演算子を用いるときは、ポインタの値がNULLでないことをあらかじめ確認しなければなりません。

▼ 例

```
if(p != NULL)
{
        printf("%d" , *p);
}
```

pがNULLでないときだけpの指す先を参照できる

6-02 ポインタ変数を使う

元のファイル…rei6_2k.c
完成ファイル…sample6_2k.c

プログラム例

CD-ROMのプログラムは、アドレスの設定部分と表示部分の一部が書かれていません。皆さんで補ってから実行しましょう。

```c
/*******************************
    ポインタの練習　基本6-2
*******************************/
#include <stdio.h>

int main(void)
{
    int x = 10;      //int型変数の宣言
    int *px;         //int型を指すポインタ変数の宣言

    px = &x;         //ポインタ変数pxにxのアドレスを代入

    //コマンドプロンプト画面に表示
    printf("xの値は %d\n", x);
    printf("xのアドレスは %p\n", &x);
    printf("pxの指す先の値は %d\n", *px);
    printf("pxの値は %p\n", px);
    printf("pxのアドレスは %p\n", &px);
}
```

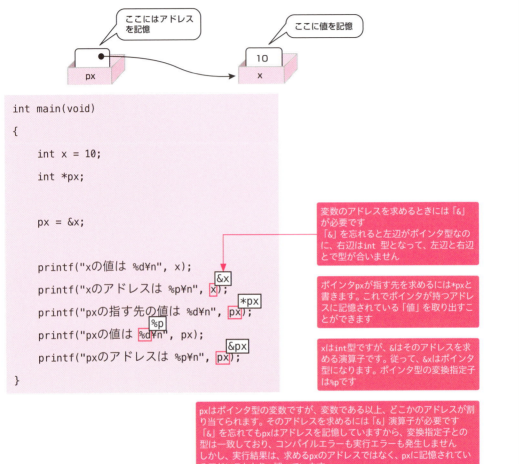

6-02　ポインタ変数を使う

応用例 6-2

4つの課題の合計点をポインタが指す先の変数に求めて表示しましょう。
変数・配列の構成は以下のとおりです。

▼ 図18　変数・配列の構成

	16	40	10	28
kadai	[0]	[1]	[2]	[3]
	int 型	int 型	int 型	int 型

p_hyouten → hyouten

▼ 実行結果

評点：94点

学習

STEP 6　間接演算子を使って代入する

ふつうの演算子は、代入式の左辺に書くことはできません。

▼ 例

```
int    i;
++i = 10;              ← エラー！！
```

間接演算子は、例外的に左辺に書くことができます。

▼ 例

```
*p_hyouten = 94;
```

323

▼ **図19** ポインタを介した代入

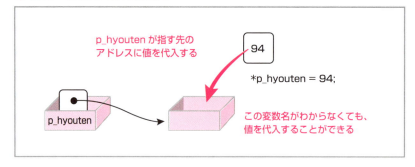

元のファイル…rei6_2o.c
完成ファイル…sample6_2o.c

● プログラム例

CD-ROMのプログラムは、ポインタの初期化、代入、表示部分が書かれていません。みなさんで書き足して、実行してみましょう。

```c
/*********************************
    ポインタの練習  応用例6-2
*********************************/
#include <stdio.h>

#define KADAI_N      4           //課題の個数を定数として定義

int main(void)
{
    int kadai[KADAI_N] = { 16 , 40 , 10 , 28 };     //課題の得点で初期化
    int hyouten;                            //評点
    int *p_hyouten = &hyouten;              //評点を指すポインタの初期化

    //評点を求める
    *p_hyouten = 0;                         //ポインタを使って評点を初期化
    for (int i = 0; i < KADAI_N; i++)
    {
        *p_hyouten += kadai[i];             //課題の得点を１つずつ加算
    }

    //コマンドプロンプト画面に表示
    printf("評点：%d点¥n", *p_hyouten);

    return 0;
}
```

（注）22行目では、ポインタp_hyoutenを用いて評点を表示しています。
　　`printf("評点：%d点¥n", hyouten);`
　　のようにint型変数hyoutenを用いても同じ結果が得られることを確認しておきましょう。

6-03 配列を指すポインタ

ポインタを使いこなそう

ポインタが配列を指すとき、ポインタに記憶されているアドレスを変更して、配列要素を次々に処理していくことができます。配列の添字とは一味違ったプログラムを、ポインタを使って書いてみましょう。

基本例 6-3

課題の得点が配列に記録されているとき、ポインタを介して配列内の得点を加算し、さらに各課題の得点と評点を表示してみましょう。評点の算出と得点の表示のそれぞれについて別の方法を試してみます。配列とポインタの構成は以下のとおりです。

▼ 図20　配列とポインタの構成

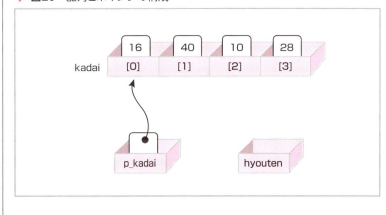

▼ 実行結果

```
課題1 課題2 課題3 課題4    評点
 16    40    10    28      94
```

STEP 1　配列名はアドレスを表す

配列名は、配列を代表する名前ですが、同時に、「先頭要素のアドレス」を表します。ですから、配列のアドレスを求めるときには、アドレス演算子「&」は要りません。

▼ 図21 変数名と配列名との違い

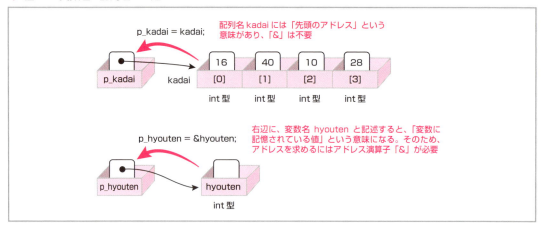

　　　配列名を右辺に書くと、その配列の先頭のアドレスを表します。これに対し、変数名を右辺に書くと、その変数の内容（記憶されているデータ）を表します。変数名と配列名にはこのような違いがあるのです。

STEP 2　ポインタが配列要素を指す

　　　ポインタが配列を指すとき、必ずしも配列の先頭の要素である必要はありません。配列の途中から処理をしたいとき、途中の要素を基準にすることもできます。

▶ポインタのこのような使い方は、関数と組み合わせたとき、大きな力を発揮し、より汎用性の高い関数を作ることができます。

　　　配列名と添字の組で配列要素を1つ指定しますが、これが変数と同等の働きをすることは第3章で学びました。つまり、ポインタが配列の途中の要素を指すためには、配列名と添字の組に対し、アドレス演算子を適用します。

▼ 図22 配列の途中を指すポインタ

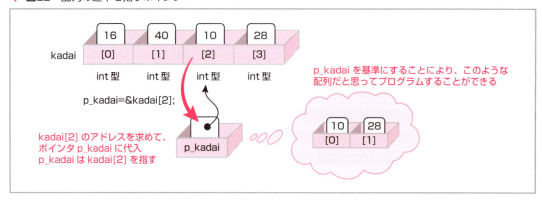

326

| 発 展 | 多次元配列の途中のアドレス |

多次元配列の場合、配列名が、先頭要素のアドレスを表すのは勿論ですが、一次元低い表現（Figure 1の例では、x[0]やx[1]…）は、その行の先頭要素のアドレスを表します。

▼ Figure 1　二次元配列とアドレス

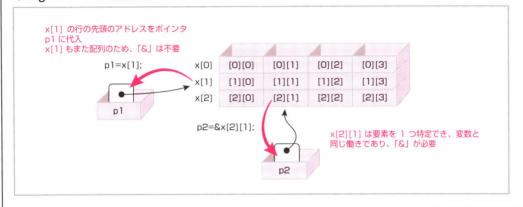

STEP 3　ポインタに演算する

ポインタ型変数に対する演算は、加算と減算のみが可能です。ポインタの値に1を加えると、その値は、指している型のサイズ分変化します。

例えば、図23のようにポインタがint型の配列の要素を指していたとしましょう。

    p = p + 1;

を行うと、pの値には、1が加えられるのではなく、「指す先の型1個分」のバイト数が加算され、図23のように次の要素を指すようになります。

▶減算の場合も同様です。ポインタの値から1引くと、指す先の型のバイト数が引かれ、1つ前の配列要素を指すようになります。

▼ 図23 ポインタの加算

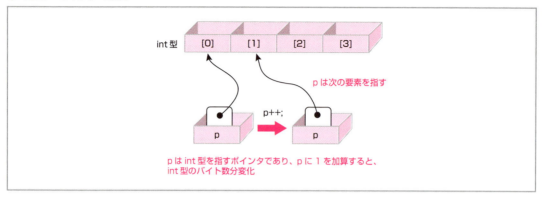

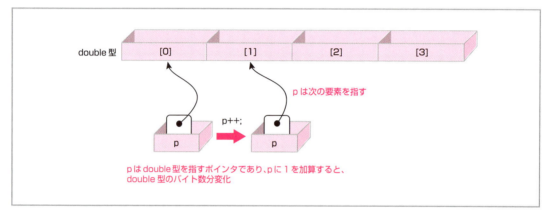

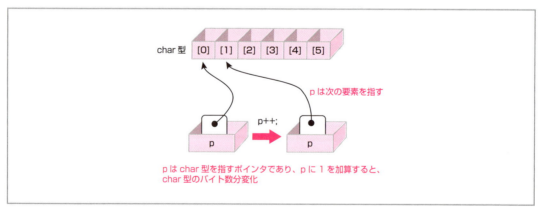

　　　　ポインタに対する加減算は、配列の添字に対する加減算と同じイメージで捉えることができます。

6-03 配列を指すポインタ

▼ **図24** ポインタの加算は配列の添字の加算と同じイメージ

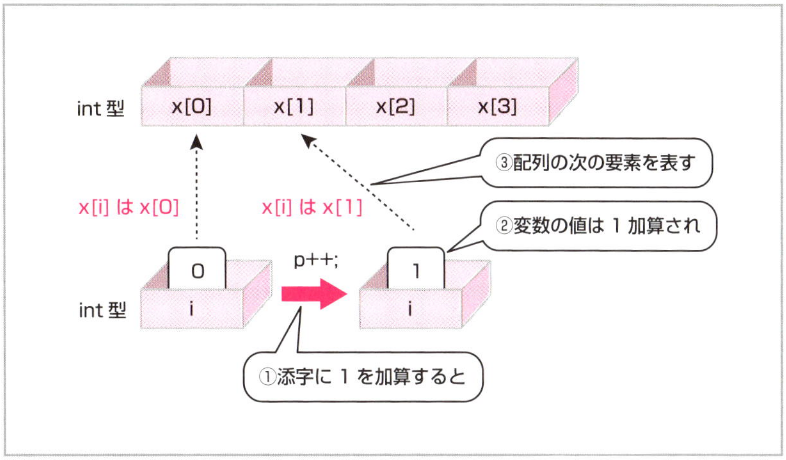

ポインタが配列を指すとき、ポインタと配列の添字とは、同じ目的を、異なった記述で表現するものです。

発 展　**ポインタの値の変化**

加算の結果、ポインタの値がどのように変化するか、以下のプログラムで確認してみましょう。

▼ **リスト**　プログラム例（sample6_h1.c）

```
1   /*********************************
2       発展    ポインタの演算を検証
3   *********************************/
4   #include <stdio.h>
5
6   int main(void)
7   {
8       int     x[5];      //int型配列
9       int     *px;       //int型を指すポインタ
10      double  y[5];       //double型配列
11      double  *py;        //double型を指すポインタ
12      char    s[5];       //char型配列
13      char    *ps;        //char型を指すポインタ
14
15      //ポインタの設定
16      px = x;
17      py = y;
18      ps = s;
19
20      //各型のサイズを表示
```

329

```
21      printf("int型のサイズ：%d¥n" , sizeof(int));
22      printf("double型のサイズ：%d¥n" , sizeof(double));
23      printf("char型のサイズ：%d¥n" , sizeof(char));
24
25      //ポインタの最初の値を表示
26      printf("px=%p py = %p ps = %p¥n" , px , py , ps);
27
28      //1加算
29      px++;
30      py++;
31      ps++;
32
33      //加算後のポインタの値を表示
34      printf("px=%p py = %p ps = %p¥n" , px , py , ps);
35
36
37      return 0;
38  }
```

ポインタに1加算した後のアドレス値が、各型のサイズ分変化していることを確認してください。

(注)アドレスは16進数で表示されます。

ポインタの値に1ずつ加算していくことで、配列の要素を次々に指していくことができます。

▼ 図25　ポインタが次々と配列要素を指す

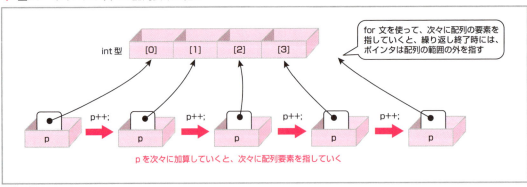

for文などの繰り返し文を使って配列の全要素を処理した後には、ポインタは配列の有効な範囲を超えています。ですから、ポインタを使ってもう一度配列の要素を参照したいときは、ポインタの値を再設定する必要がありますので、注意しましょう。

STEP 4 ポインタに対する演算の優先順位

ポインタpが配列を指しているとき、

　p ++;

によりポインタpは次の要素を指すことはすでに学びました。また、ポインタが指す先の値を求めるには、関節演算子を用いて

　*p

と記述するのでしたね。この2つを組み合わせて、

　*(p + 1)

と記述すると、ポインタpが指す先の次の要素の値が求まります。

▼ 図26　関節演算子と加算の組み合わせ

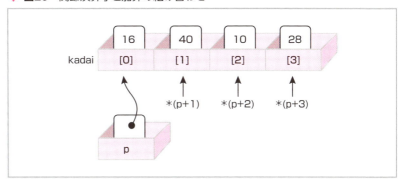

▶3+4*5 と(3+4)*5とでは、答えが異なるのと同じです。前者は、先に乗算を行って、答えは23になるのに対し、後者は先に加算を行いますから、答えは35になります。

　このとき、()を省略することはできません。加算「+」と関節演算子「*」とでは、関節演算子の方が演算の優先順位が高いので、()を省略して

　*p+1

と記述すると、指す先の値に1を加算することになってしまいます。

▶図27でpはポインタ型の変数として宣言されていますが、添字を使って配列のように表現することもできます。

ポインタの表現	配列の表現
*(p+1)	p[1]

両者は同じ値となります。

▼ 図27　演算子の優先順位による結果の違い

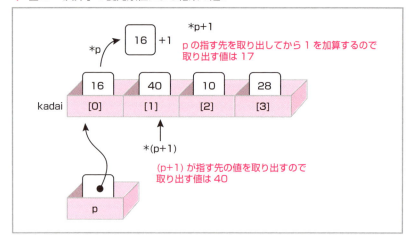

STEP 5　printfによる表示

　printf()関数では、変換指定子に対応した変数などを「,」の後ろに記述することはすでに学習しました。変換指定子「%s」については、配列名が、それ以外の変換指定子については、変数名やリテラル値がそれぞれ対応します。配列名は「アドレス」を、変数名は「内容」を表すのですから、言い換えると、「%s」には「アドレス」が、それ以外には「データ」が対応することになります。

▼ 図28　変換指定子に対応するのはアドレスかデータか

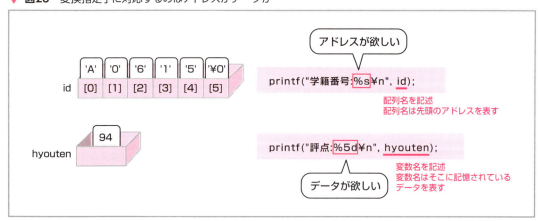

　図28の基本を押さえておけば、配列名や変数名の代わりにポインタを利用したとき、どのように記述したらよいかを理解することができます。アドレスがほしい「%s」にはポインタの値が、データがほしい%dや%f、%cなどの変換指定子に

6-03 配列を指すポインタ

▶平たく言えば、「%s」に対応するポインタには間接演算子「*」は付きませんが、その他の変換指定子に対応するポインタには「*」が付くということです。

はポインタの指す先の値が、それぞれ対応することになります。

▼ 図29　変換指定子と対応するポインタ

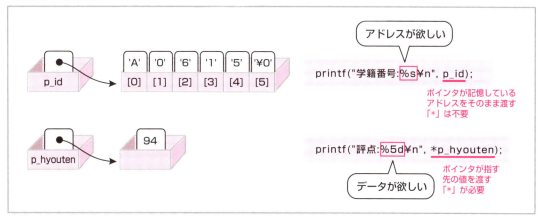

● プログラム例

CD-ROM »
元のファイル…rei6_3k.c
完成ファイル…sample6_3k.c

CD-ROMのプログラムは、ポインタの最初の値の代入、表示部分が書かれていません。みなさんで書き足して、実行してみましょう。

```
1   /*******************************************
2       配列を指すポインタ      基本例6-3
3   *******************************************/
4   #include <stdio.h>
5   #define KADAI_N       4          //課題の個数を定数として定義
6
7   int main(void)
8   {
9       int kadai[KADAI_N] = { 16 , 40 , 10 , 28 };    //課題の得点で初期化
10      int hyouten;          //評点
11      int *p_kadai;         //配列kadaiを指すポインタ
12
13      //評点を求める
14      hyouten = 0;          //評点の初期化
15      p_kadai = kadai;      //課題を指すポインタの初期化
16      for (int i = 0; i < KADAI_N; i++ , p_kadai++)
17      {
18          hyouten += *p_kadai;    //ポインタを介して課題の得点を加算
19      }
20
```

333

```
21      //コマンドプロンプト画面にタイトルの表示
22      for (int i = 0; i < KADAI_N; i++)
23      {
24          printf("課題%d ", i + 1);      //課題タイトルを表示
25      }
26      printf("  評点¥n");
27
28      //コマンドプロンプト画面に課題の得点と評点を表示
29      p_kadai = kadai;
30      for (int i = 0; i < KADAI_N; i++)
31      {
32          printf("%3d   ", *(p_kadai + i));    //各課題の得点を表示
33      }
34      printf("%5d¥n", hyouten);                //評点の表示
35
36      return 0;
37  }
```

プログラミングアシスタント　　**正しく実行できなかった方へ**

評点を求めた後、
p_kadai は配列の
外を指しています。

```
//評点を求める
hyouten = 0;         //評点の初期化
p_kadai = kadai;     //課題を指すポインタの初期化
for (int i = 0; i < KADAI_N; i++ , p_kadai++)
{
    hyouten += *p_kadai;  //ポインタを介して課題の得点を加算
}

    <<中略>>

//コマンドプロンプト画面に課題の得点と評点を表示
                                    ← p_kadai = kadai;
for (int i = 0; i < KADAI_N; i++)
{
    printf("%3d   ", *p_kadai + i);    //各課題の得点を表示
}                          *(p_kadai + i)
printf("%5d¥n", hyouten);                //評点の表示
```

ここでポインタp_kadaiを元に
戻しておかなければなりません
これを忘れると、コンパイルエ
ラーはありませんが、実行時に2
行めの表示が不正となります

( )を忘れないように。( )がないと*p_kadai を先に演算
してしまい、常に先頭の要素を取得、その結果にiが加算さ
れてしまいます
コンパイルエラーは発生しません

▼ 誤った実行例

課題1	課題2	課題3	課題4	評点
0	1703808	4237654	1	94

▼ 誤った実行例

課題1	課題2	課題3	課題4	評点
16	17	18	19	94

応用例 6-3

第5章の基本例5-5の入力部分をリスクのないライブラリ関数fgets()に変更し、文字列処理を行った上で評価や評点を求めます。文字列の扱いを理解してプログラムの幅を広げていきましょう。

▼ 図30　文字列の扱い

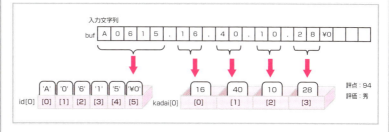

▼ 実行結果

```
学籍番号　 課題1 課題2 課題3 課題4 評点　 評価
A0615       16   40   10   28  94点   秀
A2133        4    0    0    0   4点   不可
A3172       12   40   10   21  83点   優
B0009       20   35   10   25  90点   秀

    <<中略>>

F0119       18   40   10   25  93点   秀
F0123       12   40    0   25  77点   良
  平均点： 72.8点
```

STEP 6　入力文字列からデータを取り出す手順

入力文字列は「,」で区切られており、「,」を探索しながらその間の文字列を取り出していきます。まず、学籍番号を取り出し、続いて課題の得点を取り出します。課題は4つありますが、最後は「,」がないことに注意が必要です。手順は以下のとおりです。

1. 先頭から「,」を探索し、そこまでを学籍番号用の配列にコピーする

「,」の位置の文字を「¥0」で書き換えることにより、学籍番号を分離します。分離した文字列を一人目の学生の学籍番号の配列id[0]にコピーします。

▼ 図31　文字列からデータを取り出す手順1

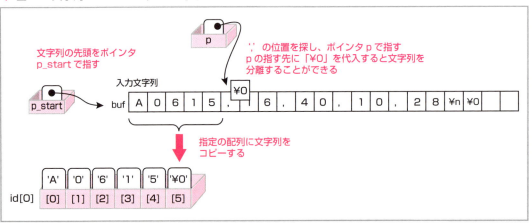

2. 次の「,」を探索し、その間の数字を数値に変換して課題の配列に記憶する

学籍番号の次の文字からが課題の得点になります。p_startから次の「,」を探索すると、そこまでが課題1の得点であり、「,」の位置を文字「¥0」で書き換えて、文字列とします。これを数値に変換して一人目の学生の課題1の得点とします。

▼ 図32　文字列からデータを取り出す手順2

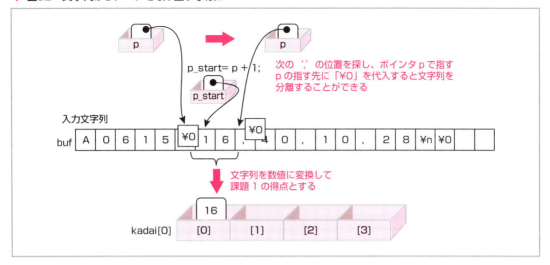

3. 科目数分2を繰り返す

最後は「,」ではなく「¥n」を「¥0」で置き換えて数値に変換します。

▼ 図33　文字列からデータを取り出す手順3

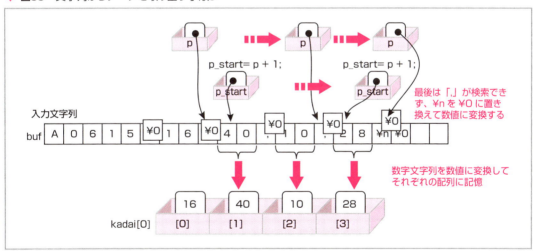

STEP 7　文字列から特定の文字を検索する

文字列から特定の文字を検索するためには、文字列を指すポインタの値を1ずつ変更し、配列要素を次々に指して、指す先が「,」であるかどうかを調べます。

▼ **図34** 文字列から特定の文字を探索する

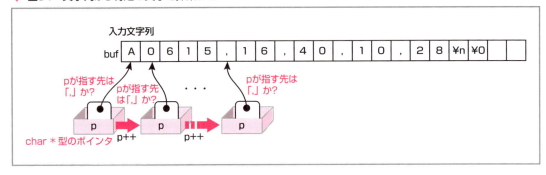

　pの指す先が「,」になったら繰り返しを終了、言い換えると、pの指す先が「,」でない間、pが保存しているアドレスを更新し続ければよいのです。ただし、pの指す先は文字列でなければなりません。「¥0」を超えた先はもはや文字列ではないということも考慮する必要があります。

▼ **図35** 特定の文字がみつからないまま文字列が終了

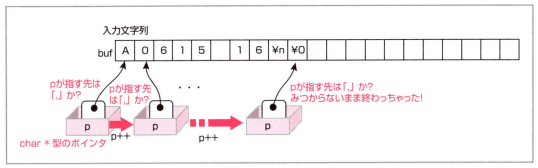

　さらに、最後の課題は',' ではなく「¥n」を検出します。
　以上をプログラムすると以下のようになります。

```
char *p;
for (p = buf; *p != '¥0' && *p != ',' && *p != '¥n'; p++);
```

STEP 8　文字列をコピーする

　文字列を別の配列にコピーするには1文字ずつ地道に行います。「¥0」を検出したら、文字列はここで終わりであり、コピーもここまで行います。for文などの繰り返し文では、繰り返し条件を「¥0」でない間繰り返す、としますので、最後の「¥0」がコピーされません。最後に「¥0」を別途コピーする必要があります。

▼ 図36 文字列のコピー

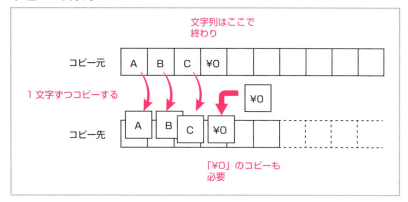

ただし、コピー先の配列を越えてコピーすることはできません。コピー先の配列がある限りコピーしてしまうと、文字列になりません。「¥0」の分を残してコピーし、最後に「¥0」を代入します。

▼ 図37 領域をはみ出してコピーしてはいけない

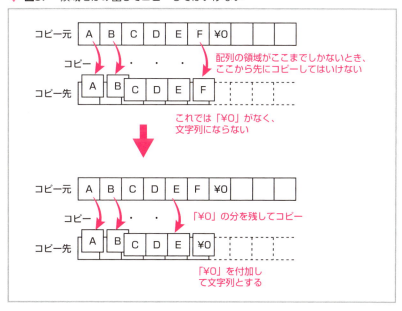

最初の一人の成績データを扱っているとき、一人目の学籍番号は`id[0]`に記憶します。

▼図38　最初の一人の学籍番号

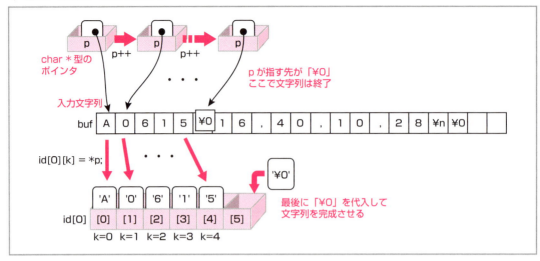

これが、j番目の学生であれば、id[j]に学籍番号が入ることになります。入力文字列から学籍番号を取り出して配列idに記憶する部分は以下のようになります。

▶ID_Nは学籍番号の桁数を定義した定数です。プログラムのはじめに
#define　ID_N　5
と記述します。

▼ 例

```
//学籍番号をコピーする
int k;           //配列id[j]の添字
for (k = 0,p=p_start; k < ID_N && *p != '¥0'; k++,p++)
{
    id[j][k] = *p;   //１文字ずつコピー
}
id[j][k] = '¥0';     //文字列終わり
```

STEP 9　数字列を数値に変換する

ファイルから安全に読み込むfgets()を用いると、得られるのはすべて文字列です。課題の得点も文字列となっており、このままでは評点を求めるための演算ができません。文字としての数字の列を数値に変換する必要があります。

▶数字の列としての文字列と数値の違いについて、第3章 p127を見直しておきましょう。

複数桁の数字列を数値に変換するには次の2つのステップが必要です。

● 1. 1桁の数字を数値に変換する

第2章で学んだASCII文字コード表を思い出してください。

6-03　配列を指すポインタ

▼ 表1　数字のASCIIコード

文字	2進数	10進数
0	0011 0000	48
1	0011 0001	49
2	0011 0010	50
3	0011 0011	51
4	0011 0100	52
5	0011 0101	53
6	0011 0110	54
7	0011 0111	55
8	0011 1000	56
9	0011 1001	57

　数字にASCIIコードは連番になっていますから、「'0'」を引くと数字を数値に変換することができます。

▼ 例

```
'1' - '0' →1
```

2. 桁を考慮して1つの数値に組み立てる

　1桁の数値が複数並んでいるとき、各桁に重みづけをします。上（左）の桁から処理をしていくとき、順に10倍します。

▼ 図39 順に10倍する

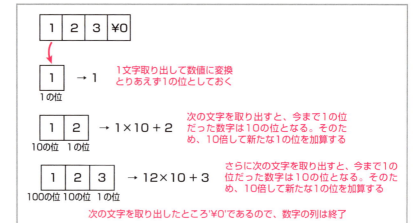

▶入力データは必ずしも完全ではありません。本来は、「,」が全くない場合や学籍番号が誤って5文字以上の場合、あるいは学籍番号の前後に空白がある場合などが考えられます。たとえ、入力データに不備があったとしても、プログラムが途中で止まってしまうことは絶対に避けなければなりません。本来は入力データが正しいという「前提」はないのです。本書ははじめてプログラムを学ぶための入門書ですから、初心者にも理解しやすくするために、ここでは、入力データは正しいと仮定して進めていきます。しかし、本来は、入力データの不備への対応が必須であるということを頭の隅に置いておいていただければと思います。

以上をまとめると、プログラムは以下のようになります。

```
//課題の得点を数値で求める
int ten = 0;
for (p = p_start; *p != '¥0' && *p >= '0' && *p <= '9'; p++)
{
    ten = ten * 10 + *p - '0';
}
```

◉ CD-ROM ≫
元のファイル…sample5_5k.c
完成ファイル…sample6_3o.c

● プログラム例

基本例5-5のプログラムを基にファイルからの入力をfgets()に変更します。CD-ROMのプログラムの空欄を埋めてから実行してみましょう。

```
1   /*********************************
2       ファイルからの読み込み     応用例6-3
3   *********************************/
4   #include <stdio.h>
5   #define    ID_N      5        //学籍番号の桁数を定数として定義
6   #define    KADAI_N   4        //課題の個数を定数として定義
7   #define    N         100      //用意する配列要素数を定数として定義
8
9
10  //グローバル変数の宣言を初期化
11  char    hyoukaList[5][10] = { "秀" , "優" , "良" , "可" , "不可" };   //評価文字列
12  int     limit[5] = { 90 , 80 , 70 , 60 , 0 };                         //評価基準
13
14  //関数のプロトタイプ宣言
```

6-03 配列を指すポインタ

```
15  void disp_title(int kadai_n);                    //タイトルを表示する関数
16  void disp_one(char id[], int kadai[], int kadai_n, int hyouten, int hyoukaIndex);
17  int  get_gokei(int kadai[], int n);              //評点を求める関数
18  int  get_hyouka(int hyouten);                    //評価を求める関数
19
20  int main(void)
21  {
22      //変数の宣言
23      char id[N][ID_N + 1];        //学籍番号
24      int  kadai[N][KADAI_N];      //課題の得点
25      int  hyouten[N];             //評点
26      int  hyoukaIndex[N];         //評価の添字
27      char buf[256];               //ファイルからの読み込みバッファ
28      int  n;                      //読み込んだ学生の人数
29      FILE *fp;                    //ファイル制御用変数
30
31      //ファイルを開く
32      fp = fopen("seiseki.csv", "r");
33      if (fp == NULL)
34      {
35          //ファイルがないとき
36          printf("ファイルがありません¥n");
37          return 0;
38      }
39
40      //ファイルからの入力
41      fgets(buf, sizeof(buf), fp);     //1行目のタイトルを入力。処理はない
42      n = N;                           //学生の人数の初期値を配列の要素数とする
43      for (int j = 0; j < N; j++)
44      {
45          if (fgets(buf, sizeof(buf), fp) == NULL)
46          {
47              //ここでファイルは終了
48              n = j;       //読み込んだ学生の人数（データの個数）
49              break;       //繰り返しを終了
50          }
51
52          //入力文字列を分けて記録する
53          char *p_start = buf;         //p_startがbufの先頭を指す
54          char *p;                     //文字列をさすポインタ
55          //','を探す
56          for (p = p_start; *p != '¥0' && *p != ',' && *p != '¥n'; p++);
57          *p = '¥0';
58
59          //学籍番号をコピーする
60          int k;          //配列id[j]の添字
61          for (k = 0,p=p_start; k < ID_N && *p != '¥0'; k++,p++)
62          {
63              id[j][k] = *p;     //1文字ずつコピー
```

343

```c
64              }
65              id[j][k] = '¥0';        //文字列終わり
66
67              //課題の得点を数値で取り出す
68              for (int i = 0; i < KADAI_N; i++)
69              {
70                  p_start = p + 1;            //','の次の文字からはじめる
71                  //','を探す
72                  for (p++; *p != '¥0' && *p != ',' && *p != '¥n'; p++);
73                  *p = '¥0';
74
75                  //課題の得点を数値で求める
76                  int ten = 0;        //点数の初期化
77                  for (p = p_start; *p != '¥0' && *p >= '0' && *p <= '9'; p++)
78                  {
79                      ten = ten * 10 + (*p - '0');   //10倍して桁をずらして1の位を加算
80                  }
81                  kadai[j][i] = ten;          //点数を配列に記憶する
82              }
83          }
84          fclose(fp);                         //ファイルを閉じる
85
86          //評点と評価の算出
87          for (int i = 0; i < n; i++)
88          {
89              hyouten[i] = get_gokei(kadai[i], KADAI_N);      //評点を求める
90              hyoukaIndex[i] = get_hyouka(hyouten[i]);        //評価を求める
91          }
92
93          //コマンドプロンプト画面に表示
94          disp_title(KADAI_N);        //タイトルを表示する
95          for (int i = 0; i < n; i++)
96          {
97              //一人分を表示する
98              disp_one(id[i], kadai[i], KADAI_N, hyouten[i], hyoukaIndex[i]);
99          }
100
101          //平均点の表示
102          printf("    平均点：%5.1f点¥n", (double)get_gokei(hyouten, n) / n);
103
104          return 0;
105      }
    /*
    以下の関数は基本例5-4と同じなので省略します。基本例5-4と同じものを以下に記述して
    ください。
    void disp_title(int kadai_n);
    void disp_one(char id[], int kadai[], int kadai_n, int hyouten, int hyoukaIndex);
    int  get_gokei(int data[], int n);
    int  get_hyouka(int hyouten);
    */
```

6-04 ポインタを並べて配列にする

ポインタを使いこなそう

ポインタ配列を使うと、変数としてバラバラに保存されたデータをまとめて管理することができます。

基本例 6-4

評価を表す文字列がバラバラのchar型配列にそれぞれ収められているとき、ポインタ型配列でまとめて管理し、一括して表示しましょう。

▼ 図40　文字列の初期化

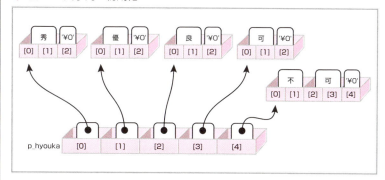

▼ 実行結果

STEP 1　ポインタ型の配列を宣言する

配列は、同じ型の変数を並べたものであることは、第3章で学びました。そして、配列の宣言は、型、配列名、および要素数を明記する必要があるのでしたね。並べる変数がポインタ型であっても、まったく同様です。その宣言は、普通の配列と同様、型・配列名・要素数を記述します。

▶ポインタ型にとっての「型」は指す先の型とポインタであることを表す「*」との組み合わせです。char *やint *などです。
▶変数の宣言と同様、宣言文で使われる「*」は、「この配列はポインタであり、アドレスを記憶する」という意味になります。「指す先」の内容を求める演算子ではありません。

指す先の型　*配列名[要素数];

▼ 例

char *p_hyouka[5];

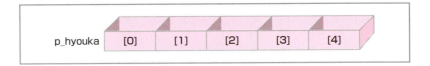

STEP 2　ポインタ型の配列から指す先の値を得る

ポインタ型の配列の要素が指す先を取得するには、以下のように記述します。

*配列名[添字]

「*」は指す先の値を求める間接演算子です。ポインタ型の変数のときと同じです。配列要素を1つ指定するのは「[]」と添字です。普通の配列の時と同じです。2つを組み合わせて表現します。

int型を指すポインタ配列と、その各要素が指す先が図41のように設定されているとき、ポインタ型配列を介して指す先を指定してみましょう。

▼ 図41　int型を指すポインタ型の配列の例

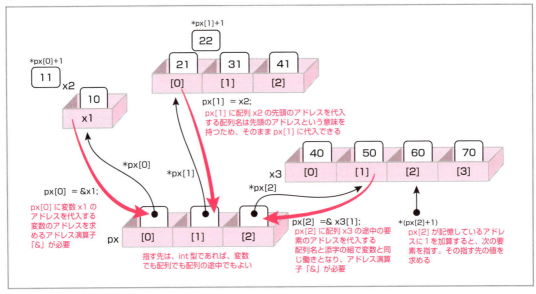

▼ 表2　図41における記述例

記述例	値	解説	ポインタを使わない記述
*px[0]	10	px[0]が指す先の値	x1
*px[0]+1	11	px[0]が指す先の値+1	x1+1
*px[1]	21	px[1]が指す先の値	x2[0]
*px[1]+1	22	px[1]が指す先の値+1	x2[0]+1
*px[2]	50	px[2]が指す先の値	x3[1]
*(px[2]+1)	60	px[2]が指す先の次の要素の値	x3[2]

STEP 3　文字列を指すポインタの初期化

　文字列のリテラル値は「"」で囲って表すことは既に学習しました。char型の配列を宣言し、同時に文字列で初期化すると、配列は図42のようになるのでしたね。

```
char hyouka[] = "秀";
```

▼ 図42　文字列の初期化

　文字列を表すリテラル値は、配列名と同様に先頭のアドレスを表します。アドレスならばポインタに代入することができるはずです。これを利用すると、文字列を指すポインタを宣言すると同時に、指す先の配列を確保し、さらに配列に文字列を、ポインタに先頭のアドレスを同時に初期設定することができます。以下のように書きます。

▼ 例

```
char    *p = "秀";      //文字列を指すポインタの宣言
```

▼ 図43 ポインタに対する文字列の初期化

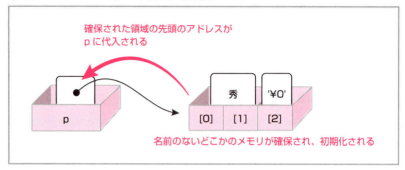

　もちろん、ポインタpに"秀"が全部入るわけではありません。名前のないどこかのメモリ領域が必要なだけ確保され、そこに文字列が初期設定されます。更にその先頭のアドレスでポインタpは初期化されます。

STEP 4　文字列を指すポインタ配列の初期化

　文字列がたくさんあるときは、その個数分だけのポインタが必要です。ポインタを配列にして管理すればよいでしょう。初期値として文字列リテラルを並べれば、文字列それぞれに対し、名前のない領域を確保し、その先頭のアドレスでポインタ型の配列が初期化されます。

▶これが基本例6-4のデータ構成です。

▼ 例

```
char *p_hyoukaList[] = { "秀" , "優" , "良" , "可" , "不可" };
```

▼ 図44　ポインタ配列の初期化

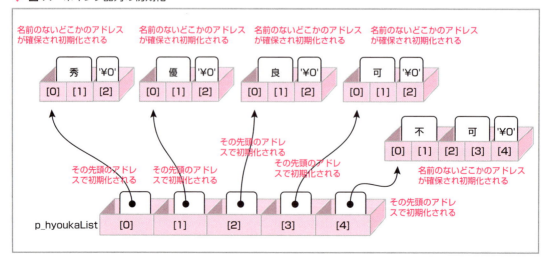

348

6-04 ポインタを並べて配列にする

元のファイル…rei6_4k.c
完成ファイル…sample6_4k.c

プログラム例

CD-ROMのプログラムは、評価を表示する部分が書かれていません。みなさんで補ってから実行してみましょう。

```c
/***********************************
    基本例6-4 ポインタ型の配列
***********************************/
#include <stdio.h>

int main(void)
{
    char *p_hyoukaList[] = { "秀" , "優" , "良" , "可" , "不可" };

    //配列要素数を求める
    int n = sizeof(p_hyoukaList) / sizeof(char *);

    //コマンドプロンプト画面に表示
    for (int i = 0; i < n; i++)
    {
        printf("%s\n", p_hyoukaList[i]);
    }

    return 0;
}
```

349

プログラミングアシスタント　正しく実行できなかった方へ

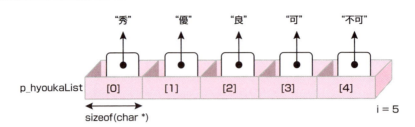

```
//配列要素数を求める
int n = sizeof(p_hyoukaList) / sizeof(char);
                                     char *

//コマンドプロンプト画面に表示
for (int i = 0; i < n; i++)
{
                       p_hyokaList[i]
    printf("%s¥n", p_hyoukaList);
}
```

配列要素数を求めるには、配列全体のサイズを型のサイズで除算します。p_hyoukalistはchar型を指すポインタ型の配列なので、char *型
誤ってsizeof(char)と記述してしまうと配列要素数を正しく求めることができませんが、コンパイルエラーは発生しません。実行しようとすると、配列の範囲を超えてしまい、実行時エラーが発生します

printfの%sはアドレスが欲しい変換指定子です
評価の文字列は先頭のアドレスがポインタ配列p_hyoukaListで管理されており、その一つひとつは添字を使って指定します
添字が指定されていないと、「型が異なる」というコンパイルの警告が発生することがあります

応用例 6-4

　応用例6-3のプログラムを基に、評価リストを文字列を指すポインタ配列に変更します。char型の2次元配列だった評価リストをchar型を指すポインタ配列に変更してもプログラムにはほんの少ししか変更がないことを体験してください。

▼ 図45　ポインタ配列に変更

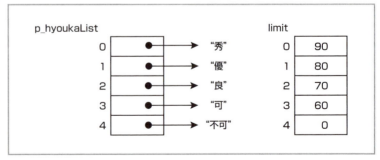

```
▼ 実行結果
学籍番号  課題1 課題2 課題3 課題4  評点   評価
A0615     16    40    10    28    94点   秀
A2133      4     0     0     0     4点   不可
A3172     12    40    10    21    83点   優
B0009     20    35    10    25    90点   秀

       <<中略>>

F0119     18    40    10    25    93点   秀
F0123     12    40     0    25    77点   良
  平均点： 72.8点
```

STEP 5　ポインタ配列と2次元配列

　評価の表示は、関数disp_one()で行います。応用例6-3では、以下のように記述していました。

```
printf("  %3d点     %s\n", hyouten, hyoukaList[hyoukaIndex]);
```

　このときは、hyoukaListはchar型の2次元配列であり、そのうちの1行を指定するものでした。

▼ 図46　2次元配列における1つの文字列の指定

　配列名は先頭のアドレスを表しますが、評価リストは2次元配列ですから、
　　　　hyoukaList[hyoukaIndex]
のように添字が1つであれば、その1行の先頭のアドレスを表します。これはポインタに他なりません。
　評価リストがポインタになったらどう変わるのでしょうか？

▼ 図47 ポインタ配列における1つの文字列の指定

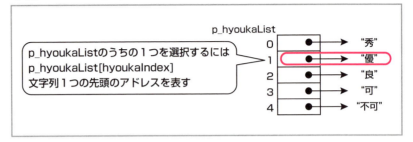

p_hyoukaListのうちの1つを選択するには
p_hyoukaList[hyoukaIndex]
文字列1つの先頭のアドレスを表す

　配列名こそ変更しましたが、文字列を1つ指定する式は何も変わらないのです。評価を表示する文は以下のようになります。

```
printf(" %3d点    %s¥n", hyouten, p_hyoukaList[hyoukaIndex]);
```

● プログラム例

元のファイル…sample6_3o.c
完成ファイル…sample6_4o.c

応用例6-3のプログラムの評価をポインタに書き換えて実行してみましょう。

```
1   /*****************************************
2           ポインタ配列  応用例6-4
3   *****************************************/
4   #include <stdlib.h>
5   #define     ID_N      5         //学籍番号の桁数を定数として定義
6   #define     KADAI_N   4         //課題の個数を定数として定義
7   #define     N         100       //用意する配列要素数
8
9
10  //グローバル変数
11  char    *p_hyoukaList[5] = { "秀" , "優" , "良" , "可" , "不可" }; //評価文字列
12  int     limit[5] = { 90 , 80 , 70 , 60 , 0 };                     //評価基準
13
14  //関数のプロトタイプ宣言
15  void disp_title(int kadai_n);                       //タイトルを表示する関数
16  void disp_one(char id[], int kadai[], int kadai_n, int hyouten, int hyoukaIndex);
17  int  get_gokei(int kadai[], int kadai_n);           //評点を求める関数
18  int  get_hyouka(int hyouten);                       //評価を求める関数
19
20  int main(void)
21  {
        <<メインプログラムには変更はありません>>
103
104     return 0;
105 }
```

6-04 ポインタを並べて配列にする

```c
123  /*****************************************
124     一人分の情報を表示
125     id : 一人分の学籍番号（文字列）
126     kadai : 一人分の課題の得点
127     kadai_n：課題の数
128     hyouten : 一人分の評点
129     hyoukaIndex : 評価文字列の添字
130  *****************************************/
131  void disp_one(char id[], int kadai[], int kadai_n, int hyouten, int hyoukaIndex)
132  {
133      printf("%-10s", id);                  //学籍番号
134      for (int i = 0; i < kadai_n; i++)
135      {
136          printf("%5d ", kadai[i]);          //各課題の得点
137      }
138
139      printf(" %3d点    %s¥n", hyouten, p_hyoukaList[hyoukaIndex]);   //評点と評価
140  }
141
     /*
     以下の関数は第5章の基本例5-4と同じなので省略します。第5章の基本例5-4と同じものを
     以下に記述してください。
     void disp_title(int kadai_n);
     int  get_gokei(int data[], int n);
     int  get_hyouka(int hyouten);
     */
```

353

| 発展 | ポインタを指すポインタ |

ポインタは、char型やint型などの基本型の変数や配列を指す、つまりそのアドレスを記憶するものですが、指す先がポインタであることも許されます。指す先がポインタですから、その先に基本型があり、値が記憶されていることになります。

ポインタを指すポインタは、「*」を2つ付けて宣言します。

▼ **Figure 2** ポインタを指すポインタ

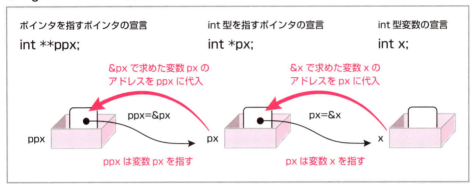

Figure 2のような関係にあるとき、ポインタを指すポインタppxを介して変数xの値を取得するには、間接演算子*を2つ記述します。「指す先の指す先」という演算をします。

```
printf("%d\n" , **ppx);
```

ポインタを指すポインタは、ポインタ型の配列を指すとき、力を発揮します。

▼ **Figure 3** ポインタを指すポインタがポインタ型の配列を指す

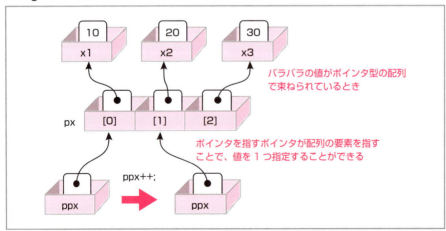

6-04 ポインタを並べて配列にする

Figure 3のような構成のとき、以下のプログラムで3つの値を表示することができます。

```c
    for (int i = 0; i < 3; i++,ppx++)
    {
        printf("%d ", **ppx);
    }
    printf("¥n");
```

ppxの値を変えない以下のプログラムも可能です。

```c
    for (int i = 0; i < 3; i++)
    {
        printf("%d ", **(ppx+i));
    }
    printf("¥n");
```

上のプログラム例は、配列の形式でも表現できます。

```c
    for (int i = 0; i < 3; i++)
    {
        printf("%d ", *ppx[i]);
    }
    printf("¥n");
```

(注)実行可能なソースプログラムをCD-ROMに収録していますので、参考にしてください(sample6_h2.c)。

355

ポインタを使いこなそう
関数の引数にポインタを指定する

ポインタは関数と組み合わせてこそ真価を発揮します。引数にポインタを指定して、より柔軟性の高い関数に仕上げていきましょう。

基本例 6-5

ファイルから入力された文字列を分解する部分を関数で書き替えます。関数の戻り値は1つでなければなりませんが、ポインタを使うと複数の結果を返すことができます。ポインタと関数との合わせ技に挑んでいきましょう。

▼ 実行結果

```
学籍番号  課題1 課題2 課題3 課題4 評点  評価
A0615       16    40    10    28   94点   秀
A2133        4     0     0     0    4点   不可
A3172       12    40    10    21   83点   優
B0009       20    35    10    25   90点   秀

    <<中略>>

F0119       18    40    10    25   93点   秀
F0123       12    40     0    25   77点   良
    平均点： 72.8点
```

STEP 1　引数の値渡しと参照渡しはどう違うのか

関数に引数を渡すとき、それが変数であれば、実引数は仮引数にコピーされることを第5章で学びました。関数側で値を変更しても、しょせんコピーですから、呼び出し側には何ら影響はありません。このような引数の渡し方を**値渡し**といいます。

▼ 図48　引数の値渡し

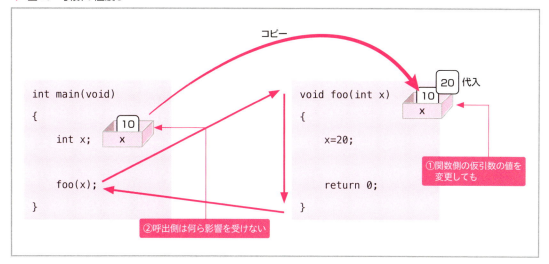

これに対し、引数に配列を渡したときは、実際には、呼び出し側で宣言した領域を関数側から直接見ており、値を変更することができます。これを**参照渡し**といいます。

▼ 図49　引数の参照渡し

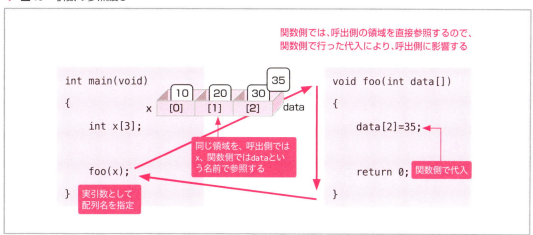

値渡しは、関数側に実引数がコピーされるのに対し、参照渡しは、関数側が直接呼び出し側の領域を参照します。

STEP 2　ポインタを使って参照渡しを行う

　配列名はアドレスを表しますから、仮引数に配列名を渡すということは、配列の先頭のアドレスを渡すのと同意です。

▼図50　ポインタによる引数の参照渡し

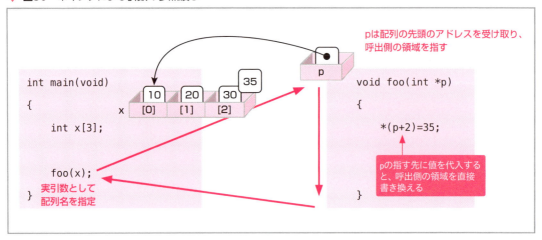

　参照渡しは、アドレスを渡せばよいのですから、配列の先頭のアドレスだけではなく、変数のアドレスを指定することも可能です。

▼図51　変数の参照渡し

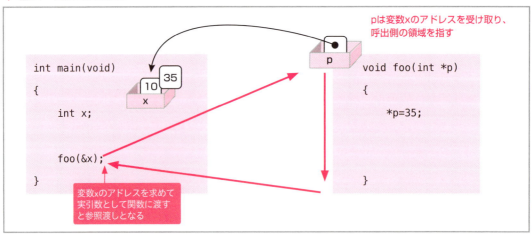

配列の途中から関数に渡すこともできます。関数側では、渡された領域が配列のすべてだとみなして処理を行います。

▼図52　配列の途中からの参照渡し

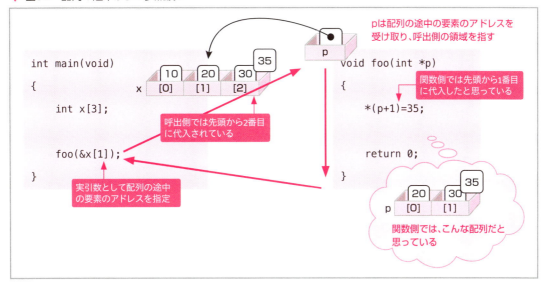

発展　scanf()における「&」の意味

キーボードから入力する関数scanf()を思い出してください。第2章では「おまじない」として変数の前には「&」が必要だとしてきました。

▼例

```
int  x;
scanf("%d" , &x);
```

これは、ライブラリ関数scanf()の実引数として変数のアドレスを求めて渡すことに他なりません。アドレスを渡すことで、呼び出し側で用意された変数xに関数側から直接代入することができるようになります。

そのため、1回で複数の入力をすることができます。

▼例

```
int x,y;
scanf("%d%d") , &x , &y);
```

▼ Figure 4　scanf()の&の意味

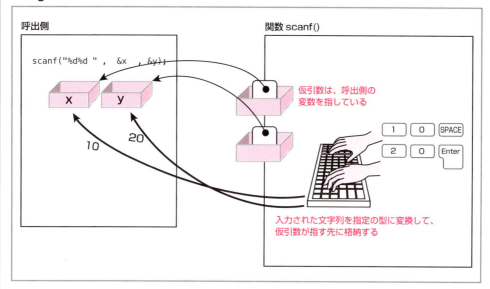

　一方、文字列を入力するときは、「&」は要りませんでした。配列名は先頭のアドレスを表すので、アドレスを求める演算子「&」は不要なのです。

STEP 3　文字列をコピーするライブラリ関数を使う

　文字列処理は多くの場面で活躍します。そのため、多くの有用なライブラリ関数が用意されています。ここでは特に活躍の頻度が高い文字列のコピーを行うライブラリ関数を2つ紹介します。

● 1. strcpy(char *pd , char *ps)

ヘッダファイル：string.h

▶strcpy()は、コピー先の領域を考慮せずにコピーし続けてしまう危険な関数です(p339参照)。

▶ヘッダファイルについては第5章p281参照。

psの指す先の文字列をpdの指す先の領域にコピーします。コピー先の領域を考慮せず'¥0'までコピーします。ポインタの代わりに配列名を記述することができます。

● 2. strncpy(char *pd , char *ps , int n)

ヘッダファイル：string.h

psの指す先の文字列をpdの指す先の領域に最大でn文字コピーします。nに
コピー先として用意された領域の文字数を指定すれば、領域を超えてコピーを
してしまうリスクがなくなります。コピー元の文字列がn文字を超えているとき
は'¥0'がコピーされず文字列として完成しませんので注意が必要です。ポイン
タの代わりに配列名を記述することができます。

　基本例6-5では、ファイルから入力された文字列から学籍番号を取り出して
コピーするときに利用します。

STEP 4　数字の列を数値に変換するライブラリ関数を使う

　数字の列を数値に変換する場面もたくさんあり、ライブラリ関数が用意され
ています。

● 1. atoi(char *p)

ヘッダ：stdlib.h

　数字の列をint型の値に変換します。文字列のはじめの空白は無視され、
「0」〜「9」と先頭の符号以外の文字を検出するまでの文字列が対象となりま
す。
　基本例6-5ではファイルから入力した文字列から課題の得点を取り出し、int
型の配列に代入します。

● 2. atof(char *p)

ヘッダ：stdlib.h

　数字の列を浮動小数点型の数値に変換します。文字列のはじめの空白は無
視され、「0」〜「9」と先頭の符号および「.」など浮動小数点を表す文字以外を
検出するまでの文字列が対象となります。

STEP 5　入力文字列を分解する関数を作成する

　ファイルから入力された1行の文字列を学績番号と4つの課題の得点に分
解する関数を作成します。関数は戻り値を1つしか返すことができませんが、引
数としてポインタを複数渡すと、複数の値を呼び出し側にもたらすことができ
ます。

361

▼ **図53** 複数の値を呼び出し側にもたらす

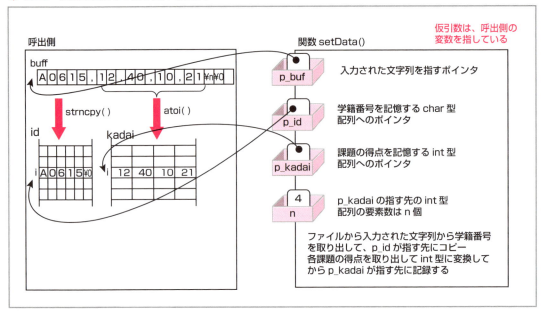

STEP 6　配列をポインタで書き換える

　　仮引数に配列を受け取っていた関数について、すべてポインタで書き換えてみましょう。

```
void disp_one(char id[], int kadai[], int kadai_n, int hyouten, int hyoukaIndex);
```

```
void disp_one(char *p_id, int *p_kadai, int kadai_n, int hyouten, int hyoukaIndex);
```

```
int     get_gokei(int data[], int n);
```

```
int     get_gokei(int *p_data, int n);
```

　　　　　　　　　引数の変更に伴い、関数の処理にも若干の変更が生じます。
　　　　　　　　　kadai[i]は*(p_kadai+i)になり、data[i]は*(p_data+i)となります。

6-05 関数の引数にポインタを指定する

元のファイル…sample6_4o.c
完成ファイル…sample6_5k.c

● プログラム例

応用例6-4のプログラムのファイルからの入力文字列を解析する部分を関数に置き換え、配列の仮引数をポインタに書き換えてから実行してみましょう。

```c
/*******************************
    ポインタを引数とする関数 基本例6-5
*******************************/
#include <stdio.h>
#include <string.h>
#include <stdlib.h>
#define     ID_N        5       //学籍番号の桁数を定数として定義
#define     KADAI_N     4       //課題の個数を定数として定義
#define     N           100     //用意する配列要素数を定数として定義

//グローバル変数
char    *p_hyoukaList[5] = { "秀" , "優" , "良" , "可" , "不可" }; //評価の文字列
int     limit[5] = { 90 , 80 , 70 , 60 , 0 };                      //評価基準

//関数のプロトタイプ宣言
void disp_title(int kadai_n);
void disp_one(char *p_id, int *p_kadai, int kadai_n, int hyouten, int hyoukaIndex);  // 配列をポインタに書き換え
int  get_gokei(int *p_data, int n);    //評点を求める関数
int  get_hyouka(int hyouten);          //評価を求める関数
void setData(char *p_buf, char *p_id, int *p_kadai, int n);  // 入力文字列を解析する関数を追加

int main(void)
{
    //変数の宣言
    char id[N][ID_N + 1];       //学籍番号
    int  kadai[N][KADAI_N];     //課題の得点
    int  hyouten[N];            //評点
    int  hyoukaIndex[N];        //評価の添字
    char buf[256];              //ファイルからの読み込みバッファ
    int  n;                     //読み込んだ学生の人数
    FILE *fp;                   //ファイル制御用変数

    //ファイルを開く
    fp = fopen("seiseki.csv", "r");
    if (fp == NULL)
    {
        //ファイルがないとき
        printf("ファイルがありません¥n");
        return 0;
    }

    //ファイルからの入力
```

```
43      fgets(buf, sizeof(buf), fp);      //1行目のタイトルを入力。処理はない
44      n = N;          //人数の初期値を配列の要素数とする
45      for (int i= 0; i< N; i++)
46      {
47          if (fgets(buf, sizeof(buf), fp) == NULL)
48          {
49              //ここでファイルは終了
50              n = i;          //読み込んだ学生の人数（データの個数）
51              break;          //繰り返しを終了
52          }
53
54          //入力文字列を分解して記憶する
55          setData(buf, id[i], kadai[i], KADAI_N);        ◄── 入力文字列を解析する関数の呼び出し
56      }
57      fclose(fp);
58
59      //評点と評価の算出
60      for (int i = 0; i < n; i++)                 仮引数をポインタに変更しても実引数は変更なし
61      {
62          hyouten[i] = get_gokei(kadai[i], KADAI_N);   //評点を求める
63          hyoukaIndex[i] = get_hyouka(hyouten[i]);     //評価を求める
64      }
65
66      //コマンドプロンプト画面に表示
67      disp_title(KADAI_N);            //タイトルを表示する関数の呼び出し
68      for (int i = 0; i < n; i++)
69      {
70          //一人分を表示する
71          disp_one(id[i], kadai[i], KADAI_N, hyouten[i], hyoukaIndex[i]);
72      }                                          仮引数をポインタに変更しても実引数は変更なし
73
74      //平均点の表示
75      printf("     平均点：%5.1f点¥n", (double)get_gokei(hyouten, n) / n);
76
77      return 0;
78  }
79
80  /***********************************************
81      一人分のデータのセット                          入力文字列を解析する関数の定義main( )に
82      p_buf : 1行分の入力文字列                       記述していた内容を関数に移動
83      p_id : 学籍番号を記憶する領域へのポインタ
84      p_kadai : 課題の点数を記憶する配列へのポインタ
85      n : 課題の個数
86  ***********************************************/
87  void setData(char *p_buf, char *p_id , int *p_kadai , int n)
88  {
89      //入力文字列を分けて記録する
90      char *p_start = p_buf;          //p_startがbufの先頭を指す
91      char *p;                        //文字列をさすポインタ
```

6-05 関数の引数にポインタを指定する

```
92
93      //','を探す
94      for (p = p_start; *p != '¥0' && *p != ',' && *p != '¥n'; p++);
95      *p = '¥0';
96      //学籍番号をコピーする
97      strncpy(p_id, p_start,ID_N);
98      p_id[ID_N] = '¥0';          //IDの文字数を超えているときのために
99
100     //課題の得点を数値で取り出す
101     for (int i = 0; i < n; i++ , p_kadai++)
102     {
103         p_start = p + 1;          //','の次の文字からはじめる
104         //','を探す
105         for (p++; *p != ',' && *p != '¥0' && *p != '¥n'; p++);
106         *p = '¥0';
107         //課題の得点を数値で求める
108         *p_kadai = atoi(p_start);     //整数に変換して代入
109     }
110 }
```

```
128     /***********************************
129         一人分の情報を表示する関数
130         p_id ： 一人分の学籍番号（文字列）へのポインタ
131         p_kadai ： 一人分の課題の得点配列へのポインタ
132         kadai_n ： 課題の数
133         hyouten ： 一人分の評点
134         hyoukaIndex ： 評価文字列の添字
135     ***********************************/
136     void disp_one(char *p_id, int *p_kadai, int kadai_n, int hyouten, int hyoukaIndex)
137     {
138         printf("%-10s", p_id);              //学籍番号
139         for (int i = 0; i < kadai_n; i++)
140         {
141             printf("%5d ", *(p_kadai + i));     //各課題の得点
142         }
143         printf(" %3d点     %s¥n", hyouten, p_hyoukaList[hyoukaIndex]);     //得点と評価
144     }
145
146     /***********************************
147         配列要素の合計を算出
148         p_kadai ： 配列
149         n ： 配列要素数
150         戻り値 ： 配列要素の合計点
151     ***********************************/
152     int    get_gokei(int *p_data, int n)
153     {
154         //変数の宣言
155         int    gokei;        //合計点
```

365

```
156
157     gokei = 0;          //合計点を初期化
158     for (int i = 0; i < n; i++)
159     {
160         gokei += *(p_data + i);     //合計点を加算
161     }
162
163     return gokei;      //求めた合計点を戻り値として返す
164 }
    /*
    以下の関数は基本例5-4と同じなので省略します。基本例5-4と同じものを以下に記述してく
    ださい。
    void disp_title(int kadai_n);
    int  get_hyouka(int hyouten);
    */
```

プログラミングアシスタント　正しく実行できなかった方へ

▼ 実行結果

```
学籍番号  課題1 課題2 課題3 課題4   評点     評価
F0123      12    40    0    25   77点     良
S        1701544 1939617666 1701776 1997677824  -354268486点        不可
        -1853195879   -2 1701592 1997490553  145996264点   秀
             128   136 5440216 1701568  7142048点     秀
               0 5439488 1940009688   136 1945449312点   秀
A        5440096     0    3    0 5440099点     秀
             128     0 5474824 131520  5606472点     秀
         1701628 1997490158    0 1997490158 -298285352点    不可
                      :
                      :
```

```
int main(void)
{
        :
    for (int i = 0; i < N; i++)  ◀──  ファイルから1行ずつ次々に入力して
    {                                 処理を行っているのに、
        if (fgets(buf, sizeof(buf), fp) == NULL)
        {
            //ここでファイルは終了
            n = i;          //読み込んだ学生の人数（データの個数）
            break;
        }                         添字がないと、常に配列id、配列kadaiの先頭のアド
                                  レスを指定することになり、毎回一人目の領域に学籍
                                  番号や課題の得点を上書きすることになります
        //入力文字列を分解して記憶する
        setData(buf, id, kadai, KADAI_N);
                     id[i]  kadai[i]
    }                              コンパイル時には、「型が異なる」
        :                         という警告が発生します
        :
}
```

その結果、1人目の領域に最後の学生のデータが記
憶され、2人め以降は値が代入されず、内容は不定
になってしまいます

6-05 関数の引数にポインタを指定する

```c
int main(void)
{
        :
    for (int i = 0; i < N; i++)
    {
        if (fgets(buf, sizeof(buf), fp) == NULL)
        {
            //ここでファイルは終了
            n = i;          //読み込んだ学生の人数（データの個数）
            break;
        }

        //入力文字列を分解して記憶する
        setData(buf, &id[i], &kadai[i], KADAI_N);
    }
        :
        :
}
```

`id[i]` `kadai[i]`

実引数としてアドレスが欲しいからと言って「&」を付けたくなりがちですが、idもkadaiも2次元配列であり、id[i]、kadai[i]はその1行分にあたりますから、それだけでアドレスを表します。配列には「&」は不要です

コンパイル時には、「型が異なる」という警告が発生しますが、各行の先頭のアドレスは渡せているので結果は正しいものになります。ですが、決して正しいプログラムではありません

```c
void setData(char *p_buf, char *p_id , int *p_kadai , int n)
{
    //入力文字列を分けて格納する
    char *p_start = p_buf;      //p_startがbufの先頭を指す
    char *p;                    //文字列をさすポインタ

    //','を探す
    for (p = p_start; *p != '\0' && *p != ',' && *p != '\n'; p++);
    *p = '\0';
    //学籍番号をコピーする
    strncpy(*p_id, p_start,ID_N);
    p_id[ID_N] = '\0';

    //課題の得点を数値で取り出す
    for (int i = 0; i < n; i++ , p_kadai++)
    {
        p_start = p + 1;        //','の次の文字からはじめる
        //','を探す
        for (p++; *p != ',' && *p != '\0' && *p != '\n'; p++);
        *p = '\0';
        //課題の得点を数値で求める
        p_kadai = atoi(p_start);  //整数に変換して代入
    }
}
```

`p_id`

`*p_kadai`

呼び出し側では2次元配列として扱われていますが

setData 関数側ではこのように見えています

p_idはアドレスですから、そのままライブラリ関数strncpyの実引数になります。「*」を付けると指す先の値となり、正常なアドレスではないところにコピーしようとします
コンパイル時には「型が違う」という警告が発生し、正しい実行結果を得ることはできません

p_kadaiは順に指す先をずらしていきます

ライブラリ関数atoi()は、文字列を変換した数値を返してくれます。p_kadai がポインタですから、数値を代入するには間接演算子が必要です

367

発展　コマンドライン引数

　main()も関数ですから、引数を受け取ることができます。main()が受け取る引数を**コマンドライン引数**といいます。コマンドライン引数を利用すると、実行開始のタイミングでプログラムにパラメータを渡すことができます。実行のたびに値を変えてテストを行いたいときに便利です。
　コマンドライン引数を渡すには、実行を開始するにあたりプログラム名に続けてパラメータを指定します。

```
プログラム名　文字列　文字列　・・・
```

コマンドライン引数を受け取るためには、main()関数の定義を以下のように記述します。

```
int main(int argc , char *argv[])
{


}
```

　コマンドラインから与えられたパラメータは、空白で区切られた文字列ごとに、Figure 5のように記憶されてmain()に渡されます。

▼ 例
```
sample6_h3△42△+△127
```
△は空白を表す

▼ **Figure 5**　コマンドライン引数の構造

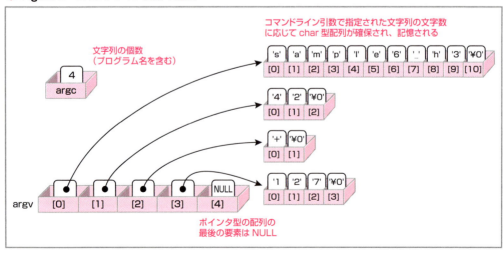

6-05 関数の引数にポインタを指定する

　コマンドラインからの入力は、すべて文字列になります。「42」や「127」と入力されたとしても、数値の42や127ではなく、文字の「'4'」「'2'」そして、文字列の終端を表す「'¥0'」が並んでいるにすぎません。

　コマンドライン引数を表示するプログラム例を3通り下記に掲載します。どれも同じように文字列を参照することができます。

▼ **リスト　プログラム例(sample6_h3.c)**

```
1   /*************************************
2     発展　コマンドライン引数
3   *************************************/
4   #include <stdio.h>
5
6   int main(int argc , char *argv[])
7   {
8       //方法1　argcで文字列の個数を取得する
9       for(int i = 0; i < argc; i++)
10      {
11          printf("%s¥n" , argv[i]);
12      }
13
14      //方法2　argvの要素の値がNULLであればこれ以上の文字列はないと判定する
15      printf("¥n");
16      for(int i = 0 ; argv[i] != NULL; i++)
17      {
18          printf("%s¥n" , argv[i]);
19      }
20
21      //方法3　文字列終了判定は方法2と同じ
22      //argvをポインタ型の配列を指すポインタとして次々に配列要素を指す
23      //argvの値が変更されてしまう点に注意
24      printf("¥n");
25      for( ; *argv !=  NULL; argv++)
26      {
27          printf("%s¥n" , *argv);
28      }
29
30      return 0;
31  }
```

369

応用例 6-5

　成績情報をファイルから読み込んだとき、学籍番号の前後に空白があるかもしれません。基本例6-5のプログラムでは、前の空白がそのまま反映されてしまいます。前後の空白を排除します。また、入力ファイル名をキーボードから入力することができるようにし、プログラム実行時に成績ファイルを選択できるようにしましょう。

▼ 図54　空白を排除

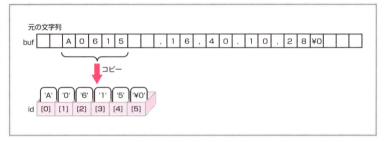

▼ 実行結果

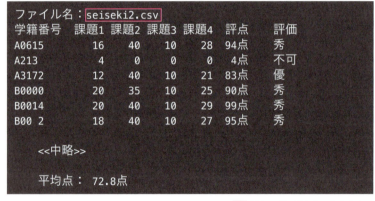

　　　　　　　　　　　　　　　　　　　　　□ はキーボードからの入力を表す

6-05 関数の引数にポインタを指定する

STEP 7　空白を排除した入力文字列のコピー

　成績情報をファイルから読み込んだとき、学籍番号の前後に空白があることがあります。そういう場合であっても学籍番号を正しく取り出せるような関数を作成していきます。

▼ 図55　空白を排除した文字列のコピーの仕様

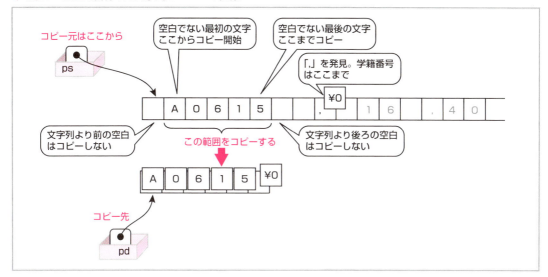

　手順は以下のとおりです

① 文字列の先頭から検索して空白でない最初の文字をみつける。ここからコピーを開始することになる。
② 文字列の後ろから検索して空白でない最後の文字をみつける。最後の空白でない文字の次の要素を「¥0」とする。ここまでコピーすることになる。
③ 該当範囲をコピーする。
④ 最後に「¥0」を付加する。

▼ **図56** 空白を排除した文字列のコピーの手順

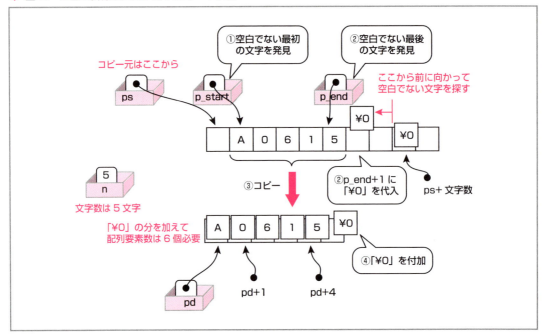

元のファイル…sample6_5k.c
完成ファイル…sample6_5o.c

●プログラム例

基本例6-5のプログラムについて以下の2点を改造してから実行してみましょう。

1)ファイル名をキーボードから入力できるようにする
2)学籍番号の前後に空白があっても対応できるようにする

```
1   /************************************************************
2       ポインタを引数とする関数（空白の排除）　応用例6-5
3   ************************************************************/
4   #include <stdio.h>
5   #include <string.h>
6   #include <stdlib.h>
7   #define    ID_N     5      //学籍番号の文字数を定数として定義
8   #define    KADAI_N  4      //課題の数を定数として定義
9   #define    N        100    //用意する配列要素数を定数として定義
10  
11  //グローバル変数の宣言と初期化
12  char    *p_hyoukaList[5] = { "秀" , "優" , "良" , "可" , "不可" };   //評価文字列
13  int     limit[5] = { 90 , 80 , 70 , 60 , 0 };                        //評価基準
14  
```

6-05 関数の引数にポインタを指定する

```c
15   //関数のプロトタイプ宣言
16   void disp_title(int kadai_n);                    //タイトルを表示する関数
17   void disp_one(char *p_id, int *p_kadai, int kadai_n, int hyouten, int hyoukaIndex);
18   int  get_gokei(int *p_kadai, int kadai_n);       //評点を求める関数
19   int  get_hyouka(int hyouten);                    //評価を求める関数
20   void setData(char *p_buf, char *p_id, int *p_kadai, int n);
21   void trim(char *pd, char *ps, int n);            //空白を制御する関数
22
23   int main(void)
24   {
25       //変数の宣言
26       char id[N][ID_N + 1];       //学籍番号
27       int  kadai[N][KADAI_N];     //課題の得点
28       int  hyouten[N];            //評点
29       int  hyoukaIndex[N];        //評価の添字
30       char buf[256];              //ファイルからの読み込みバッファ
31       int  n;                     //読み込んだ学生の人数
32       FILE *fp;                   //ファイル制御用の変数
33       char fileName[256];         //ファイル名を記録する変数
34
35       //ファイル名を入力する
36       printf("ファイル名：");                       //入力ガイドの表示
37       fgets(fileName, sizeof(fileName), stdin);     //キーボードからファイル名を入力
38       fileName[strlen(fileName) - 1] = '\0';        //'\n'を削除
39
40       //ファイルを開く
41       fp = fopen(fileName, "r");
42       if (fp == NULL)
43       {
44           //ファイルがないとき
45           printf("ファイルがありません\n");
46           return 0;
47       }
48
49       //ファイルからの入力
50       fgets(buf, sizeof(buf), fp);     //1行目のタイトルを入力。処理はない
51       n = N;           //人数の初期値を配列の要素とする
52       for (int i = 0; i < N; i++)
53       {
54           if (fgets(buf, sizeof(buf), fp) == NULL)
55           {
56               //ここでファイルは終了
57               n = i;     //読み込んだ学生の人数（データの個数）
58               break;     //繰り返しを終了
59           }
60
61           //入力文字列を分解して記憶する
62           setData(buf, id[i], kadai[i], KADAI_N);
63       }
```

373

```
64      fclose(fp);              //ファイルを閉じる
65
66      //評点と評価の算出
67      for (int i = 0; i < n; i++)
68      {
69          hyouten[i] = get_gokei(kadai[i], KADAI_N);      //評点を求める
70          hyoukaIndex[i] = get_hyouka(hyouten[i]);        //評価を求める
71      }
72
73      //コマンドプロンプト画面に表示
74      disp_title(KADAI_N);     //1行目（タイトル）の表示
75      for (int i = 0; i < n; i++)
76      {
77          //一人分を表示する
78          disp_one(id[i], kadai[i], KADAI_N, hyouten[i], hyoukaIndex[i]);
79      }
80
81      //平均点の表示
82      printf("    平均点：%5.1f点¥n", (double)get_gokei(hyouten, n) / n);
83
84      return 0;
85  }
86
87  /*********************************************
88      一人分のデータのセット
89      p_buf : 1行分の入力文字列
90      p_id : 学籍番号を格納する領域へのポインタ
91      p_kadai : 課題の点数を格納する配列へのポインタ
92      n : 課題の個数
93  *********************************************/
94  void setData(char *p_buf, char *p_id, int *p_kadai, int n)
95  {
96      //入力文字列を分けて記録する
97      char *p_start = p_buf;       //p_startがbufの先頭を指す
98      char *p;                     //文字列をさすポインタ
99      //','を探す
100     for (p = p_start; *p != '¥0' && *p != ',' && *p != '¥n'; p++);
101     *p = '¥0';
102     //空白を排除して学籍番号を得る
103     trim(p_id, p_start , ID_N);
104
105     //課題の得点を数値で取り出す
106     for (int i = 0; i < n; i++, p_kadai++)
107     {
108         p_start = p + 1;         //','の次の文字からはじめる
109         //','を探す
110         for (p++; *p != ',' && *p != '¥0' && *p != '¥n'; p++);
111         *p = '¥0';
112         //課題の得点を数値で求める
```

6-05 関数の引数にポインタを指定する

```
113        *p_kadai = atoi(p_start);      //整数に変換して代入
114    }
115 }
116
117 /*************************************************
118    空白を除いて文字列をコピーする
119    pd:コピー先の文字列を指すポインタ
120    ps:コピー元の文字列を指すポインタ
121    n:コピー先の領域に記憶可能な最大文字数
122 *************************************************/
123 void trim(char *pd, char *ps, int n)
124 {
125    char *p_start;      //文字列のはじまり
126    char *p_end;        //文字列の終わり
127    int  len;           //文字数
128
129    //前から空白でないところを探す
130    for (p_start = ps; *p_start != '¥0' && *p_start == ' '; p_start++);
131
132    //文字数を調べる
133    len = strlen(ps);
134
135    //空白でない最後を探す
136    for (p_end = ps + len - 1; *p_end == ' '; p_end--);
137    *(p_end + 1) = '¥0';
138
139    //コピーする
140    strncpy(pd, p_start, n);
141    *(pd + n) = '¥0';
142 }
143

    /*
    以下の関数は基本例6-5と同じなので省略します。基本例6-5と同じものを以下に記述して
    ください。
    void disp_title(int kadai_n);
    void disp_one(char *p_id, int *p_kadai, int kadai_n, int hyouten, int hyoukaIndex);
    int  get_gokei(int *p_kadai, int kadai_n);
    int  get_hyouka(int hyouten);
    */
```

(注) テストデータとしてseiseki2.csvをCD-ROMの[sample]フォルダに用意しています。このファイルは次のコラムに挙げたケースを含みます。

コラム　作成した関数のテスト

　応用例6-5で作成した関数は、文字列の前後の空白を排除し、かつ、コピー先の配列の領域を超えないように配慮した関数です。このような汎用性の高い関数は、他の場面でも使えるかもしれません。そのためにも、できる限りあらゆる場面を想定したテストをしておきましょう。

▼ **テスト1）普通の例**

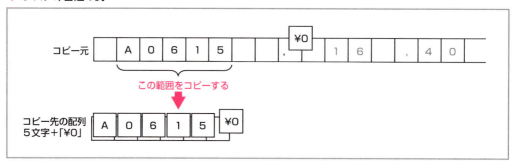

▼ **テスト2）コピーする文字数が少ない例**

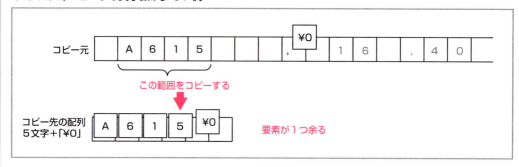

▼ **テスト3）コピーする文字数が多い例**

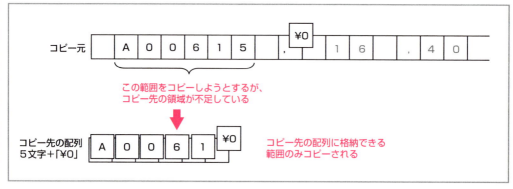

▼ テスト4) 前後の空白がない例

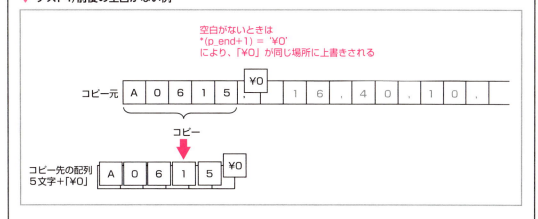

▼ テスト5) 文字列の途中に空白がある例

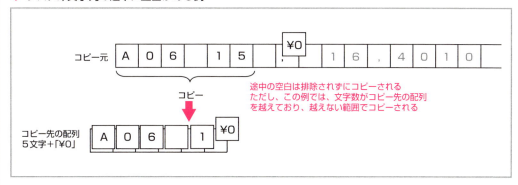

　プログラミングでは、どれだけのテスト例を想定でき、どれだけそれに対応できるか、という能力は、とても重要です。想像力と創造力が求められます。

6-06 ポインタを関数の戻り値にする

ポインタを使いこなそう

関数の戻り値としてアドレスを返すことができます。ポインタ型の関数です。

基本例 6-6

これまで、各自の評価は評価リストの添字を記録してきました。これを評価リストの文字列へのポインタに変更し、評価を求める関数の戻り値としてポインタを受け取るように変更しましょう。

▼ 図57　関数の戻り値としてポインタを受け取る

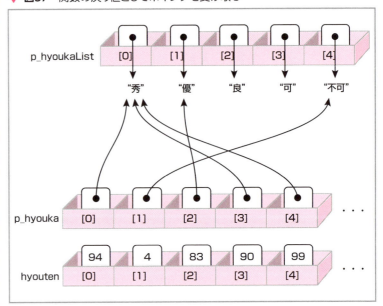

6-06 ポインタを関数の戻り値にする

▼ 実行結果

```
ファイル名：seiseki.csv
学籍番号   課題1  課題2  課題3  課題4    評点    評価
A0615      16     40     10     28     94点    秀
A2133       4      0      0      0      4点    不可
A3172      12     40     10     21     83点    優
B0009      20     35     10     25     90点    秀

   <<中略>>


F0119      18     40     10     25     93点    秀
F0123      12     40      0     25     77点    良
   平均点：  72.8点
```

☐ はキーボードからの入力を表す

STEP 1 　ポインタ型の関数を定義する

　関数が型を持ち、それは戻り値の型である、ということは、第5章で学習しました。戻り値としてアドレスを返すことができます。ポインタ型の関数です。ポインタ型の変数を宣言したときは、ポインタが指す先の型を明らかにしましたね。関数も同じです。次のように記述します。

▶ この部分は関数の宣言ですから、「*」は指す先を求める間接演算子ではなく、「この関数の戻り値はアドレスです！」という意味になります。

指す先の型 *関数名（仮引数の並び）

▼ 例
```
char *get_hyouka(int ten);
```

　ポインタを返す関数では、return文に続けて記述する戻り値も、同じ型を指すポインタでなければなりません。呼び出し側でも同じ型を指すポインタが戻り値を受け取ります。

379

▼ **図58** ポインタ型の関数はアドレスを返す

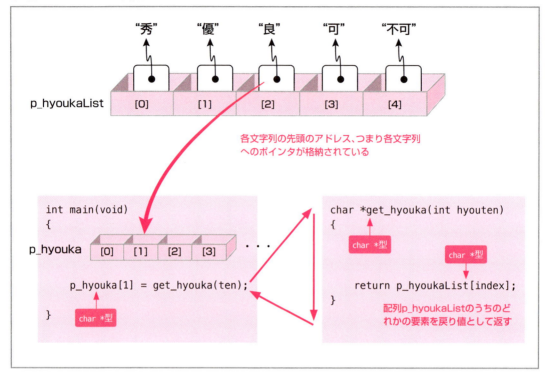

第4章の基本例4-6では評価基準を記録する配列limitと評価を記録する配列hyoukaListから評価の添字を求めました。ここでは、添字ではなく、評価の文字列を指すポインタを得て、学生ごとにchar型を指すポインタ配列に記録するように変更します。

例えば、i番目の学生の評点が83点であったとすると、評価は「優」となりそのアドレスはp_hyoukaList[1]に記録されています。このアドレスを各学生の評価を記録する配列p_hyouka[i]に代入すれば評価文字列へのポインタを記録できます。

STEP 2　ポインタ型の引数にポインタ型の関数を記述する

関数の戻り値をそのまま次の関数の引数にする記述法を第5章で学びましたが、戻り値がポインタであっても、同じように記述できます。例えば、文字列をコピーするライブラリ関数strcpy()は、コピー先の先頭のアドレスを戻り値として返します。コピー先の先頭のアドレスは、もともと引数で渡しているものですから、呼び出し側にとって、戻り値は既知のものです。ですから、わざわざ戻り値にする必要はないのですが、戻り値で返すことで、次のように記述するこ

とができます。

▼ 例

```
char s[] = "Hello";
char d[80];

printf("%s¥n" , strcpy(d , s));
```

このプログラム例では、配列sの内容がコピーされた配列dを表示します。

使い勝手のよい関数が設計できるかどうかは、戻り値の選択もその要因の一つと言えるでしょう。

STEP 3　関数内のローカル変数のアドレスを返してはいけない

関数内のローカル変数は関数が終了すると同時に消滅します。ですから、関数内のローカル変数のアドレスを呼び出し側に返した場合、呼び出し側でそのアドレスの指す先を参照しようとしても、そこには有効な値はすでに存在しません。

▼ 図59　関数内のローカル変数のアドレスは関数が終了すると無効

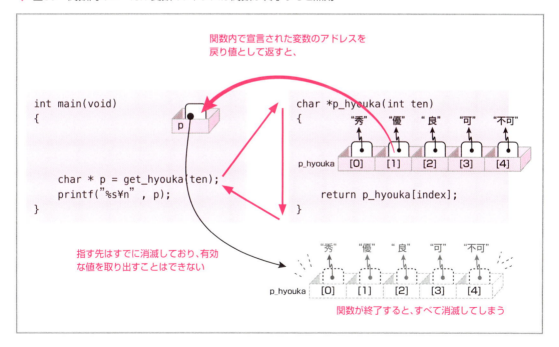

元のファイル…sample6_5o.c
完成ファイル…sample6_6k.c

プログラム例

応用例6-5のプログラムを各学生の評価が評価リストの文字列を指すポインタに変更してから実行してみましょう。

```c
/***********************************************
    ポインタ型関数     基本例6-6
***********************************************/
#include <stdio.h>
#include <string.h>
#include <stdlib.h>
#define    ID_N       5          //学籍番号の文字数を定数として定義
#define    KADAI_N    4          //課題の数を定数として定義
#define    N          100        //用意する配列要素数を定数として定義


//グローバル変数の宣言と初期化
char   *p_hyoukaList[5] = { "秀" , "優" , "良" , "可" , "不可" };   //評価文字列
int    limit[5] = { 90 , 80 , 70 , 60 , 0 };                        //評価基準

//関数のプロトタイプ宣言
void disp_title(int kadai_n);                       //タイトルを表示する関数
void disp_one(char *p_id, int *p_kadai, int kadai_n, int hyouten, char *p_hyouka);
int  get_gokei(int *p_data, int n);                 //評点を求める関数
char *get_hyouka(int hyouten);                      //評価を求める関数
void setData(char *p_buf, char *p_id, int *p_kadai, int n);
void trim(char *pd, char *ps, int n);               //空白を削除する関数

int main(void)
{
    //変数の宣言
    char id[N][ID_N + 1];    //学籍番号
    int  kadai[N][KADAI_N];  //課題の得点
    int  hyouten[N];         //評点
    char *p_hyouka[N];       //評価へのポインタ
    char buf[256];           //ファイルからの読み込みバッファ
    int  n;                  //読み込んだ学生の人数
    FILE *fp;                //ファイル制御用変数
    char fileName[256];      //ファイル名を記録する変数

    //ファイル名を入力する
    printf("ファイル名：");                          //入力ガイドの表示
    fgets(fileName, sizeof(fileName), stdin);        //ファイル名を入力
    fileName[strlen(fileName) - 1] = '\0';           //'\n'を削除

    //ファイルを開く
    fp = fopen(fileName, "r");
```

6-06 ポインタを関数の戻り値にする

```
43      if (fp == NULL)
44      {
45          //ファイルがないとき
46          printf("ファイルがありません\n");
47          return 0;
48      }
49
50      //ファイルからの入力
51      fgets(buf, sizeof(buf), fp);      //1行目のタイトルを入力。処理はない
52      n = N;                            //人数の初期値を配列の要素とする
53      for (int i = 0; i < N; i++)
54      {
55          if (fgets(buf, sizeof(buf), fp) == NULL)
56          {
57              //ここでファイルは終了
58              n = i;      //読み込んだ学生の人数（データの個数）
59              break;      //繰り返しを終了
60          }
61
62          //入力文字列を分解して記憶する
63          setData(buf, id[i], kadai[i], KADAI_N);
64      }
65      fclose(fp);      //ファイルを閉じる
66
67      //評点と評価の算出
68      for (int i = 0; i < n; i++)
69      {
70          hyouten[i]  = get_gokei(kadai[i], KADAI_N);      //評点を求める
71          p_hyouka[i] = get_hyouka(hyouten[i]);            //評価を求める
72      }
73
74      //コマンドプロンプト画面に表示
75      disp_title(KADAI_N);            //1行目（タイトル）の表示
76      for (int i = 0; i < n; i++)
77      {
78          //一人分を表示
79          disp_one(id[i], kadai[i], KADAI_N, hyouten[i], p_hyouka[i]);
80      }
81
82      //平均点の表示
83      printf("      平均点：%5.1f点\n", (double)get_gokei(hyouten, n) / n);
84
85      return 0;
86  }


161  /**********************************************
162      一人分の情報を表示する関数
163      p_id：一人分の学籍番号（文字列）へのポインタ
```

383

```
164        p_kadai : 一人分の課題の得点配列へのポインタ
165        kadai_n : 課題の数
166        hyouten : 一人分の評点
167        p_hyouka : 評価文字列へのポインタ
168    ********************************************/
169    void disp_one(char *p_id, int *p_kadai, int kadai_n, int hyouten, char *p_hyouka)
170    {
171        printf("%-10s", id);                        //学籍番号
172        for (int i = 0; i < kadai_n; i++)
173        {
174            printf("%5d ", *(p_kadai + i));          //課題の得点
175        }
176
177        printf(" %3d点    %s¥n", hyouten, p_hyouka);   //評点と評価
178    }
```

```
200    /***********************************************
201        評価を求める関数
202        hyouten :  評点
203        戻り値 : 評価文字列へのポインタ
204    ***********************************************/
205    char *get_hyouka(int hyouten)
206    {
207        //変数の宣言
208        char    *p_kekka;          //評価の文字列を指すポインタ
209        int n = sizeof(limit) / sizeof(int);      //評価基準の配列要素数
210
211        p_kekka = p_hyoukaList[n-1];              //ポインタの初期化
212        for (int i = 0; i < n - 1; i++)
213        {
214            if (hyouten >= limit[i])              //評点がlimit[i]以上だったら
215            {
216                p_kekka = p_hyoukaList[i];        //該当する文字列へのポインタ
217                break;                           //繰り返しを終了
218            }
219        }
220
221        return p_kekka;
222    }
       /*
       以下の関数は応用例6-5と同じなので省略します。応用例6-5と同じものを以下に記述して
       ください。
       void disp_title(int kadai_n);
       int  get_gokei(int *p_data, int n);
       void setData(char *p_buf, char *p_id, int *p_kadai, int n);
       void trim(char *pd, char *ps, int n);
       */
```

6-06 ポインタを関数の戻り値にする

プログラミングアシスタント　正しく実行できなかった方へ

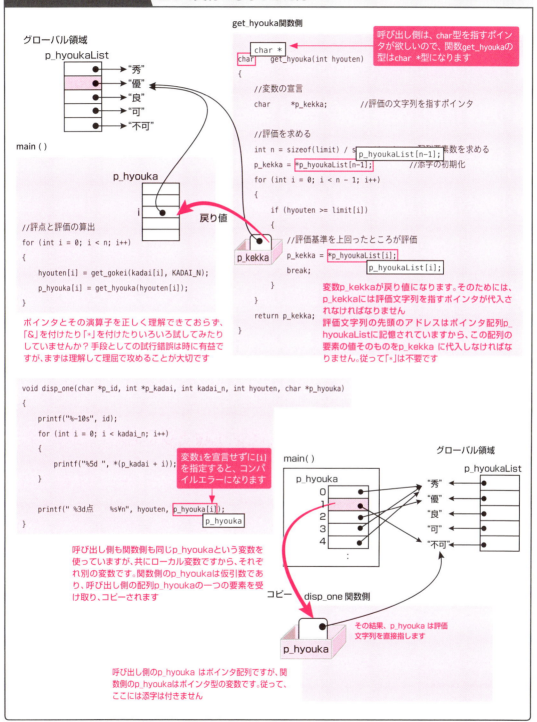

応用例 6-6

　ファイルに収められている成績データの個数、つまり学生の人数は、ファイルから、読み込んでみなければわかりませんので、学籍番号や課題の得点、などのデータを記憶する配列要素数を多めに用意していました。ここでは、人数に応じて必要な分だけメモリを確保できるようにしましょう。また、文字列から文字を検索するライブラリ関数も導入して、ポインタを戻り値として返す関数に慣れていきましょう。

▼ 図60　可変長配列

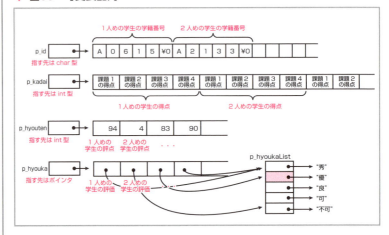

▼ 実行結果

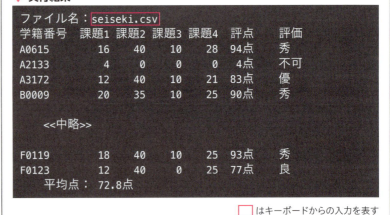

STEP 4　文字列から文字を探索するライブラリ関数を使う

　文字列から文字を検索するライブラリ関数を3つ紹介します。

1. strchr(char *p , int c)

ヘッダファイル：string.h

pの指す先の文字列から文字cを先頭から探索し、最初にみつかった文字のアドレスを返します。文字列中に指定の文字がみつからないときは、NULLを返します。

▼ 図61　strchr

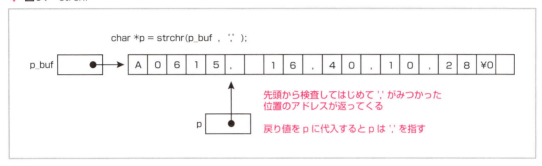

2. strrchr(char *p , int c)

ヘッダファイル：string.h

pの指す先の文字列から文字cを後ろから探索し、最初にみつかった文字のアドレスを返します。文字列中に指定の文字がみつからないときは、NULLを返します。

3. strstr(char *p1 , char *p2)

ヘッダファイル：string.h

▶ヘッダファイルについては第5章p281参照。

p1の指す先の文字列からp2の指す文字列を後ろから探索し、最初にみつかった文字のアドレスを返します。文字列中に指定の文字列がみつからないときは、NULLを返します。

STEP 5　メモリを動的に確保する

配列の要素数は、宣言時に決定しなければなりません。つまり、プログラムを実行してみなければ、必要な要素数がわからないときは、配列要素数をいくつにしてよいか、わからないのです。そのようなときは、必要なときに、必要なだけ

領域を確保し、不要になったら開放する、ということを行います。C言語にはそのためのライブラリ関数が用意されています。領域を確保する関数は、malloc()、開放する関数はfree()です。

1. malloc(int size)

ヘッダファイル：stdlib.h

　指定のバイト数分のメモリ領域を確保して先頭のアドレスを返します。戻り値の型はvoid *型なので、確保した領域に収める型に応じてキャストします。

2. free(void *p);

　mallocで確保した領域を解放します。自動では開放されません。mallocでメモリ領域を取得したら、プログラム終了前に必ず開放してください。開放を忘れてしまうと、もはや使用していないメモリがいつまでも確保され、使用可能なメモリが減ってしまいます。これを**メモリリーク**といいます。

STEP 6 　確保した領域を使う

　1人分の学籍番号を記憶するには1人につき5文字分＋1個のchar型の領域が必要ですし、1人分の得点を記憶するには1人につき4個のint型の領域が必要です。したがって、人数分の情報を記憶するためのバイト数は以下のように計算します。

▼ **表3　バイト数の計算方法**

学籍番号	char型のバイト数×人数×（学籍番号の文字数＋1）
課題の得点	int型のバイト数×人数×課題の数
評点	int型のバイト数×人数
評価	ポインタを指すポインタのバイト数×人数

　記録領域を確保するプログラムは以下のようになります。

```
p_id = (char *)malloc(n * sizeof(char) * (ID_N + 1));
p_kadai = (int *)malloc(n * sizeof(int) * KADAI_N);
p_hyouten = (int *)malloc(n * sizeof(int));
p_hyouka = (char **)malloc(n * sizeof(char **));
```

i番めの学生の学籍番号や課題の得点はどのように取得すればよいでしょうか?図62のように考えることができます。

▼ 図62 i番めの学生の学籍番号と課題の得点を指定する

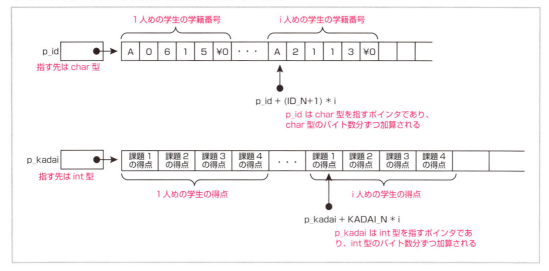

ファイルからの入力文字列を分解してこれらの配列に記憶する関数setData()や1人分のデータをコマンドプロンプト画面に表示する関数disp_one()では、各学生ひとりひとりの先頭のポインタを引数として受け取ります。
　　i番めの学生の学籍番号のアドレスは　p_id + (ID_N + 1)*i
　　i番めの学生の課題のアドレスは　　　p_kadai + KADAI_N*i
となります。
　一方、各学生ひとりひとりの評点は、「(p_hyouten+i)が指す先」に書き込みます。

▼ 図63 評点を求める

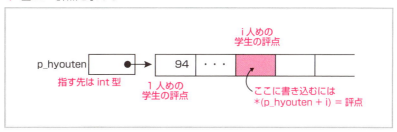

評点を求める関数get_gokei()からはint型の数値が返されます。これを記録するには

```
        *(p_hyouten + i) = get_gokei(p_kadai+KADAI_N*i, KADAI_N);
```

となります。一方、評価を求めるためには、関数get_hyouka()を呼び出します。引数としてint型の評点を渡す必要があります。i番めの学生の評点をさすポインタは

```
        p_hyouten + i
```

であり、その指す先の値は

```
        *(p_hyouten + i)
```

となります。そして、get_hyouka()の戻り値をp_hyoukaのi番目に記憶するには

```
        *(p_hyouka+i) = get_hyouka(*(p_hyouten+i));
```

となります。

● プログラム例

　基本例6-6のプログラムを、必要なメモリ領域を確保する方式に書き換えてから実行してみましょう。

```
 1  /***********************************************
 2      ポインタ型関数    応用例6-6
 3  ***********************************************/
 4  #include <stdio.h>
 5  #include <string.h>
 6  #include <stdlib.h>
 7  #define    ID_N      5      //学籍番号の文字数を定数として定義
 8  #define    KADAI_N   4      //課題の数を定数として定義
 9                                               ← Nの定義を削除
10
11  //グローバル変数への宣言と初期化
12  char    *p_hyoukaList[5] = { "秀" , "優" , "良" , "可" , "不可" };    //評価文字列
13  int     limit[5] = { 90 , 80 , 70 , 60 , 0 };                        //評価基準
14
15  //関数のプロトタイプ宣言
16  void disp_title(int kadai_n);              //タイトルを表示する関数
17  void disp_one(char p_id, int p_kadai, int kadai_n, int hyouten, char *p_hyouka);
18  int  get_gokei(int *p_data, int n);        //評点を求める関数
19  char *get_hyouka(int hyouten);             //評価を求める関数
20  void setData(char *p_buf, char *p_id, int *p_kadai, int n);
21  void trim(char *pd, char *ps, int n);      //空白を削除する関数
22  int  get_kosu(char *p_name);               //データ個数を求める
23
```

6-06 ポインタを関数の戻り値にする

```c
24  int main(void)
25  {
26      //変数の宣言
27      char    *p_id;          //学籍番号を指すポインタ
28      int     *p_kadai;       //課題の得点を指すポインタ
29      int     *p_hyouten;     //評点を指すポインタ
30      char    **p_hyouka;     //評価配列を指すポインタ
31      char    buf[256];       //ファイルからの読み込みバッファ
32      int     n;              //読み込んだ学生の人数
33      FILE    *fp;            //ファイル制御用の変数
34      char    fileName[256];  //ファイル名を記録する変数
35
36      //ファイル名の入力
37      printf("ファイル名：");                      //入力ガイドの表示
38      fgets(fileName, sizeof(fileName), stdin);   //キーボードからファイル名を入力
39      fileName[strlen(fileName) - 1] = '\0';      //'\n'を削除
40
41      //データ個数を調べる
42      n = get_kosu(fileName);
43      if (n == 0)
44      {
45          printf("ファイルからデータを読み込むことができません\n");
46          return 0;
47      }
48
49      //領域の確保
50      p_id = (char *)malloc(n * sizeof(char) * (ID_N + 1));
51      p_kadai = (int *)malloc(n * sizeof(int) * KADAI_N);
52      p_hyouten = (int *)malloc(n * sizeof(int));
53      p_hyouka = (char **)malloc(n * sizeof(char **));
54
55      //データを読み込む
56      fp = fopen(fileName, "r");
57
58      //ファイルからの入力
59      fgets(buf, sizeof(buf), fp);        //1行めのタイトルを入力。処理はない
60      for (int i = 0; i < n; i++)  ←─────  nの初期化を削除
61      {
62          //1行読み込む
63          fgets(buf, sizeof(buf), fp);
64
65          //入力文字列を分解して記憶する
66          setData(buf, p_id + (ID_N + 1)*i, p_kadai + KADAI_N*i, KADAI_N);
67      }
68      fclose(fp);                 //ファイルを閉じる
69
70      //評点と評価の算出
71      for (int i = 0; i < n; i++)
72      {
```

```c
 73            //評点を求める
 74            *(p_hyouten + i) = get_gokei(p_kadai+KADAI_N*i, KADAI_N);
 75
 76            //評価を求める
 77            *(p_hyouka+i) = get_hyouka(*(p_hyouten+i));
 78        }
 79
 80        //コマンドプロンプト画面に表示
 81        disp_title(KADAI_N);                //タイトルを表示する関数の呼び出し
 82        for (int i = 0; i < n; i++)
 83        {
 84            //一人分を表示する
 85            disp_one(p_id + (ID_N + 1)*i, p_kadai + KADAI_N*i, KADAI_N, *(p_hyouten + i),
 86                       *(p_hyouka + i));
 87        }
 88
 89        //平均点の表示
 90        printf("    平均点：%5.1f点\n", (double)get_gokei(p_hyouten, n) / n);
 91
 92        //領域の開放
 93        free(p_id);
 94        free(p_kadai);
 95        free(p_hyouten);
 96        free(p_hyouka);
 97
 98        return 0;
 99    }
100
101    /*********************************************
102        データの個数を調べる
103        p_name：ファイル名
104    *********************************************/
105    int get_kosu(char *p_name)
106    {
107        int        n;            //データ個数
108        char       buf[256];     //入力バッファ
109        FILE *fp;                //ファイル制御用の変数
110
111        //ファイルを開く
112        fp = fopen(p_name, "r");
113        if (fp == NULL)
114        {
115            //ファイルが開けなかった
116            n = 0;       //データの個数は0個
117        }
118        else
119        {
120            //ファイルが開けた
121            fgets(buf, sizeof(buf), fp);      //1行目のタイトルを読み飛ばす
```

```
122
123            //1行ずつ読み込んでデータの個数を数える
124            for (n = 0; fgets(buf, sizeof(buf), fp) != NULL; n++);
125
126            //ファイルを閉じる
127            fclose(fp);
128        }
129
130        return n;
131 }
132
133 /*********************************************
134     一人分のデータのセット
135     p_buf : 1行分の入力文字列
136     p_id : 学籍番号を記憶する領域へのポインタ
137     p_kadai : 課題の点数を記憶する配列へのポインタ
138     n : 課題の個数
139 **********************************************/
140 void setData(char *p_buf, char *p_id , int *p_kadai , int n)
141 {
142     //入力文字列を分けて格納する
143     char *p_start = p_buf;          //p_startはbufの先頭を指す
144     char *p;                        //文字列を指すポインタ
145
146     //学籍番号を取り出す
147     p = strchr(p_start, ',');       //','を探す
148     *p = '¥0';                      //'¥0'で置き換える
149     trim(p_id , p_start , ID_N);    //空白を排除して学籍番号を得る
150
151     //課題の得点を数値で取り出す
152     for (int i = 0; i < n; i++ , p_kadai++)
153     {
154         p_start = p + 1;            //','の次の文字からはじめる
155         p = strchr(p_start , ',');   //','を探す
156         if(p != NULL)               //最期の得点の後は','がない
157         {
158             *p = '¥0';               //'¥0'で置き換える
159         }
160         *p_kadai = atoi(p_start);    //整数に変換して代入
161     }
162 }
    /*
    以下の関数は基本例6-6と同じなので省略します。基本例6-6と同じものを以下に記述して
    ください。
    void disp_title(int kadai_n);
    void disp_one(char *p_id, int *p_kadai, int kadai_n, int hyouten, char *p_hyouka);
    int  get_gokei(int *p_data, int n);
    char *get_hyouka(int hyouten);
    void trim(char *pd, char *ps, int n);
    */
```

● 変数や配列のアドレスをデータとする型をポインタ型といいます。

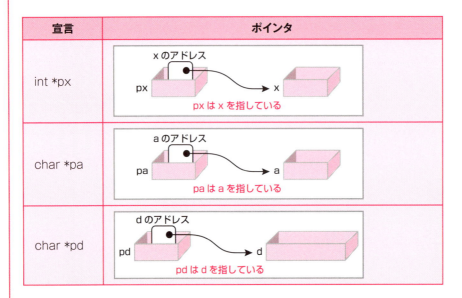

● ポインタの演算子

	演算子	説明
アドレス演算子	&	アドレスを得る
間接演算子	*	ポインタが指す先の内容を得る

● ポインタの加減算

ポインタに1加えると、ポインタが指す先のサイズ分加算され、指す先が配列であれば、次の要素を指すようになります。

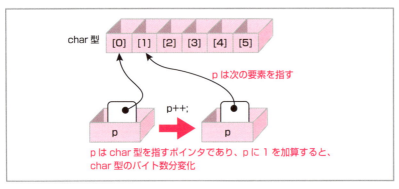

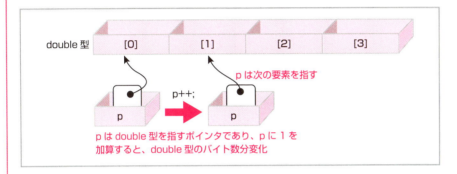

- *(ps+i)と*ps+i

    *(ps+i)は、ポインタpsから数えてi番目の配列の内容

    *ps+iは、ポインタpsの内容+i

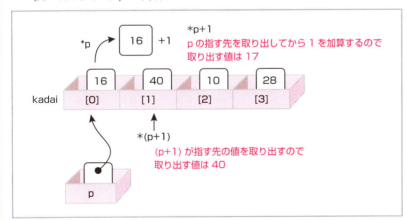

- 関数とポインタ

    関数はポインタを引数とすることができ、またポインタを戻り値とすることもできます。関数間でアドレスをやり取りすることで、どこで宣言された領域にもアクセスすることができます。

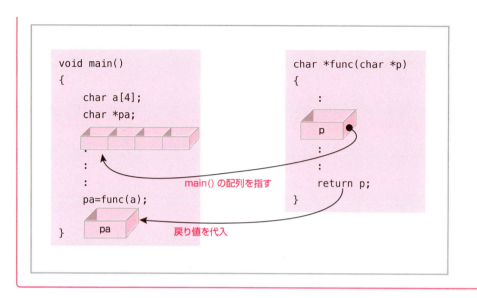

Let's challenge　マージ

sample6_x.c

あらかじめ昇順にならべられた2つの配列をまとめて1つの昇順にソートされたデータ列を生成します。受け取る配列要素数は十分にあるものとします。

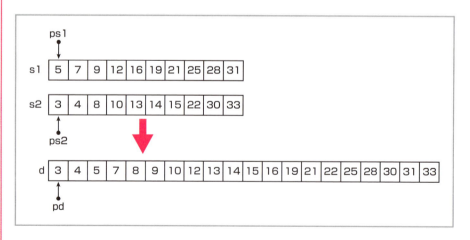

*ps1と*ps2の小さい方を*pdにコピーし、コピーした方のポインタを進めます。

第7章

構造体でデータを扱おう

　一口にデータと言っても、いろいろな種類のデータがあります。個人情報一つとってみても、氏名は文字ですが、年齢や身長・体重は数値です。同じ数値でも、年齢は整数ですが、身長・体重には小数点がつきますね。こんな話をすると、頭の中で、そうか、氏名はchar 型の配列かな、年齢は int 型だけど、身長・体重は double 型・・・、そんなことを考えているでしょうか。このように型の違うデータですが、一人分として一まとめに扱えると便利です。最後の章では、それを可能にする構造体について学びましょう。今まで構築してきたプログラムがいよいよ最終形を迎えます。

7-01 構造体を利用するには

関連するデータをひとくくりにして扱うとは、どういうことでしょうか。まず、概念を学びます。

STEP 1　構造体とは何か

配列は、同じ型のデータを並べたものでした。ですから、異なった型のデータをひとくくりにすることはできません。

▼図1　配列はすべて同じ型

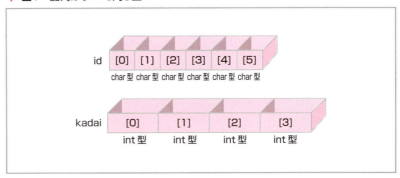

しかし、一人分の情報は、すべて同じ型というわけにはいきません。char型である学籍番号と、int型である課題の得点、それに、課題の得点を合計した評点や、評点に基づく評価をまとめておきたいところです。課題の得点・評点はint型ですが、データの意味が異なり、これをいっしょくたに配列にすることはお勧めできません。評点は一人に一つの情報になりますので、int型の変数にしておきましょう。同様に、評価も一人に一つの情報であり、char型をさすポインタにします。

このように、異なった型の変数や配列を並べ、まとめて扱うものを**構造体**といいます。そして、構造体を形成している一つ一つの変数や配列を**メンバ**といいます。構造体内を構成する変数や配列について互いを識別するための名前を**メンバ名**といいます。

構造体は、全部まとまって一つの変数のように扱えます。一人分のすべてのデータをお盆に載せ、一括して扱うというイメージです。

▼ 図2　構造体とは、メンバをお盆に載せたもの

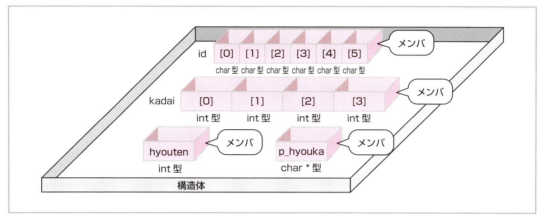

STEP 2　構造体を並べて配列にする

また、同じ形の構造体をいくつも並べて配列にすることもできます。配列要素の一つひとつが構造体です。

▼ 図3　構造体配列

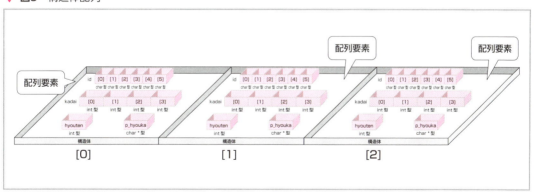

STEP 3　構造体型を指すポインタは先頭のアドレスを持つ

構造体型の変数や配列は、普通の変数や配列と同様に扱うことができ、構造体を指すポインタを用いることもできます。

▼ 図4　構造体を指すポインタ

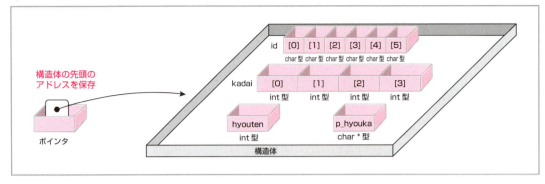

STEP 4　構造体と関数とを組み合わせる

関数の引数や戻り値に構造体型を指定することもできます。

▼ 図5　構造体を引数として関数に渡す

▼ 図6　関数の戻り値として構造体を返す

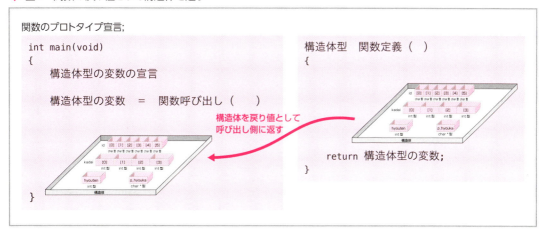

　構造体は、データベースのレコードにあたる考え方です。1件分のデータをまとめて扱うことは、データ中心のプログラミングへと繋がっていきます。

▶データ中心のプログラミング技法をオブジェクト指向と言います。C言語には、オブジェクト指向を具現化する文法が用意されていませんが、構造体は、オブジェクト指向の考え方の基礎となるものです。C++やJava、C#などオブジェクト指向を備えた言語を学ぶためにも、構造体の扱いをマスターしましょう。

7-02 構造体型の変数を使うには

構造体でデータを扱おう

構造体を利用したまとまったデータに対する処理を学習しましょう。

基本例 7-2

構造体型の変数に設定された一人分のデータを表示しましょう。学籍番号と課題の得点は代入します。評点は課題の得点を基に算出します。評価は、「秀」を指すポインタを代入します。

▼ 図7　ポインタを代入

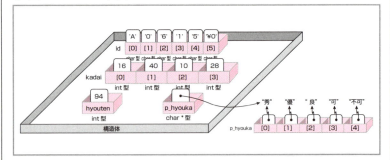

▼ 実行結果

```
学籍番号   課題1 課題2 課題3 課題4  評点    評価
A0615       16    40    10    28   94点    秀
```

学習

STEP 1　構造体を定義して変数を宣言する

構造体は、1件分の情報をまとめて扱うものです。必要な情報をすべてお盆に載せたイメージですが、このお盆を1つの変数のように扱います。言い換えると、お盆は、複数の情報を含んだ新しい「型」であるということです。

構造体を利用するときは、あらかじめ、その構造体がどんな型の変数や配列

をどんな順に含むのかを定義します。そして、その構造体によって新しく定義された「型」に名前を付けます。次のように定義します。

▶構造体により定義された型名は、「struct 構造体タグ」となります。

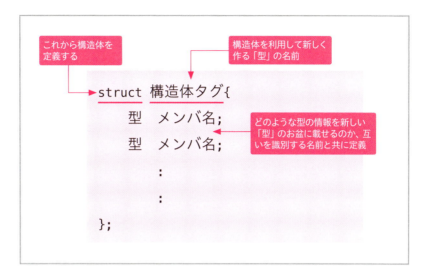

以下の例では、「struct seiseki」型に含まれるメンバは4つであることを定義しています。

▼ 例

```
struct seiseki
{
    char id[ID_N + 1];      //学籍番号
    int  kadai[KADAI_N];    //課題の得点
    int  hyouten;           //評点（課題の合計点）
    char *p_hyouka;         //評価文字列へのポインタ
};
```

▶例えば、char型について説明するとしたら、「サイズは1バイトであり、文字コードを記憶するための型」などということになるでしょう。構造体の定義は、それと同じで、「struct seiseki型というのは、こういう型です。」と説明したにすぎません。

定義は、あくまでも新しい「型」を決めるためのもので、構造体の定義を記述したからと言って、メモリ内に記憶領域を確保することはありません。

新しい型ができたら、実際にデータを記憶するために変数を宣言します。今まで扱ってきた通常の変数と同様、型名と変数名を記述します。

▼ 例

```
struct seiseki  data1;
struct seiseki  data2;
```

▶今まで扱ってきた通常の型int型、char型、double型などをまとめて**基本型**と呼びます。これに対し、基本型を組み合わせた型は**派生型**と呼ばれ、構造体のほか、配列も含まれます。

この例では、変数名はdata1,data2となり、これでやっと記憶領域が確保されました。

▼ **図8** 変数data1, data2の宣言

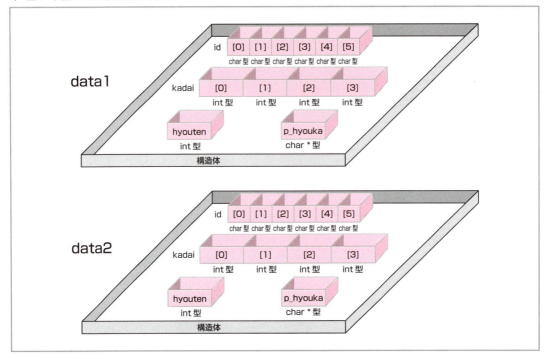

STEP 2　型定義を使って変数を宣言する

型の名前が「struct seiseki」型と2語になっているのは扱いづらく、「int」型のように一言で表せる名前にしたいものです。そういうときには、typedefを使い、以下のように記述します。

▶型名は、慣例的にすべて大文字で記述します。C言語では、大文字と小文字は区別しますので、seisekiとSEISEKIは異なるものとして認識されます。なお、型名は構造体タグ名を大文字にしたものと規定されているわけではなく、自由に名前をつけることができます。

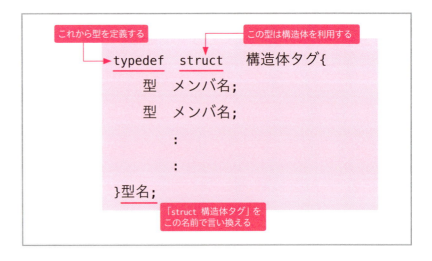

404

▶typedefを用いて型名を定義するときは、構造体タグを省略することができます。

▼ 例
```
typedef struct seiseki
{
    char id[ID_N + 1];         //学籍番号
    int  kadai[KADAI_N];       //課題の得点
    int  hyouten;              //評点（課題の合計点）
    char *p_hyouka;            //評価文字列へのポインタ
}SEISEKI;
```

これで型の定義ができましたので、早速、SEISEKI型の変数を宣言してみましょう。

▼ 例
```
SEISEKI   data1;
SEISEKI   data2;
```

これで、図8と同じように領域が確保されました。

発展　typedefの使い方

　typedefは、型に名前を与えるものですから、構造体以外にも使うことができます。型に特別な意味を持たせたい場合にも使います。

　　typedef　unsigned int　size_t;

とすると、size_t型を定義できます。size_t型は、unsigned int型と全く同様の性質を持つ型ということになります。size_t型は、変数や配列などのサイズを表す型として、ヘッダstddef.h内で定義されています。size_t型の変数data_lenを宣言するには、以下のように記述します。

　これは

　　　unsigned int　data_len;

と文法上はまったく同じですが、型名にsize_tを使うと、data_lenが変数や配列のサイズを表す変数だということが、よりいっそう、はっきりします。

STEP 3　構造体型の変数の各メンバに一つひとつ代入する

　宣言した構造体型の変数に値を代入しましょう。実際には該当する変数のメンバ一つひとつに値を代入することになります。構造体の中の1つのメンバを指定するために**構造体メンバ演算子**「．」を使います。

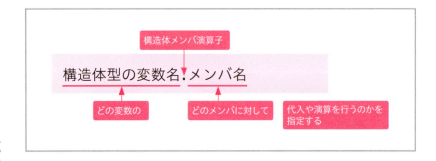

▶char型配列に文字列を与えるには、配列要素に1文字ずつ代入する必要があります。本来であれば、
data1.id[0] = 'A';
data1.id[1] = '0';
data1.id[2] = '6';
…
data1.id[5] = '¥0';
としなければならないところを、ライブラリ関数strcpyが引き受けてくれます。メンバが配列であるときの代入についてはSTEP4で解説します。

▼ 例

```
strcpy(data1.id , "A0615");
data1.kadai[0] = 16;
data1.kadai[1] = 40;
data1.kadai[2] = 10;
data1.kadai[3] = 28;
```

▼ 図9　構造体型の変数の各メンバに代入

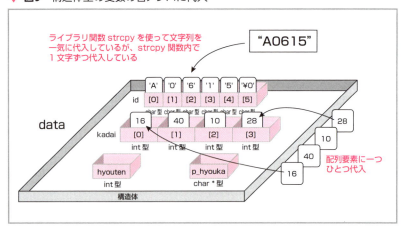

STEP 4　配列型の構造体メンバを指定する

構造体メンバが配列だったときは、メンバ名に添字を付加します。

▼ 図10　配列型メンバの要素の指定

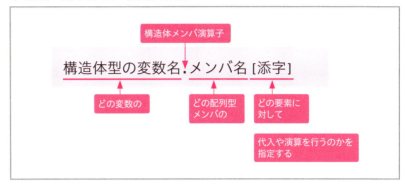

評点を記憶するメンバに課題の得点を順に加算するプログラムは以下のようになります。ここでKADAI_Nは課題の数を定義した定数です。

▼ 例

```
//評点の算出
data.hyouten = 0;      //評点を初期化
for (int i = 0; i < KADAI_N; i++)
{
    data.hyouten += data.kadai[i];      //課題の得点を順に加算
}
```
配列型のメンバである課題の得点を順に加算

STEP 5 ポインタ型メンバにアドレスを代入する

メンバがポインタ型であっても、基本型のメンバと同様に、構造体型の変数名とメンバ名で指定します。ポインタ型のメンバには、普通のポインタ型の変数と同様にアドレスを代入します。

▼ 図11 ポインタ型のメンバにアドレスを代入

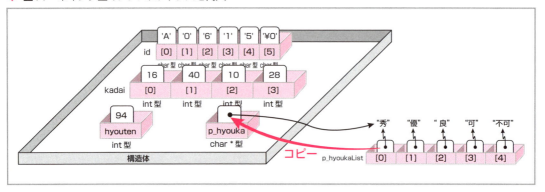

▼ 例
```
data.p_hyouka = p_hyoukaList[0];
```

STEP 6 構造体型の変数どうし代入する

構造体型の変数から構造体型の変数に代入すると、すべてのメンバがまるごとコピーされます。今までは、配列の各要素を一つひとつコピーするしか方法がありませんでしたが、配列が構造体のメンバになっている場合には、すべて丸ごとコピーされます。

▼ 例
```
data2 = data1;
```

7-02 構造体型の変数を使うには

▼ 図12　構造体どうしの変数の代入

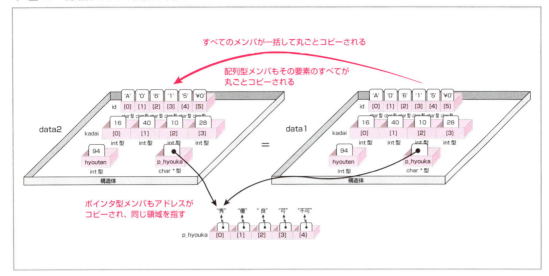

CD-ROM
元のファイル…rei7_2k.c
完成ファイル…sample7_2k.c

● プログラム例

CD-ROMのプログラムは、構造体のメンバを指定する部分が書かれていません。皆さんで補ってから実行してみましょう。

```
1  /*****************************************
2       構造体の利用        基本例7-2
3  *****************************************/
4  #include <stdio.h>
5  #include <string.h>
6  #define     ID_N        5       //学籍番号の文字数を定数として定義
7  #define     KADAI_N     4       //課題の数を定数として定義
8
9  //一人分の成績情報をまとめた構造体を定義
10 typedef struct seiseki
11 {
12     char id[ID_N + 1];        //学籍番号
13     int  kadai[KADAI_N];      //課題の得点
14     int  hyouten;             //評点（課題の得点の合計）
15     char *p_hyouka;           //評価文字列へのポインタ
16 }SEISEKI;
17
18 //グローバル変数の宣言と初期化
19 char    *p_hyoukaList[5] = { "秀","優","良","可","不可" };   //評価文字列
20
21 //関数のプロトタイプ宣言
```

409

```c
22    void disp_title(int kadai_n);      //タイトルを表示する関数
23
24    int main(void)
25    {
26        //変数の宣言
27        SEISEKI data;       //一人分のデータを記憶する変数
28
29        //学籍番号と課題の得点の代入
30        strcpy(data.id, "A0615");
31        data.kadai[0] = 16;
32        data.kadai[1] = 40;
33        data.kadai[2] = 10;
34        data.kadai[3] = 28;
35
36        //評点の算出
37        data.hyouten = 0;       //評点を初期化
38        for (int i = 0; i < KADAI_N; i++)
39        {
40            data.hyouten += data.kadai[i];      //課題の得点を順に加算
41        }
42
43        //評価文字列へのポインタを代入
44        data.p_hyouka = p_hyoukaList[0];
45
46        //タイトルをコマンドプロンプト画面に表示
47        disp_title(KADAI_N);
48
49        //一人分の情報をコマンドプロンプト画面に表示
50        printf("%-10s", data.id);               //学籍番号を表示
51        //課題の得点を表示
52        for (int i = 0; i < KADAI_N; i++)
53        {
54            printf("%5d", data.kadai[i]);
55        }
56        //評点と評価を表示
57        printf("  %3d点      %s\n", data.hyouten, data.p_hyouka);
58
59        return 0;
60    }
61
62

      /*
      以下の関数は第5章の基本例5-4と同じなので省略します。基本例5-4と同じものを以下に
      記述してください。
      void disp_title(int kadai_n);
      */
```

7-02 構造体型の変数を使うには

プログラミングアシスタント　コンパイルエラーになった方へ

```
//一人分の情報をコマンドプロンプト画面に表示
printf("%-10s", id);              //学籍番号を表示
//課題の得点を表示 data.id
for (int i = 0; i < KADAI_N; i++)
{
    printf("%5d ", kadai[i]);
}                       data.kadai[i]
//評点と評価を表示
printf(" %3d点     %s¥n", hyouten, p_hyouka);
               data.hyouten        data.p_hyouka
```

構造体変数名を指定せず、いきなりメンバ名を記述すると、
「定義されていない変数名が使われている」というエラーが発生します
構造体変数名を指定した上で構造体メンバ演算子に続けてメンバ名を記述してください

応用例 7-2

　構造体への初期化を学びます。また、第6章までに作成した関数に構造体メンバを渡して評点や評価を関数で求めましょう。

▼ 実行結果

学籍番号	課題1	課題2	課題3	課題4	評点	評価
A0615	16	40	10	28	94点	秀

学習

STEP 7　構造体型の変数を宣言と同時に初期化する

　変数や配列と同様、構造体型の変数も、宣言するときに限り、初期値を指定することができます。構造体のメンバの順にカンマ（,）で区切って初期値を与えます。

▼ 例

```
SEISEKI data1 = { "A0615" , 16 , 40 , 10 , 28 };
```

　変数data1の内容は、図9と同じになります。

STEP 8　構造体メンバを関数に渡し、戻り値をメンバに代入する

第5章では、関数の引数として変数や配列を渡すことを学びました。構造体型の変数のメンバを実引数に指定すると、第6章までに作成してきた関数がそのまま使えます。

関数側では、渡された配列が構造体型の変数の一部のメンバだということは知りません。普通の変数や配列だと思っています。

また、関数からの戻り値を構造体メンバに代入することもできます。関数側からの戻り値が、その後どのような使われ方をするのか、関数側では関知するところではありません。型が一致していさえすればよいのです。

▼図13　関数の引数として構造体型のメンバを渡す

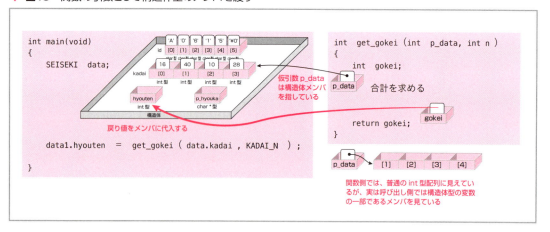

● プログラム例

CD-ROM »
元のファイル…sample7_2k.c
完成ファイル…sample7_2o.c

基本例7-2のプログラムを以下の2点について書き換えてから実行してみましょう。
1）構造体型変数に初期化をする。
2）第6章までに作成した関数を用いて評点と評価を求める。

```
1   /*******************************************
2       構造体の利用    応用例7-2
3   *******************************************/
4   #include <stdio.h>
5   #define    ID_N      5      //学籍番号の文字数を定数として定義
6   #define    KADAI_N   4      //課題の数を定数として定義
7
```

7-02 構造体型の変数を使うには

```c
 8  //一人分の成績情報をまとめた構造体を定義
 9  typedef struct seiseki
10  {
11      char id[ID_N + 1];      //学籍番号
12      int  kadai[KADAI_N];    //課題の得点
13      int  hyouten;           //評点（課題の得点の合計）
14      char *p_hyouka;         //評価文字列へのポインタ
15  }SEISEKI;
16
17  //グローバル変数
18  char    *p_hyoukaList[5] = { "秀" , "優" , "良" , "可" , "不可" };  //評価文字列
19  int     limit[5] = { 90 , 80 , 70 , 60 , 0 };                       //評価基準
20
21  //関数のプロトタイプ宣言
22  void disp_title(int kadai_n);               //タイトルを表示する関数
23  int  get_gokei(int kadai[], int kadai_n);   //評点を求める関数
24  char *get_hyouka(int hyouten);              //評価を求める関数
25  void disp_one(char *p_id, int kadai[], int kadai_n, int hyouten, char *p_hyouka);
26                                              //一人分を表示する関数
27
28  int main(void)
29  {
30      //変数の宣言と初期化
31      SEISEKI data  = { "A0615" , 16,40,10,28 };
32
33      //評点の算出
34      data.hyouten  = get_gokei(data.kadai, KADAI_N);
35
36      //評価を求める
37      data.p_hyouka = get_hyouka(data.hyouten);
38
39      //コマンドプロンプトに表示
40      disp_title(KADAI_N);    //タイトルを表示する関数の呼び出し
41      //一人分を表示する
42      disp_one(data.id, data.kadai, KADAI_N, data.hyouten, data.p_hyouka);
43
44      return 0;
45  }
46
    /*
    以下の関数は第6章の基本例6-6と同じなので省略します。基本例6-6と同じものを以下に
    記述してください。
    void disp_title(int kadai_n);
    void disp_one(char id[], int kadai[], int kadai_n, int hyouten, char *p_hyouka);
    int  get_gokei(int *p_data, int n);
    char *get_hyouka(int hyouten);
    */
```

413

7-03 構造体型の配列を使う

ひとまとまりとなった1件分のデータが複数あるときは、構造体型の配列が利用できます。配列を使って連続処理を試みましょう。

基本例 7-3

構造体型の配列に設定された情報を順に表示しましょう。

▼ 図14　構造体型の配列

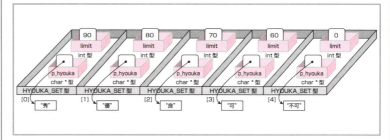

構造体HYOUKA_SETの定義は以下のとおりです。

```
//評点から評価を求めるときの指標を定義
typedef struct hyouka_set
{
    int   limit;       //この点数以上であれば
    char  *p_hyouka;   //この評価
}HYOUKA_SET;
```

▼ 実行結果

```
90点以上:秀
80点以上:優
70点以上:良
60点以上:可
 0点以上:不可
```

7-03 構造体型の配列を使う

学習

STEP 1　評価指標に構造体を導入する

成績評価に関するデータは、これまで評価の基準となる点数とその点数以上で取得できる成績の文字列とが、別々の配列になっていました。ここでは基準点と評価の文字列とを一つの構造体に収めます。それにより、基準点と評価の文字列との関係を明確にすることができます。

▼ 図15　評価指標のデータ構造変更

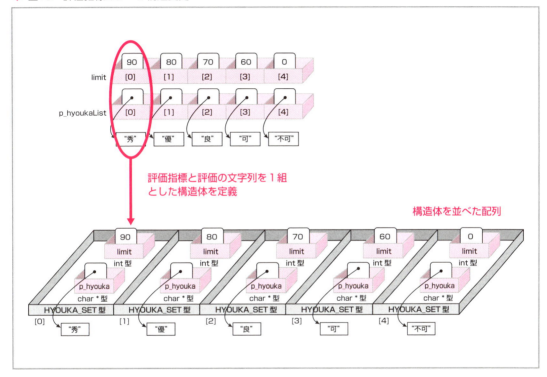

STEP 2　構造体型の配列を宣言する

構造体配列の宣言は、普通の配列の宣言と全く同様です。型名、配列名とともに、配列要素数と次元を明らかにします。

　　型名　　配列名[要素数];

普通の配列と同じですね。このとき、配列要素の一つひとつが構造体型にな

415

ります。

▼例

```
HYOUKA_SET hyoukaList[5];
```

　この例では、HYOUKA_SET型の配列で、配列名はhyoukaList、要素数5個の配列を宣言したことになります。

STEP 3　構造体型の配列に代入する

　通常の配列でも、あとから代入するときは、各要素に一つひとつ代入しなければなりません。構造体型の配列では、要素一つひとつのさらにメンバ一つひとつに代入する必要があります。配列名と添字で要素を指定し、さらに、構造体メンバ演算子でメンバ名をつないで指定します。

▼例

```
set[0].limit = 90;
char tmp0[] = "秀";        //文字列を初期化
set[0].p_hyouka = tmp0;    //文字列のアドレスを代入
```

STEP 4　構造体型の配列を初期化する

　構造体型の配列も、通常の配列と同様、宣言するときに限り、初期値を指定することができます。構造体のメンバの順にカンマ (,) で区切り、さらに配列要素の順に並べて初期値を与えます。

▼例

```
HYOUKA_SET hyoukaList[] = {
    { 90 , "秀" },     //hyoukaList[0]の初期化
    { 80 , "優" },     //hyoukaList[1]の初期化
```

7-03 構造体型の配列を使う

```
    { 70 , "良" },      //hyoukaList[2]の初期化
    { 60 , "可" },      //hyoukaList[3]の初期化
    { 0 , "不可" }       //hyoukaList[4]の初期化
};
```

▶文字列を指すポインタの初期化は、第6章で学習しましたが、ここではそれが応用されています。第6章p335参照。

基本例7-3の図14のように初期化されます。

STEP 5 — 構造体型のサイズ

▶今までも配列のサイズを調べるために利用してきました。

sizeof演算子により構造体型のバイト数を求めることができます。

構造体型は、メンバの集合体ですから、各メンバのサイズの合計になりそうですが、必ずしもそうとは限りません。試しに以下のプログラムで実験してみましょう。

```c
#include <stdio.h>

typedef struct jikken
{
    int  x;
    char moji[5];
}JIKKEN;

int main(void)
{
    printf("int型のサイズは%d   char型のサイズは%d\n" , sizeof(int) , sizeof(char));
    printf("構造体のサイズは%d\n" , sizeof(JIKKEN));
}
```

▶コンピュータにとって都合のよい4の倍数や8の倍数になるように、構造体型に空き領域を含めていることがあります。処理系によって異なります。

型のサイズは、処理系によって異なりますが、int型が4バイトの環境の場合、char型5個分と合わせると9バイトになります。しかし、上記プログラムを実行してみると、JIKKEN型のサイズは9バイトとならないことがあります。構造体型のサイズは、必ずsizeof演算子で求めてください。

◎ CD-ROM ≫

元のファイル…rei7_3k.c
完成ファイル…sample7_3k.c

● プログラム例

CD-ROMのプログラムは、メンバを指定する部分が書かれていません。皆さんで補ってから実行してみましょう。

```
1   /*********************************
2      構造体型の配列    基本例7-3
3   *********************************/
```

417

```
4    #include <stdio.h>
5
6    //評点から評価を求めるときの指標を構造体で定義
7    typedef struct hyouka_set
8    {
9        int  limit;         //この点数以上であれば
10       char *p_hyouka;     //この評価
11   }HYOUKA_SET;
12
13   //グローバル変数の宣言と初期化
14   HYOUKA_SET    hyoukaList[] = {    //評価指標
15       {90 , "秀"} , {80 , "優"} , {70 , "良" } , {60 , "可"} , {0 , "不可"}
16   };
17
18   int main(void)
19   {
20       //評価指標配列の個数を調べる
21       int n = sizeof(hyoukaList) / sizeof(HYOUKA_SET);
22
23       //配列の内容をコマンドプロンプト画面に表示
24       for (int i = 0; i < n; i++)
25       {
26           printf("%3d点以上：%s\n", hyoukaList[i].limit, hyoukaList[i].p_hyouka);
27       }
28
29       return 0;
30   }
```

プログラミングアシスタント　**コンパイルエラーになった方へ**

```
int main(void)
{
    //評価指標配列の個数を調べる
    int n = sizeof(hyoukaList) / sizeof(HYOUKA_SET);

    //配列の内容をコマンドプロンプト画面に表示
    for (int i = 0; i < n; i++)
    {                     hyoukaList[i].limit          hyoukaList[i].p_hyouka
        printf("%3d点以上：%s\n", hyoukaList.limit, hyoukaList.p_hyouka);
    }

    return 0;        配列の添字を指定せずにメンバ名を記述すると「メンバが参照しているのは構造体でない」とい
}                    うエラーが発生します
                     hyoukaList は配列名です。配列名は先頭のアドレスという意味があるのでしたね。ですから、添
                     字を記述しないと、アドレスに対してメンバを指定したことになってしまうのです。配列名と添
                     字の組が変数と同じ働きをするという原則がありましたが、構造体であってもそれは同じです
```

応用例 7-3

一人ひとりの成績情報の方も配列にし、ファイルから読み込んで人数分の処理をしましょう。評価を求める関数以外は第6章で作成してきた関数がそのまま使えます。

▼ **図16** 評価指標のデータ構造変更

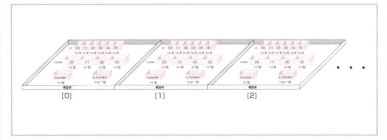

▼ **実行結果**

```
ファイル名：seiseki.csv
学籍番号   課題1 課題2 課題3 課題4  評点    評価
A0615       16    40    10    28   94点    秀
A2133        4     0     0     0    4点    不可
A3172       12    40    10    21   83点    優
B0009       20    35    10    25   90点    秀

   <<中略>>

F0119       18    40    10    25   93点    秀
F0123       12    40     0    25   77点    良
```

☐ はキーボードからの入力を表す

▶成績データの構造を変更したため、全員の合計点を求める処理を行うにあたり配列要素の合計を求める関数を使うことができなくなりました。ここでは、全員の平均点は省略します。

学習 STEP 6 構造体型配列のメンバを指定する

第6章の基本例6-6のプログラムでは、項目ごとに配列を用意して記憶しました。ここでは1人分を収めた構造体を配列にします。

▼ 図17 配列から構造体へ

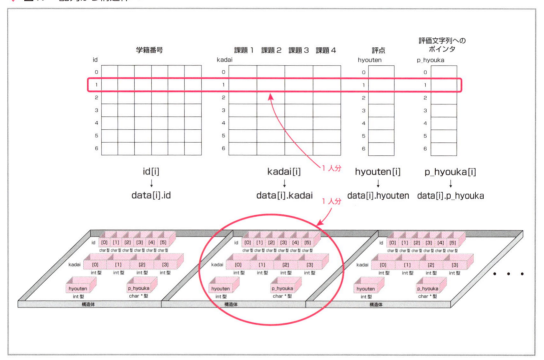

● プログラム例

CD-ROM »
元のファイル…sample6_6k.c
完成ファイル…sample7_3o.c

第6章の基本例6-6のプログラムのデータ構造を構造体で書き換えてから実行してみましょう。関数にはほとんど変更がないことを体感してください。

```
1  /*******************************
2      構造体配列の利用      応用例7-3
3  *******************************/
4  #include <stdio.h>
5  #include <string.h>
6  #include <stdlib.h>
7  #define   ID_N      5     //学籍番号の文字数を定数として定義
8  #define   KADAI_N   4     //課題の数を定数として定義
```

7-03 構造体型の配列を使う

```c
 9  #define    N            100    //用意する配列要素数
10
11  //一人分の成績情報をまとめた構造体を定義
12  typedef struct seiseki
13  {
14      char id[ID_N + 1];      //学籍番号
15      int  kadai[KADAI_N];    //課題の得点
16      int  hyouten;           //評点（課題の得点の合計）
17      char *p_hyouka;         //評価文字列へのポインタ
18  }SEISEKI;
19
20  //評点から評価を求めるときの指標を定義
21  typedef struct hyouka_set
22  {
23      int  limit;         //この点数以上であれば
24      char *p_hyouka;     //この評価
25  }HYOUKA_SET;
26
27  //グローバル変数の宣言と初期化
28  HYOUKA_SET    hyoukaList[] = {
29      { 90 , "秀" } ,{ 80 , "優" } ,{ 70 , "良" } ,{ 60 , "可" } ,{ 0 , "不可" }
30  };
31
32
33  //関数のプロトタイプ宣言
34  void disp_title(int kadai_n);               //タイトルを表示する関数
35  void disp_one(char *p_id, int *p_kadai, int kadai_n, int hyouten, char *p_hyouka);
36                                              //一人分を表示する関数
37  int  get_gokei(int kadai[], int kadai_n);   //評点を求める関数
38  char *get_hyouka(int hyouten);              //評価を求める関数
39  void setData(char *p_buf, char *p_id, int *p_kadai, int n);   //入力文字列を解析する関数
40  void trim(char *pd, char *ps, int n);       //空白を削除する関数
41
42  int main(void)
43  {
44      //変数の宣言
45      SEISEKI data[N];        //N人分の成績情報
46      char    buf[256];       //ファイルからの読み込みバッファ
47      int     n;              //読み込んだ学生の人数
48      FILE    *fp;            //ファイル制御用変数
49      char    fileName[256];  //ファイル名を記録する変数
50
51      //ファイル名を入力する
52      printf("ファイル名：");                  //入力ガイドの表示
53      fgets(fileName, sizeof(fileName), stdin);     //キーボードからファイル名を入力
54      fileName[strlen(fileName) - 1] = '\0';     //'\n'を削除
55
56      //ファイルを開く
57      fp = fopen(fileName, "r");
```

421

```
58      if (fp == NULL)
59      {
60          //ファイルがないとき
61          printf("ファイルがありません¥n");
62          return 0;
63      }
64
65      //ファイルからの入力
66      fgets(buf, sizeof(buf), fp);     //1行目のタイトルを入力。処理はない
67      n = N;          //人数の初期値を配列の要素とする
68      for (int i = 0; i < N; i++)
69      {
70          if (fgets(buf, sizeof(buf), fp) == NULL)
71          {
72              //ここでファイルは終了
73              n = i;      //読み込んだ学生の人数（データの個数）
74              break;      //繰り返しを終了
75          }
76
77          //入力文字列を分解して記憶する
78          setData(buf, data[i].id, data[i].kadai, KADAI_N);
79      }
80      fclose(fp);     //ファイルを閉じる
81
82      //評点と評価の算出
83      for (int i = 0; i < n; i++)
84      {
85          data[i].hyouten  = get_gokei(data[i].kadai, KADAI_N);    //評点を求める
86          data[i].p_hyouka = get_hyouka(data[i].hyouten);          //評価を求める
87      }
88
89      //コマンドプロンプト画面に表示
90      disp_title(KADAI_N);        //タイトルの表示
91      for (int i = 0; i < n; i++)
92      {
93          //一人分を表示する
94          disp_one(data[i].id, data[i].kadai, KADAI_N, data[i].hyouten, data[i].p_hyouka);
95      }
96
97      return 0;
98  }
```

```
213  /**********************************************
214      評価を求める関数
215      hyouten ： 評点
216      戻り値 ： 評価文字列へのポインタ
217  **********************************************/
218  char *get_hyouka(int hyouten)
```

7-03 構造体型の配列を使う

```c
219 {
220     //変数の宣言
221     char    *p_kekka;                                   //評価の文字列を指すポインタ
222     int n = sizeof(hyoukaList) / sizeof(HYOUKA_SET);    //評価の配列の要素数
223
224     //評価を求める
225     p_kekka = hyoukaList[n - 1].p_hyouka;               //ポインタの初期化
226     for (int i = 0; i < n - 1; i++)
227     {
228         if (hyouten >= hyoukaList[i].limit)             //評点が基準以上だったら
229         {
230             //評価基準を上回ったところが評価
231             p_kekka = hyoukaList[i].p_hyouka;           //該当する文字列へのポインタ
232             break;                                      //繰り返しを終了
233         }
234     }
235
236     return p_kekka;
237 }
238
```

```
/*
以下の関数は第6章の基本例6-6と同じなので省略します。基本例6-6と同じものを以下に
記述してください。
void disp_title(int kadai_n);
void disp_one(char *p_id, int *p_kadai, int kadai_n, int hyouten, char *p_hyouka);
int  get_gokei(int kadai[], int kadai_n);
void trim(char *pd, char *ps, int n);

以下の関数は第6章の応用例6-6と同じなので省略します。応用例6-6と同じものを以下に
記述してください。

void    setData(char *p_buf, char *p_id, int *p_kadai, int n);
*/
```

構造体でデータを扱おう

関数の引数と戻り値に構造体型を指定する

関数の引数に構造体型を指定し、まるごと関数に渡すことができます。また、戻り値に構造体型を指定すると、まるごと呼び出し側に返すことができます。

基本例 7-4

基本例7-2の成績処理の部分、および一人分のデータを表示する部分を関数で書き直してみましょう。

▼ 実行結果

```
ファイル名：seiseki.csv
学籍番号  課題1 課題2 課題3 課題4   評点      評価
A0615     16   40   10   28   94点      秀
A2133      4    0    0    0    4点      不可
A3172     12   40   10   21   83点      優
B0009     20   35   10   25   90点      秀

    <<中略>>

F0119     18   40   10   25   93点      秀
F0123     12   40    0   25   77点      良
```

□ はキーボードからの入力を表す

学習 STEP 1　構造体型の引数

関数の引数として構造体を渡すことができます。その場合には、関数側の仮引数に呼び出し側の実引数が丸ごとコピーされます。

▼ 図18　構造体型の引数

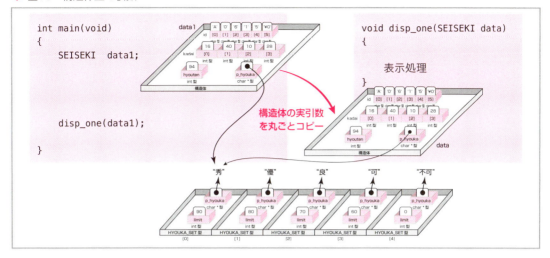

STEP 2　引数として構造体型の配列を渡す

▶実際には、配列の先頭のアドレスが関数側に渡されます。普通の配列の場合と同じですね。

　　引数として、構造体型の配列を渡すと、関数側では、呼び出し側の領域を直接参照します。

▼ 図19　構造体型の配列を引数とする

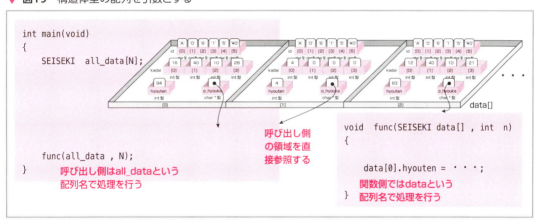

STEP 3　構造体型の戻り値

　　戻り値として構造体を返すと、呼び出し側の変数に一括してコピーされます。

戻り値は1つしか戻すことができませんが、構造体という形で1つにまとめられていれば、いくつもの値をメンバとして返すことができます。

▼ 図20　構造体型の戻り値

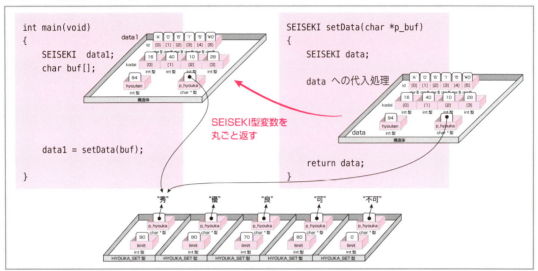

● プログラム例

CD-ROM
元のファイル…sample7_3o.c
完成ファイル…sample7_4k.c

応用例7-3のプログラムを、関数に渡す引数や関数からの戻り値を構造体を書き換えてから実行してみましょう。

```
 1  /*******************************************
 2      構造体と関数    基本例7-4
 3  *******************************************/
 4  #include <stdio.h>
 5  #include <string.h>
 6  #include <stdlib.h>
 7  #define    ID_N       5       //学籍番号の文字数を定数として定義
 8  #define    KADAI_N    4       //課題の数を定数として定義
 9  #define    N          100     //用意する配列要素数を定数として定義
10
11  //一人分の成績情報をまとめた構造体を定義
12  typedef struct seiseki
13  {
14      char id[ID_N + 1];      //学籍番号
15      int  kadai[KADAI_N];    //課題の得点
16      int  hyouten;           //評点（課題の得点の合計）
17      char *p_hyouka;         //評価文字列へのポインタ
```

関数の引数と戻り値に構造体型を指定する **7-04**

```
18  }SEISEKI;
19
20  //評点から評価を求めるときの指標を定義
21  typedef struct hyouka_set
22  {
23      int  limit;        //この点数以上であれば
24      char *p_hyouka;    //この評価
25  }HYOUKA_SET;
26
27
28  //グローバル変数の宣言と初期化
29  HYOUKA_SET    hyoukaList[] = {
30      { 90 , "秀" } ,{ 80 , "優" } ,{ 70 , "良" } ,{ 60 , "可" } ,{ 0 , "不可" }
31  };
32
33  //関数のプロトタイプ宣言
34  void    disp_title(int kadai_n);           //タイトルを表示する関数
35  void    disp_one(SEISEKI data_one);        //一人分を表示する関数
36  int     get_gokei(int *p_data, int n);     //評点を求める関数
37  char    *get_hyouka(int hyouten);          //評価を求める関数
38  SEISEKI setData(char *p_buf);              //入力文字列を解析する関数
39  void    trim(char *pd, char *ps, int n);   //空白を削除する関数
40
41  int main(void)
42  {
43      //変数の宣言
44      SEISEKI data[N];        //N人分の成績情報
45      char    buf[256];       //ファイルからの読み込みバッファ
46      int     n;              //読み込んだ学生の人数
47      FILE    *fp;            //ファイル制御用変数
48      char    fileName[256];  //ファイル名
49
50      //ファイル名を入力する
51      printf("ファイル名：");                    //入力ガイドの表示
52      fgets(fileName, sizeof(fileName), stdin);   //ファイル名を入力
53      fileName[strlen(fileName)-1] = '\0';
54
55      //ファイルを開く
56      fp = fopen(fileName, "r");
57      if (fp == NULL)
58      {
59          //ファイルがないとき
60          printf("ファイルがありません\n");
61          return 0;
62      }
63
64      //ファイルからの入力
65      fgets(buf, sizeof(buf), fp);    //1行目のタイトルを入力。処理はない
66      n = N;          //人数の初期値を配列の要素とする
```

427

```
67      for (int i = 0; i < N; i++)
68      {
69          if (fgets(buf, sizeof(buf), fp) == NULL)
70          {
71              //ここでファイルは終了
72              n = i;      //読み込んだ学生の人数（データの個数）
73              break;      //繰り返しを終了
74          }
75
76          //入力文字列を分解して記憶する
77          data[i] = setData(buf);
78      }
79      fclose(fp);     //ファイルを閉じる
80
81      //コマンドプロンプト画面に表示
82      disp_title(KADAI_N);        //タイトルの表示
83      for (int i = 0; i < n; i++)
84      {
85          disp_one(data[i]);      //1人分の表示
86      }
87
88      return 0;
89  }
90
91
92  /**********************************************
93      一人分のデータのセット
94      p_buf：1行分の入力文字列
95      戻り値：1人分のデータ
96  **********************************************/
97  SEISEKI setData(char *p_buf)
98  {
99      //変数の宣言
100     SEISEKI data_one;           //ここにデータを読み込む
101     char *p_start = p_buf;      //p_startはbufの先頭をさす
102     char *p;                    //文字列を指すポインタ
103
104     //学籍番号を取り出す
105     p = strchr(p_start, ',');       //','を探す
106     *p = '¥0';                      //'¥0'で置き換える
107     trim(data_one.id, p_start, ID_N);   //空白を排除して学籍番号を得る
108
109     //課題の得点を取り出す
110     for (int i = 0; i < KADAI_N; i++)
111     {
112         p_start = p + 1;                //','の次の文字からはじめる
113         p = strchr(p_start , ',');      //','を探す
114         if (p != NULL)                  //最後の得点の後は','がない
115         {
```

評点の算出・評価の算出は関数setData内で行うため
個別の関数呼び出しは削除

p_kadai++を削除

7-04 関数の引数と戻り値に構造体型を指定する

```
116            *p = '¥0';                    //'¥0'で置き換える
117        }
118        data_one.kadai[i] = atoi(p_start);    //文字を数値に変換して代入
119    }
120
121    data_one.hyouten  = get_gokei(data_one.kadai, KADAI_N);   //評点を求める
122    data_one.p_hyouka = get_hyouka(data_one.hyouten);          //評価を求める
123
124
125    return data_one;    //一人分のデータの戻り値として返す
126 }
```

```
171 /***********************************
172     1人分をコマンドプロンプト画面に表示
173     data_one：1人分のデータ
174 ***********************************/
175 void disp_one(SEISEKI data_one)
176 {
177    printf("%-10s", data_one.id);         //学籍番号を表示
178
179    //課題の得点を表示
180    for (int i = 0; i < KADAI_N; i++)
181    {
182        printf("%5d ", data_one.kadai[i]);    //各課題の得点
183    }
184
185    //評点と評価を表示
186    printf(" %3d点    %s¥n", data_one.hyouten, data_one.p_hyouka);
187 }
188
189

/*
以下の関数は応用例7-3と同じなので省略します。応用例7-3と同じものを以下に記述して
ください。
int  get_gokei(int *p_data, int n);
void disp_title(int kadai_n);
void trim(char *pd, char *ps, int n);
char *get_hyouka(int hyouten);
*/
```

プログラミングアシスタント　コンパイルエラーになった方へ

```
int main(void)
{
        :
    //コマンドプロンプト画面に表示
    disp_title(KADAI_N);           //1行目（タイトル）の表示
    for (int i = 0; i < n; i++)
    {
        disp_one(  data  );      //1人分の表示
                    data[i]
    }
```

関数disp_oneには一人分のデータを渡します
仮引数はSEISEKI型変数です
main関数のdataは全員分のデータを記憶する配列なので、実引数は配列名＋添字の組で配列要素を1つ指定します。添字を記述しないと仮引数と実引数とで型が異なるというエラーが発生します

```
/*****************************************************
    1人分をコマンドプロンプト画面に表示
    data_one：1人分のデータ
*****************************************************/
void disp_one(SEISEKI data_one)
{
    一人分のデータを表示
}
```

仮引数はSEISEKI型変数

```
void disp_one(SEISEKI data_one)
{
    printf("%-10s", data_one.id);

    //課題の得点を表示
    for (int i = 0; i < KADAI_N; i++)
    {
        printf("%5d ", data_one[i].kadai[i]);
    }     data_one.kadai[i]

    //評点と評価を表示
    printf(" %3d点     %s\n", data_one.hyouten, data_one.p_hyouka);
}
```

仮引数はSEISEKI型変数

仮引数data_oneは変数なので添字を記述すると、「配列でないものに添字がある」というエラーが発生します。メンバが配列であるときは、メンバ名の後ろに添字を書きますが、構造体型変数には添字は書きません

7

構造体でデータを扱おう

7-04 関数の引数と戻り値に構造体型を指定する

プログラミングアシスタント 　**正しく実行結果が得られなかった方へ**

▼ 実行結果

```
ファイル名：seiseki.csv
学籍番号 課題1 課題2 課題3 課題4   評点    評価
          1    1 1701151   80  1638449点    $・

Ews    1701704 1701151 1701668 1997618803  115点    ル・
・      1702048 1997620403      0      1
```

```
int main(void)
{
         :
     //入力文字列を分解して記憶する
     setData(buf);
         :
}
     data[i] =
```

> 関数setDataからは1人分のデータが詰まったSEISEKI型の変数が返ります。この戻り値を呼び出し側では適切な領域に代入する必要があります。代入しないと、呼び出し側の領域には何もデータが格納されないので、意味不明な文字が表示されてしまいます

```
/********************************
    一人分のデータのセット
    p_buf ： 1行分の入力文字列
    戻り値：1人分のデータ
********************************/
SEISEKI setData(char *p_buf)
{
         :
```

戻り値はSEISEKI型変数

応用例 7-4

　ファイルから読み込んだデータに対して一人ひとりの結果を求めるだけでなく、全員の評点の平均点と最高点をとった学生の学籍番号を表示します。構造体と関数のコラボレーションです。

▼ 実行結果

```
ファイル名：seiseki.csv
学籍番号  課題1 課題2 課題3 課題4  評点    評価
A0615      16    40    10    28   94点    秀
A2133       4     0     0     0    4点    不可
A3172      12    40    10    21   83点    優
B0009      20    35    10    25   90点    秀

<<中略>>

F0119      18    40    10    25   93点    秀
F0123      12    40     0    25   77点    良
```

431

STEP 4 最大値の位置を求める

　第4章の応用例4-6では、配列に記憶されている情報の中から最大値を求めました。今度は、最大値そのものではなく、最大値がどこにあるのかを求めます。それは、最大値をもつ要素の添字を求めることに他なりません。構造体には、一人分の情報がすべて含まれていますから、構造体配列の添字を指定することで、最高点だけでなく、だれ（学籍番号）が、どんな成績（評価）で最高点だったのか、という一人分の情報が丸ごとわかります。

　まず、普通の配列で考えてみましょう。第4章p212と見比べてください。

① 最大値の位置を入れる変数を用意します。
② 最初の添字である0を暫定最大値の位置とします。

▼ 図21　最大値の位置の求め方1

③ 次のデータと暫定最大値の位置を添字とする値とを比較します。暫定最大値の位置にあるデータの方が大きいときだけmax_indexを変更します。

7-04 関数の引数と戻り値に構造体型を指定する

▼図22　最大値の位置の求め方2

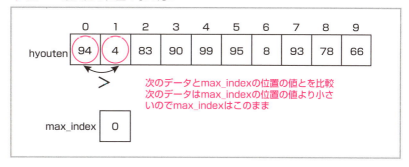

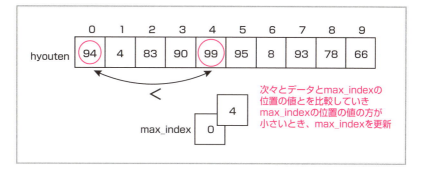

④ 全部のデータと比較し終えたときのmax_indexが最大値の位置です。

▼図23　最大値の位置の求め方3

　配列が構造体であっても基本的にはおなじです。配列名＋添字にメンバ名を付して指定します。

▼例

```
int    get_max(SEISEKI data[], int n)
{
    int max_index = 0;        //最高点をとった学生の添字
                              //初期値は0
```

```
        for (int i = 1; i < n; i++)
        {
                          ┌─ メンバ名を指定        ┌─ メンバ名を指定
            if (data[max_index].hyouten < data[i].hyouten)
            {
                //最大値より大きい評点であれば添字を入れ替える
                max_index = i;
            }    └── 添字を入れ替え
        }

        return max_index;
    }
```

CD-ROM ≫

元のファイル…sample7_4k.c
完成ファイル…sample7_4o.c

● プログラム例

　基本例7-4のプログラムに、全員の平均点と最高点の学生情報を表示する
関数を追加して実行してみましょう。

```
1    /***********************************************
2        全体の集計      応用例7-4
3    ***********************************************/
4    #include <stdio.h>
5    #include <string.h>
6    #include <stdlib.h>
7    #define    ID_N        5        //学籍番号の文字数を定数として定義
8    #define    KADAI_N     4        //課題の数を定数として定義
9    #define    N           100      //用意する配列要素数を定数として定義
10
11   //一人分の成績情報をまとめた構造体を定義
12   typedef struct seiseki
13   {
14       char id[ID_N + 1];      //学籍番号
15       int  kadai[KADAI_N];    //課題の得点
16       int  hyouten;           //評点（評価算出に用いる）
17       char *p_hyouka;         //評価文字列へのポインタ
18   }SEISEKI;
19
20   //評点から評価を求めるときの指標を構造体で定義
21   typedef struct hyouka_set
22   {
23       int  limit;        //この点数以上であれば
24       char *p_hyouka;    //この評価
25   }HYOUKA_SET;
26
27   //グローバル変数の宣言と初期化
28   HYOUKA_SET     hyoukaList[] = {
```

7-04 関数の引数と戻り値に構造体型を指定する

```
29        { 90 , "秀" } ,{ 80 , "優" } ,{ 70 , "良" } ,{ 60 , "可" } ,{ 0 , "不可" }
30    };
31
32    //関数のプロトタイプ宣言
33    void    disp_title(int kadai_n);        //タイトルを表示する関数
34    void    disp_one(SEISEKI data_one);     //一人分を表示する関数
35    int     get_gokei(int *p_data, int n);  //評点を求める関数
36    char    *get_hyouka(int hyouten);       //評価を求める関数
37    SEISEKI setData(char *p_buf);           //入力文字列を解析する関数
38    void    trim(char *pd, char *ps, int n); //空白を削除する関数
39    double  get_heikin(SEISEKI data[], int n); //評点の平均を求める関数
40    int     get_max(SEISEKI data[], int n);  //評点が最高点の学生を求める関数
41
42    int main(void)
43    {

          <<メインプログラムには変更はありません>>

90
91        //全員の平均点と最高点をコマンドプロンプト画面に表示
92        printf("¥n    平均点：%5.1f点¥n", get_heikin(data, n));
93        printf("¥n最高点¥n");
94        disp_one(data[get_max(data, n)]);
95
96        return 0;
97    }


243   /**********************************************
244       全員の平均を求める
245       data : 全員分の成績データ（SEISEKI構造体）
246       n : 人数
247       戻り値：評点の平均点
248   **********************************************/
249   double    get_heikin(SEISEKI data[] , int n)
250   {
251       int gokei = 0;    //合計を求める変数の初期化
252
253       //n人分の評点の合計を求める
254       for (int i = 0; i < n; i++)
255       {
256           gokei += data[i].hyouten;    //順に加算
257       }
258
259       return (double)gokei / n;    //平均値を返す
260   }
261
262   /**********************************************
263       最高点は誰？
```

435

```
264        data ： 全員分の成績データ（SEISEKI構造体）
265        n ： 人数
266        戻り値：最高点だった学生の添字
267    **********************************************/
268    int     get_max(SEISEKI data[], int n)
269    {
270        int max_index = 0;          //最高点をとった学生の添字
271                                    //初期値は0
272
273        for (int i = 1; i < n; i++)
274        {
275            if (data[max_index].hyouten < data[i].hyouten)
276            {
277                //最大値より大きい評点であれば添字を入れ替える
278                max_index = i;
279            }
280        }
281
282        return max_index;
283    }
284
```

```
/*
以下の関数は基本例7-4と同じなので省略します。基本例7-4と同じものを以下に記述して
ください。
int     get_gokei(int *p_data, int n);
char    *get_hyouka(int hyouten);
void    disp_title(int kadai_n);
void    disp_one(SEISEKI data_one);
SEISEKI setData(char *p_buf);
void    trim(char *pd, char *ps, int n);
*/
```

7-05 構造体を指すポインタを利用する

構造体でデータを扱おう

必要な数の構造体型の変数を必要なときに用意することができれば、配列要素数によるデータ数の制限を外すことができます。構造体を指すポインタを利用してリスト構造を構築しましょう。いよいよプログラムは完成します。

基本例 7-5

必要な領域を動的に確保し、そこに構造体を構築します。構造体を指すポインタ配列だけを多めに用意し、確保した構造体をポインタで管理します。ポインタを介して構造体内の値を参照したり、構造体のメンバに書き込んだりすることができます。データ構造は以下のようになります。

▼ 図24　最大値の位置の求め方3

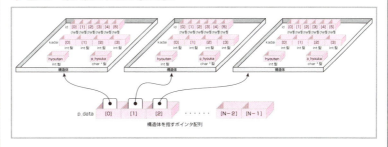

▼ 実行結果

```
ファイル名：seiseki.csv
学籍番号   課題1  課題2  課題3  課題4   評点      評価
A0615      16     40     10     28     94点      秀
A2133       4      0      0      0      4点      不可
A3172      12     40     10     21     83点      優
B0009      20     35     10     25     90点      秀

<<中略>>

F0119      18     40     10     25     93点      秀
F0123      12     40      0     25     77点      良

   平均点： 72.8点
```

437

```
最高点
B1107       20    40    10    30   100点    秀
```

　□はキーボードからの入力を表す

学習 STEP 1　構造体を指すポインタを宣言して代入する

　ポインタ変数を宣言するときは、指す先の型を指定することは、第6章で学びました。指す先を構造体にしたい場合には、構造体の型を指定します。

```
構造体の型　*変数名;
```

▼ 例
```
SEISEKI *p;
```

　SEISEKI型を指すポインタpを宣言します。

　構造体型を指すポインタが構造体型の変数を指すためには、変数のアドレスをポインタに代入します。変数のアドレスを求めるアドレス演算子&を使います。

▶普通の型を指すポインタと同じですね。第6章で復習しておきましょう。

▼ 例
```
SEISEKI data1;
SEISEKI *p = &data1;
```

▼ 図25　構造体を指すポインタ

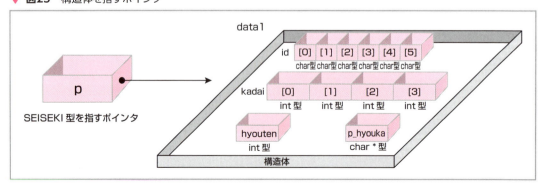

STEP 2　ポインタを使ってメンバを参照する

　ポインタが構造体を指すとき、対象となる変数内のメンバを一つ指定するには、専用の演算子を使います。

```
ポインタ変数名  ->  メンバ名
```

　普通の変数を指すポインタを介して、対象となる変数の内容を参照するには、間接演算子*を使うことは、第6章で学びました。図26で違いを押さえておきましょう。

▼図26　構造体を指すポインタでメンバを指定する

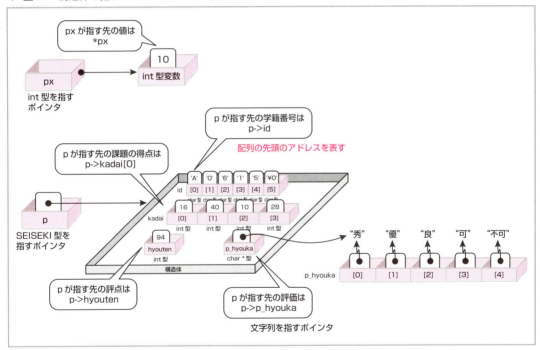

　ポインタが指す構造体変数内のメンバに代入するときも、同じ演算子を使います。

▼例
```
p->hyouten = 94;
```

メンバが配列のときは以下のようになります。

▼例
```
p ->kadai[0] = 16;
```

STEP 3　構造体型を指すポインタに加減算を行う

ポインタの加減算では、指す先の型のサイズ分が変化します。指す先が構造体の場合は、1つのサイズがint型などに比べ、とても大きいのですが、大きさにかかわらず1つ分が加減算されます。

▼図27　構造体型の配列を指すポインタの加減算

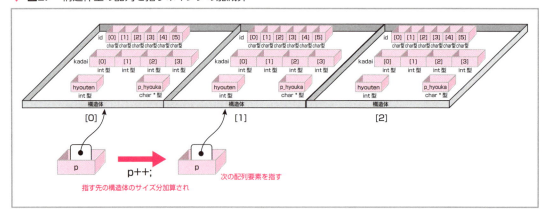

STEP 4　必要な領域を必要なときに確保する

▶第6章p387を見直しておきましょう。

▶SEISEKI型に必要な領域のサイズはsizeof演算子で求めることができます。

▶malloc関数の戻り値は、指す先の型を指定しないvoid*型です。そのため、確保した領域の用途に合わせたキャスト演算子が必要です。

第6章で学んだ動的なメモリの確保は構造体にも適用できます。領域を確保する関数malloc()と、開放する関数はfree()も同様に使えます。

▼例
```
SEISEKI *p_data;
p_data = (SEISEKI *)malloc(sizeof(SEISEKI));

free(p_data);
```

▼ 図28　mallocによる領域の確保

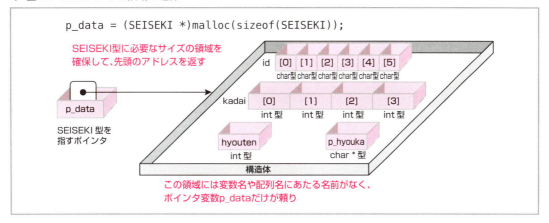

確保した領域を使用後は必ず開放してください。

▶mallocで確保した領域は、自動的に開放されるということはありません。必ずfree()で開放してください。開放しないと、不要な領域がどんどんたまり、メモリ不足になることがあります。これをメモリリークと言います。最悪の場合、コンピュータは停止してしまいます。十分気を付けましょう。

▼ 図29　free()による領域の開放

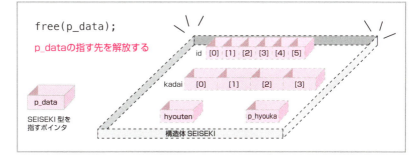

STEP 5　構造体を指すポインタを引数として関数に渡す

関数の引数として構造体型を指すポインタを指定することができます。このとき、構造体の本体は呼び出し側にあり、関数からポインタを介して、呼び出し側の領域を直接参照します。

▼ **図30** 構造体を指すポインタを引数とする関数

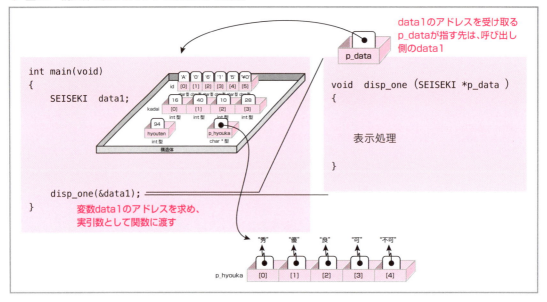

呼び出し側で構造体を指すポインタにより管理されているときは、ポインタがそのまま実引数になります。

▼ **図31** 構造体を指すポインタが実引数

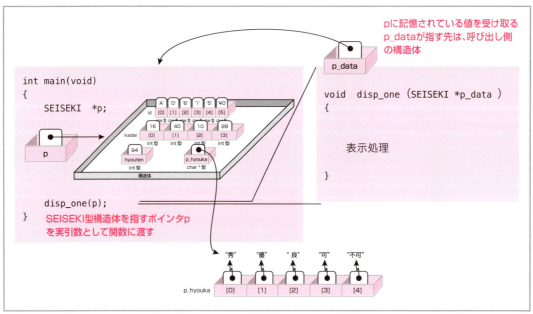

STEP 6 構造体を指すポインタを関数からの戻り値で返す

関数内で領域を確保し、その戻り値としてポインタを返すことができます。関数内で宣言したローカル変数は、関数の終了とともに消滅してしまいますが、malloc( )で確保した領域は、関数が終了しても開放されず、呼び出し側で引き続き利用することができます。

▼ 図32　構造体を指すポインタを戻り値にする

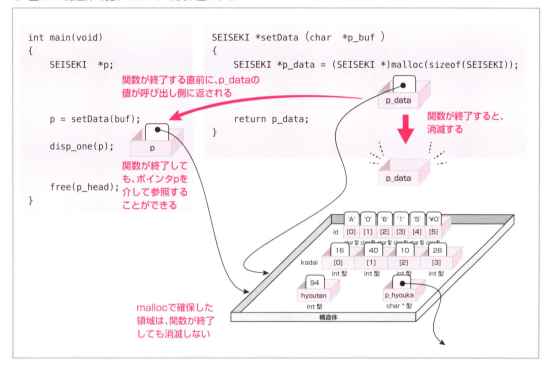

一方、関数内で宣言したローカル変数は、関数の終了とともに消滅してしまいます。そのポインタを呼び出し側に返しても、そのアドレスはすでに無効になっているので注意が必要です。

▼ 図33 ローカル変数は関数の終了とともに消滅する

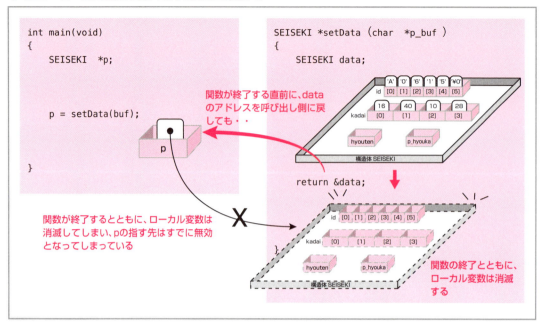

● プログラム例

CD-ROM »
元のファイル…sample7_4o.c
完成ファイル…sample7_5k.c

応用例7-4のプログラムを基に、必要な分の構造体の領域を必要なときに確保し、構造体を指すポインタ配列で管理するように変更してから、実行してみましょう。

```
1   /*****************************************
2       構造体を指すポインタ    基本例7-5
3   *****************************************/
4   #include <stdio.h>
5   #include <string.h>
6   #include <stdlib.h>
7   #define    ID_N       5        //学籍番号の文字数を定数として定義
8   #define    KADAI_N    4        //課題の数を定数として定義
9   #define    N          100      //用意する配列要素数を定数として定義
10
11  //一人分の成績情報をまとめた構造体を定義
12  typedef struct seiseki
13  {
14      char id[ID_N + 1];         //学籍番号
15      int  kadai[KADAI_N];       //課題の得点
16      int  hyouten;              //評点（課題の得点の合計）
```

7-05 構造体を指すポインタを利用する

```c
17      char *p_hyouka;          //評価文字列へのポインタ
18  }SEISEKI;
19
20
21  //評点から評価を求めるときの指標を構造体で定義
22  typedef struct hyouka_set
23  {
24      int  limit;          //この点数以上であれば
25      char *p_hyouka;      //この評価
26  }HYOUKA_SET;
27
28  //グローバル変数の宣言と初期化
29  HYOUKA_SET     hyoukaList[] = {
30      { 90 , "秀" } ,{ 80 , "優" } ,{ 70 , "良" } ,{ 60 , "可" } ,{ 0 , "不可" }
31  };
32
33  //関数のプロトタイプ宣言
34  void    disp_title(int kadai_n);            //タイトルを表示する関数
35  void    disp_one(SEISEKI *p_data);          //一人分を表示する関数
36  int     get_gokei(int *p_data, int n);      //評点を求める関数
37  char    *get_hyouka(int hyouten);           //評価を求める関数
38  SEISEKI *setData(char *p_buf);              //入力文字列を解析する関数
39  void    trim(char *pd, char *ps, int n);    //空白を削除する関数
40  double  get_heikin(SEISEKI *p_data[], int n); //全角の評点の平均を求める関数
41  int     get_max(SEISEKI *p_data[], int n);  //評点が最高点の学生を求める関数
42  void    free_area(SEISEKI *p[]);            //成績情報の領域を解放する関数
43
44  int main(void)
45  {
46      //変数の宣言
47      SEISEKI *p_data[N];          //成績情報の領域を指すポインタ配列
48
49      char    buf[256];          //ファイルからの読み込みバッファ
50      int     n;                 //読み込んだ学生の人数
51      FILE *fp;                  //ファイル制御用変数
52      char    fileName[256];     //ファイル名を記録する変数
53
54      //ファイル名の入力
55      printf("ファイル名：");                     //入力ガイドの表示
56      fgets(fileName, sizeof(fileName), stdin);   //キーボードからファイル名を入力
57      fileName[strlen(fileName)-1] = '\0';        //'\n'を削除
58
59      //ファイルを開く
60      FILE *fp = fopen(fileName, "r");
61      if (fp == NULL)
62      {
63          //ファイルがないとき
64          printf("ファイルがありません\n");
65          return 0;
```

```
66          }
67
68          //ファイルからの入力
69          fgets(buf, sizeof(buf), fp);      //1行目のタイトルを入力。処理はない
70          n = N;              //人数の初期値を配列の要素数とする
71          for (int i = 0; i < N ; i++)
72          {
73              if (fgets(buf, sizeof(buf), fp) == NULL)
74              {
75                  //ここでファイルは終了
76                  n = i;      //読み込んだ学生の人数（データの個数）
77                  break;      //繰り返しを終了
78              }
79
80              //入力文字列を分解して記憶する
81              p_data[i] = setData(buf);
82          }
83          fclose(fp);       //ファイルを閉じる
84
85
86          //コマンドプロンプト画面に表示
87          disp_title(KADAI_N);      //タイトルを表示する関数の呼び出し
88          for (int i = 0; i < n; i++)
89          {
90              disp_one(p_data[i]);      //1人分の表示
91          }
92
93          //全員の平均点と最高点をコマンドプロンプト画面に表示
94          printf("\n  平均点：%5.1f点\n", get_heikin(p_data, n));
95          printf("\n最高点\n");
96          disp_one(p_data[get_max(p_data, n)]);
97
98          //領域の開放
99          free_area(p_data);
100
101         return 0;
102     }
103
104     /*********************************************
105         一人分のデータのセット
106         p_buf：1行分の入力文字列
107         戻り値：1人分のデータへのポインタ
108     *********************************************/
109     SEISEKI *setData(char *p_buf)
110     {
111         //変数の宣言
112         SEISEKI *p_data;          //成績データへのポインタ
113         char *p_start = p_buf;    //入力バッファの先頭のアドレス
114         char *p;                  //文字列を指すポインタ
```

7-05 構造体を指すポインタを利用する

```c
115
116        //領域の確保
117        p_data = (SEISEKI *)malloc(sizeof(SEISEKI));//1人分
118
119        //学籍番号を取り出す
120        p = strchr(p_start , ',');          //','を探す
121        *p = '\0';                          //','を'\0'で置き換える
122        trim(p_data->id, p_start, ID_N);   //空白を排除して学籍番号を得る
123
124        //課題の得点を取り出す
125        for (int i = 0; i < KADAI_N; i++)
126        {
127            p_start = p + 1;                //','の次の文字からはじめる
128            p = strchr(p_start, ',');       //','を探す
129            if (p != NULL)                  //最後の得点の後は','がない
130            {
131                *p = '\0';                  //','を'\0'で置き換える
132            }
133            p_data->kadai[i] = atoi(p_start);    //整数に変換して代入
134        }
135
136        //評点と評価の算出
137        p_data->hyouten  = get_gokei(p_data->kadai, KADAI_N);   //評点を求める
138        p_data->p_hyouka = get_hyouka(p_data->hyouten);         //評価を求める
139
140        return p_data;     //1人分のデータを指すポインタを返す
141    }


186    /*********************************
187        １人分をコマンドプロンプト画面に表示
188        p_data：1人分のデータを指すポインタ
189    *********************************/
190    void disp_one(SEISEKI *p_data)
191    {
192        printf("%-10s", p_data->id);     //学籍番号を表示
193
194        //課題の得点を表示
195        for (int i = 0; i <  KADAI_N; i++)
196        {
197            printf("%5d ", p_data->kadai[i]);     //各課題の得点
198        }
199
200        //評点と評価を表示
201        printf(" %3d点     %s\n", p_data->hyouten, p_data->p_hyouka);
202    }


250    /***********************************************
251        全員の平均を求める
```

```c
252         p_data ： 全員分の成績データを指すポインタ配列
253         n ： 人数
254         戻り値：評価の平均点
255 ***********************************************/
256 double    get_heikin(SEISEKI *p_data[], int n)
257 {
258     int gokei = 0;      //合計を求める変数の初期化
259     //n人分の評点の合計を求める
260     for (int i = 0; i < n; i++)
261     {
262         gokei += p_data[i]->hyouten;      //順に加算
263     }
264
265     return (double)gokei / n;            //平均値を返す
266 }
267
268 /***********************************************
269     最高点は誰？
270     p_data ： 全員分の成績データへのポインタ配列
271     n ： 人数
272     戻り値：最高点だった学生の添字
273 ***********************************************/
274 int    get_max(SEISEKI *p_data[], int n)
275 {
276     int max_index = 0;        //最高点をとった学生の添字
277                               //初期値は0
278
279     for (int i = 1; i < n; i++)
280     {
281         if (p_data[max_index]->hyouten < p_data[i]->hyouten)
282         {
283             //最大値より大きい評点であれば添字を入れ替える
284             max_index = i;
285         }
286     }
287
288     return max_index;      //最高点の学生の添字を返す
289 }
290
291 /*******************************************
292     領域の開放
293     p ： 成績情報へのポインタ配列
294 *******************************************/
295 void free_area(SEISEKI *p[])
296 {
297     for (int i = 0; i < N; i++, p++)
298     {
299         if (p[i] != NULL)     //領域が確保されていることを確認
300         {
```

7-05 構造体を指すポインタを利用する

```
301            free(p[i]);
302        }
303    }
304 }
    /*
    以下の関数は応用例7-4と同じものを以下に記述してください。
    int  get_gokei(int *p_data, int n);
    char *get_hyouka(int hyouten);
    void disp_title(int kadai_n);
    void trim(char *pd, char *ps, int n);
    */
```

プログラミングアシスタント　コンパイルエラーになった方へ

```
*********************************
    一人分のデータのセット
    p_buf : 1行分の入力文字列
    戻り値：1人分のデータへのポインタ
*********************************/
SEISEKI *setData(char *p_buf)
{
    //領域の確保
    SEISEKI *p_data = (SEISEKI *)malloc(sizeof(  SEISEKI  ));

    //入力文字列を分けて格納する
    char *p_start = p_buf;          //p_startが入力バッファの先頭を指す

    //学籍番号を取り出す
    char *p = strchr(p_start , ',');          //','を探す
    *p = '¥0';
    trim(  p_data.id  , p_start, ID_N);
              p_data->id            p_dataは構造体を指すポインタであって
    //課題の得点を取り出す            構造体変数名ではありませんので、間接演
    for (int i = 0; i < KADAI_N; i++)  算子は->を使います
    {
        p_start = p + 1;
        p = strchr(p_start, ',');
        if (p != NULL)
        {
            *p = '¥0';
        }
        p_data.kadai[i] = atoi(p_start);
                p_data->kadai[i]
    }

    //評点と評価の算出
    p_data.hyouten = get_gokei(  p_data.kadai  , KADAI_N);     //評点を求める
        p_data -> hyouten                 p_data -> kadai
    p_data.p_hyouka = get_hyouka(  p_data.hyouten  );          //評価を求める
           p_data->p_hyouka                  p_data->p_hyouten

    return p_data;
}
```

7-05 構造体を指すポインタを利用する

プログラミングアシスタント　正しい実行結果が得られなかった方へ

▼ 実行結果

```
ファイル名：seiseki.csv
学籍番号 課題1 課題2 課題3 課題4    評点     評価
A0615    16 36320048 808465729    50     4点    ワ磧
A2133     4 36320048 808465729    51    20点    ワ磧
A3172    12 36320048 808465729    52    20点    ワ磧
B0009    20 36320048 808465729    53    12点    ワ磧
B0014    20 36320048 808465729    54    18点    ワ磧
```

確保されていない領域を参照している

```
/*********************************************
    一人分のデータのセット
    p_buf ：1行分の入力文字列
    戻り値：1人分のデータへのポインタ
*********************************************/
SEISEKI *setData(char *p_buf)
{
    //領域の確保
    SEISEKI *p_data = (SEISEKI *)malloc(sizeof( p_data ));
                                               SEISEKI

    //入力文字列を分けて格納する
    char *p_start = p_buf;    //p_startが入力バッファの先頭を指す
```

sizeof( )の実引数にp_dataを記述するとコンパイルエラーにはなりませんが、正しい実行結果を得ることができません。sizeof( )は構造体の領域を確保しなければなりません。p_dataは構造体を指すポインタであって構造体ではありません。ポインタはアドレスが1つ入るだけの領域しかなく、確保できる領域は、ポインタ1個分だけとなります。そこに構造体変数相当の情報を代入したり参照したりしようとしても、領域が足りず、はみ出してしまっているのです
構造体と構造体を指すポインタをしっかり区別しましょう

sizeof(p_data)で確保された領域

この領域に構造体変数は入りません
アラジンの魔法のランプではないのです

応用例 7-5

　SEISEKI構造体に同じ構造体を指すポインタを追加し、リスト構造を構築して、データ数の制限のない成績処理を行います。いよいよプログラムは完成します。

　構造体SEISEKIの定義を以下のように変更します。

```
//一人分の成績情報の構造体を定義
typedef struct seiseki
{
    char    id[ID_N + 1];       //学籍番号
    int     kadai[KADAI_N];     //課題の得点
    int     hyouten;            //評点（課題の得点の合計）
    char    *p_hyouka;          //文字列へのポインタ
    struct seiseki *p_next;     //次のデータへのポインタ
}SEISEKI;
```

▼ 実行結果

```
ファイル名：seiseki.csv
学籍番号   課題1 課題2 課題3 課題4   評点      評価
A0615        16    40    10    28    94点      秀
A2133         4     0     0     0     4点      不可
A3172        12    40    10    21    83点      優
B0009        20    35    10    25    90点      秀

<<中略>>

F0119        18    40    10    25    93点      秀
F0123        12    40     0    25    77点      良

    平均点： 72.8点

最高点
B1107        20    40    10    30   100点      秀
```

　　　　　　　　　　　　　　　　　　　　　　　□はキーボードからの入力を表す

学 習

STEP 7　　**同じ構造体を指すポインタをメンバに含める**

　構造体のメンバには、ポインタを指定することができます。すでに、char型を指すポインタをp406で扱いました。同様に、構造体を指すポインタをメンバにすることもできます。

7

構造体でデータを扱おう

452

▼ 図34　構造体を指すポインタをメンバにする

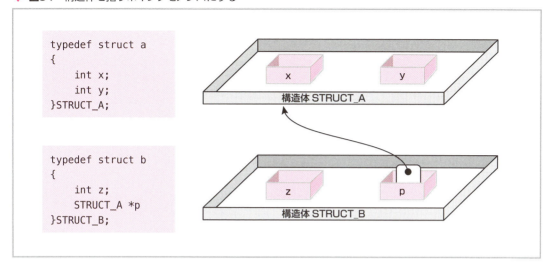

　同じ型の構造体を指すポインタをメンバにするときは、構造体タグ名を使います。typedefで定義する名前より先にメンバの記述をしなければならないからです。このような同じ型を指すポインタをメンバに含む構造体を**自己参照型構造体**といいます。

▼ 図35　自己参照型の構造体

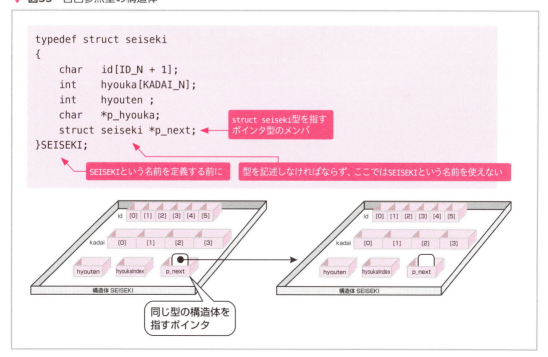

STEP 8　リスト構造を構築する

　構造体のメンバに同じ構造体を指すポインタを含めると、同じ型の構造体型を次々に指すデータ構造を構築することができます。このようなデータ構造を**リスト構造**といいます。一つひとつ独立した変数をポインタでつないでいきますので、メモリがある限り、データを増やすことができ、配列のようにあらかじめ要素数を決めておかなければならないという制限に悩まされる必要がなくなります。

▼ 図36　リスト構造

STEP 9　リスト構造のポインタをたどる

　リスト構造では、次のデータを指すポインタがNULLのとき、終端となります。先頭から次々にポインタをたどり、ポインタがNULLになるまで処理を繰り返します。

▼ 例

```
for(SEISEKI *p = p_head ; p != NULL; p = p ->p_next)
{
    disp(p);     //一人ひとりの成績の表示
}
```

▼ 図37　リスト構造をたどる

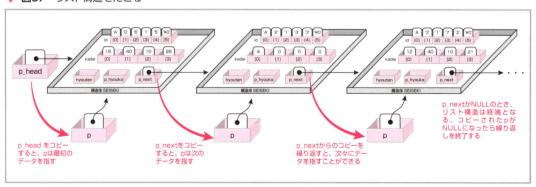

STEP 10　リスト構造を構築する

リスト構造の構築は、以下の手順で行います。

① mallocで領域を確保する。
② 確保した領域のp_nextはNULLとする。
③ データを記録する。
④ 最初のデータは、p_headにポインタをつなぐ。
⑤ 2回目以降は、前のデータのp_nextにポインタをつなぐ。

▼ 図38　リストの構築手順

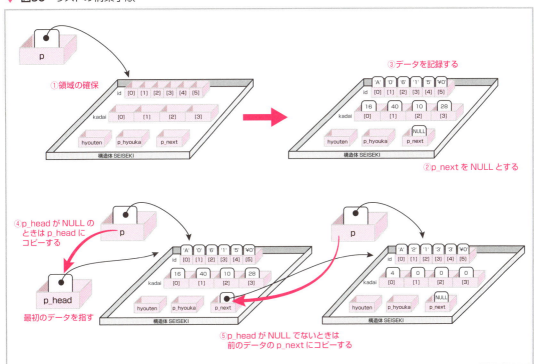

STEP 11　リスト構造を解放する

　　　　　リストは前から順につながっていますから、前の領域を解放してしまうと、次の領域のアドレスがわからなくなってしまいます。先に、次の領域を指すポインタをコピーしておかなければなりません。

① p_headの内容をポインタpにコピーしておく。pは最初のデータを指す。次に、p->p_nextの内容をポインタp_nextにコピーしておく。p_nextは次のデータを指す。
② pの指す先を解放する。
③ ポインタp_nextの内容をポインタpにコピーし、p->p_nextの内容をポインタp_nextにコピーする。それによりpは2番目のデータを、p_nextは3番目のデータを指す。
④ ②と③を繰り返し、pがNULLとなったらすべての領域が解放される。
⑤ p_headをNULLにする。

▼ **図39** リスト構造の解放

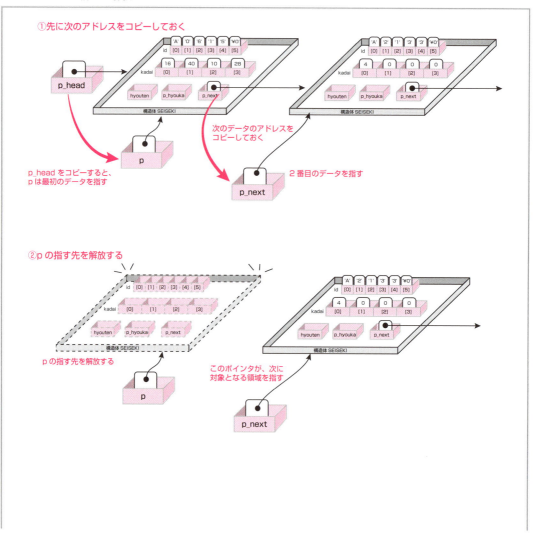

7-05 構造体を指すポインタを利用する

③ポインタpとp_nextとを更新する

p_nextをpに代入すると、pは2番目のデータを指す

④p_nextが指す先のデータを解放する

その後、ポインタp_nextに自身が指す先のメンバp_nextをコピーすると、

p_nextは3番目のデータを指す

④繰り返す（②により解放）

　このプロセスは、再帰関数で実現することができます。解放対象の領域を指すポインタを引数として、1つの領域を解放する関数を作成します。1つ削除した後、p_nextを引数として自分自身を呼び出します。受け取ったアドレスがNULLであれば、再帰を脱出します。

▶再帰呼び出しについては、第5章の発展（p303）を参照してください。

▼ 図40　領域を解放する再帰の流れ図

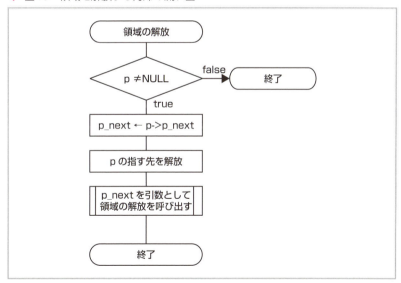

元のファイル…sample7_5k.c
完成ファイル…sample7_5o.c

●プログラム例

いよいよ最後のプログラムです。プログラムを完成させましょう。

```c
1   /*******************************************
2       完成プログラム
3   ********************************************/
4   #include <stdio.h>
5   #include <string.h>
6   #include <stdlib.h>
7   #define    ID_N        5       //学籍番号の文字数を定数として定義
8   #define    KADAI_N     4       //課題の数を定数として定義
9
10  //一人分の成績情報をまとめた構造体を定義
11  typedef struct seiseki
12  {
13      char    id[ID_N + 1];      //学籍番号
14      int     kadai[KADAI_N];    //課題の得点
15      int     hyouten;           //評点（課題の得点の合計）
16      char    *p_hyouka;         //評価文字列へのポインタ
17      struct seiseki *p_next;    //次のデータを指すポインタ
18  }SEISEKI;
19
20  //評点から評価を求めるときの指標を構造体で定義
21  typedef struct hyouka_set
22  {
23      int    limit;              //この点数以上であれば
24      char   *p_hyouka;          //この評価
25  }HYOUKA_SET;
26
27  //グローバル変数の宣言と初期化
28  HYOUKA_SET     hyoukaList[] = {
29      { 90 , "秀" } ,{ 80 , "優" } ,{ 70 , "良" } ,{ 60 , "可" } ,{ 0 , "不可" }
30  };
31
32  //関数のプロトタイプ宣言
33  void    disp_title(int kadai_n);           //タイトルを表示する関数
34  void    disp_one(SEISEKI *p_data);         //1人分を表示する関数
35  int     get_gokei(int *p_data, int n);     //評点を求める関数
36  char    *get_hyouka(int hyouten);          //評価を求める関数
37  SEISEKI *setData(char *p_buf);             //入力文字列を解析する関数
38  void    trim(char *pd, char *ps, int n);   //空白を削除する関数
39  double  get_heikin(SEISEKI *p_head);       //全員の評点の平均を求める関数
40  SEISEKI *get_max(SEISEKI *p_head);         //評点が最高点の学生を求める関数
41  void    free_area(SEISEKI *p);             //成績情報の領域を解放する関数
42  SEISEKI *read_file(char *p_fileName);      //リストを構築する関数
43
44  int main(void)
```

7-05 構造体を指すポインタを利用する

```
45  {
46      //変数の宣言
47      SEISEKI *p_head;          //先頭のデータを指すポインタ
48      char    fileName[256];  //ファイル名を記録する変数
49
50      //ファイルから読み込む
51      printf("ファイル名：");                      //入力ガイドの表示
52      fgets(fileName, sizeof(fileName), stdin);  //ファイル名を入力
53      fileName[strlen(fileName) - 1] = '\0';      //'\n'を削除
54
55      //ファイルからデータを読み込んでリストを構築する
56      p_head = read_file(fileName);
57
58      //読み込みの確認
59      if (p_head == NULL)
60      {
61          //ファイルがないとき
62          printf("ファイルがありません\n");
63          return 0;
64      }
65
66      //コマンドプロンプト画面に表示
67      disp_title(KADAI_N);            //タイトルの表示
68
69      //リストをたどってデータを表示する
70      for (SEISEKI *p = p_head; p != NULL; p = p->p_next)
71      {
72          disp_one(p);      //一人分の表示
73      }
74
75      //全員の平均点と最高点を求めてコマンドプロンプト画面を表示
76      printf("\n  平均点：%5.1f点\n", get_heikin(p_head));
77      printf("\n最高点\n");
78      disp_one(get_max(p_head));
79
80      //領域の解放
81      free_area(p_head);
82
83      return 0;
84  }
85
86  /*********************************
87      ファイルから読み込んでデータをセットする
88      p_fileName : ファイル名を指すポインタ
89      戻り値：先頭のデータへのポインタ
90  *********************************/
91  SEISEKI *read_file(char *p_fileName)
92  {
93
```

459

```c
 94     char    buf[256];           //ファイルからの読み込みバッファ
 95
 96     //ファイルを開く
 97     FILE *fp = fopen(p_fileName, "r");
 98     if (fp == NULL)
 99     {
100     //ファイルがないとき
101         return NULL;
102     }
103
104     //ファイルからの入力
105     fgets(buf, sizeof(buf), fp);      //1行目は読み飛ばす
106
107     SEISEKI *p_head = NULL;    //先頭のデータを指すポインタ
108     SEISEKI *p_pre  = NULL;    //1つ前のデータを指すポインタ
109
110     //ファイルからデータを読んで構造体に構築する
111     while (fgets(buf, sizeof(buf), fp) != NULL)
112     {
113         SEISEKI *p = setData(buf);      //1行分のデータを構造体に構築
114
115         //ポインタをつなぐ
116         if (p_head == NULL)
117         {
118             //p_headがNULLのときは1行目
119             p_head = p;
120             p_pre  = p;
121         }
122         else
123         {
124             //p_headにすでにアドレスが記憶されているときは2行目以降
125             p_pre->p_next = p;
126             p_pre = p;
127         }
128     }
129     fclose(fp);     //ファイルを閉じる
130
131     //先頭のアドレスを返す
132     return p_head;
133 }
134
135 /*********************************************
136     一人分のデータのセット
137     p_buf：1行分の入力文字列
138     戻り値：1人分のデータへのポインタ
139 *********************************************/
140 SEISEKI *setData(char *p_buf)
141 {
142
```

7-05 構造体を指すポインタを利用する

```
143        SEISEKI *p_data;            //成績データへのポインタ
144        char *p_start = p_buf;      //入力バッファの先頭のアドレス
145        char *p;                    //文字列を指すポインタ
146
147        //領域の確保
148        p_data = (SEISEKI *)malloc(sizeof(SEISEKI));    //1人分の領域確保
149
150        //学籍番号を取り出す
151        p = strchr(p_start, ',');           //','を探す
152        *p = '\0';                          //','を'\0'で置き換える
153        trim(p_data->id, p_start, ID_N);    //空白を排除して学籍番号を得る
154
155        //課題の得点を数値で取り出す
156        for (int i = 0; i < KADAI_N; i++)
157        {
158            p_start = p + 1;                //','の次の文字からはじめる
159            p = strchr(p_start, ',');       //','を探す
160            if (p != NULL)                  //最後の得点の後は','がない
161            {
162                *p = '\0';                  //','を'\0'で置き換える
163            }
164            p_data->kadai[i] = atoi(p_start);    //整数に変換して代入
165        }
166
167        //評点と評価の算出
168        p_data->hyouten  = get_gokei(p_data->kadai, KADAI_N);    //評点を求める
169        p_data->p_hyouka = get_hyouka(p_data->hyouten);         //評価を求める
170
171        //次のデータはまだない
172        p_data->p_next = NULL;
173
174        return p_data;    //1人分のデータを指すポインタを返す
175    }
176
177
178    /**********************************************
179        空白を除いて文字列をコピーする
180        pd:コピー先の文字列を指すポインタ
181        ps:コピー元の文字列を指すポインタ
182        n:コピー先の領域に記憶可能な最大文字数
183    **********************************************/
184    void trim(char *pd, char *ps, int n)
185    {
186        char *p_start;     //文字列の始まり
187        char *p_end;       //文字列の終わり
188        int  len;          //文字数
189
190        //前から空白でないところを探す
191        for (p_start = ps; *p_start != '\0' && *p_start == ' '; p_start++);
```

461

```
192
193        //文字数を調べる
194        len = strlen(ps);
195
196        //空白でない最後を探す
197        for (p_end = ps + len - 1; *p_end == ' '; p_end--);
198        *(p_end + 1) = '¥0';
199
200        //コピーする
201        strncpy(pd, p_start, n);
202        *(pd + n) = '¥0';
203    }
204
205    /***************************************
206        タイトル表示
207        kadai_n : 課題の数
208    ***************************************/
209    void disp_title(int kadai_n)
210    {
211
212        printf("学籍番号  ");
213        for (int i = 0; i < kadai_n; i++)
214        {
215            printf("課題%d ", i + 1);
216        }
217
218        printf("  評点    評価¥n");
219
220    }
221
222    /***************************************
223        1人分をコマンドプロンプト画面に表示
224        p_data：1人分のデータを指すポインタ
225    ***************************************/
226    void disp_one(SEISEKI *p_data)
227    {
228        printf("%-10s", p_data->id);     //学籍番号を表示
229
230        //課題の得点を表示
231        for (int i = 0; i < KADAI_N; i++)
232        {
233            printf("%5d ", p_data->kadai[i]);     //各課題の得点
234        }
235
236        //評点と評価を表示
237        printf(" %3d点    %s¥n", p_data->hyouten, p_data->p_hyouka);
238    }
239
240    /***************************************
```

```
241        配列要素の合計を算出
242        p_kadai : 配列
243        n : 配列要素数
244        戻り値 : 配列要素の合計点
245    **************************************/
246    int    get_gokei(int kadai[], int n)
247    {
248        //変数の宣言
249        int    gokei;    //合計を求める変数
250
251        gokei = 0;    //合計の初期化
252        for (int i = 0; i < n; i++)
253        {
254            gokei += kadai[i];    //合計に各データを順に加算
255        }
256
257        return gokei;    //求めた合計を返す
258    }
259
260    /*******************************************
261        評価の算出
262        hyouten :  評点
263        戻り値 : 評価文字列へのポインタ
264    *******************************************/
265    char *get_hyouka(int hyouten)
266    {
267        //変数の宣言
268        char    *p_kekka;    //評価の文字列を指すポインタ
269        int n = sizeof(hyoukaList) / sizeof(HYOUKA_SET);    //評価基準の配列要素数
270
271        //評価を求める
272        p_kekka = hyoukaList[n - 1].p_hyouka;            //ポインタの初期化
273        for (int i = 0; i < n - 1; i++)
274        {
275            if (hyouten >= hyoukaList[i].limit)    //評点が基準値以上だったら
276            {
277                //評価基準を上回ったところが評価
278                p_kekka = hyoukaList[i].p_hyouka;    //該当する文字列へのポインタ
279                break;                            //繰り返しを終了
280            }
281        }
282        return p_kekka;
283    }
284
285    /*******************************************
286        全員の評点の平均を求める
287        p_head : 先頭のデータを指すポインタ
288        戻り値：評点の平均点
289    *******************************************/
```

```c
290  double    get_heikin(SEISEKI *p_head)
291  {
292      int gokei = 0;     //合計を求める変数の初期化
293      int n = 0;         //人数をカウントする
294
295      //リストをたどって評点の合計を求める
296      for (SEISEKI *p = p_head; p != NULL; p = p->p_next, n++)
297      {
298          gokei += p->hyouten;            //順に加算
299      }
300
301      //平均を求めて返す
302      return (double)gokei / n;
303  }
304
305  /***********************************************
306      最高点は誰？
307      p_head : 先頭のデータを指すポインタ
308      戻り値：最高点だった学生のデータへのポインタ
309  ***********************************************/
310  SEISEKI *get_max(SEISEKI *p_head)
311  {
312      SEISEKI *p_max = p_head;       //最高点のデータを指すポインタ
313
314      //リストをたどって
315      for (SEISEKI *p = p_head->p_next; p != NULL; p = p->p_next)
316      {
317          if (p_max->hyouten < p->hyouten)
318          {
319              //より高い評点のときはデータを指すポインタを入れ替える
320              p_max = p;
321          }
322      }
323
324      //評点が最高のデータを指すポインタを返す
325      return p_max;
326  }
327
328  /*******************************
329      領域の解放(再帰)
330      p:成績情報へのポインタ
331  *******************************/
332  void free_area(SEISEKI *p)
333  {
334      if (p != NULL)
335      {
336          SEISEKI *p_next = p->p_next;   //次の領域のアドレスを確保
337          free(p);                       //該当領域を開放
338          free_area(p_next);             //次の領域のアドレスを実引数として渡す
```

```
339        }
340            //pがNULLのとき、再帰を脱出する
341    }
```

いかがでしたでしょうか？このプログラムを目指して1冊まるごと少しずつ技を足しながら学習してきて、こんなに本格的なプログラムになりました。C言語の文法を学ぶだけでなく、重要なアルゴリズムも織り交ぜてきました。そして、それだけではなく、本格的なプログラムを開発するにあたり、少しずつ積み上げていくという開発手法も手に入れられたことと思います。例外処理など、まだまだ実践には遠い部分も残っていますので、この経験を糧に、さらに学習を継続されることを望みます。お疲れ様でした。

まとめ

- 異なったデータをまとめて一つの変数のように扱う方法が構造体です。

- 同じ型の構造体をならべて構造体配列にすることもできます。

- 構造体を指すポインタを利用することができます。

- 構造体の定義

```
typedef    struct    構造体タグ {
    型    メンバ名;
    型    メンバ名;
         :
         :
} 型名
```

- 構造体の演算子

演算子	説明
.	構造体のメンバを指定します
->	ポインタが指す構造体のメンバを指定します

- 構造体型を関数の引数にしたり、戻り値にしたりすることができます。

- 構造体を指すポインタを関数の引数にしたり、戻り値にしたりすることができます。

- malloc()で確保した領域は関数が終了しても、消滅しませんので、不要になったら、開放することが必要です。

● 自己参照構造

　構造体が、自分と同じ型の構造体を指すポインタを含み、そのポインタが次のデータを指すようなデータ構造をリスト構造といいます。

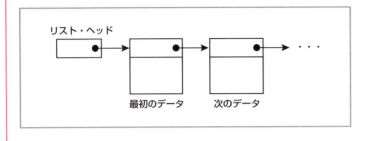

付 録

Visual Studio の
インストール

Visual Studio は、マイクロソフトが提供する統合開発環境です。C 言語だけでなく、Java や C# などの開発を行うこともできます。

STEP 1　ダウンロード

　本来、Visual Studioは、有償のツールですが、個人利用または小規模な企業に限り、無償で利用できるVisual Studio Communityが用意されています。以下のURLからダウンロードできます。

https://visualstudio.microsoft.com/ja/vs/

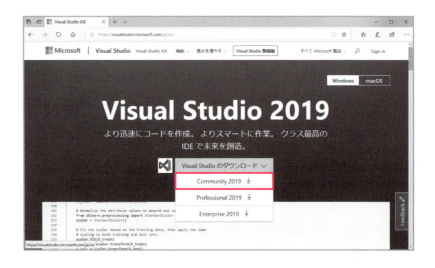

STEP 2　インストール

　ダウンロードしたvs_community__xxxxx.exeを実行します。「はい」をクリックして、許可してください。

▶管理者権限のあるユーザであることが必要です。

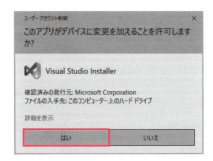

付録　Visual Studioのインストール

「続行」します。

必要なコンポーネントを選択して「インストール」を開始します。ここでは、C言語の開発に必要な「C++によるデスクトップ開発」を選択して、しばらく待ちます。

▶複数のコンポーネントを選択可能です。

▶実行中の他のソフトウエアを閉じるなど、再起動しても差し支えない状況で行ってください。

ダウンロードが完了したら、Visual Studioが起動します。

469

STEP 3　利用法

　画面左下の検索窓に「Visual Studio2019」と入力し、Visual Studio 2019をクリックすると、Visual Studioが起動します。初めて起動するときは、マイクロソフトアカウントのサインインが必要です。

▶マイクロソフトアカウントは無料で取得できます。

「新しいプロジェクトの作成」をクリックします。

▶Visual Studio では、複数のソースプログラムを組み合わせた大きなソフトウエアの開発を想定しており、プロジェクトというまとまりで開発を行います。

付録　Visual Studioのインストール

　本書では、画面を伴わないプログラムの習得を目指しますので、「コンソールアプリ」を選択し、「次へ」をクリックします。

　プロジェクト名と作成場所を指定します。差し支えなければこのまま「作成」をクリックします。

「ソースファイル」を右クリックし、「追加」-「新しい項目」をクリックします。

ソースファイル名を指定して「追加」します。ソースファイル名は、拡張子まで指定してください。

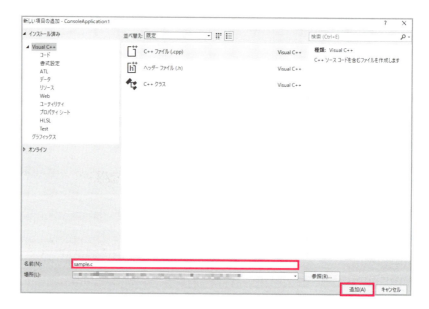

ソースプログラムを入力したのち、メニューの「ビルド」－「ソリューションのビルド」でコンパイルします。

画面下部の出力領域にビルドの結果が表示されます。「1 正常終了」と表示されれば、ビルド成功です。

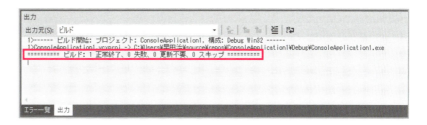

メニューの「デバッグ」－「デバッグなしで開始」をクリックすると、コマンドプロンプトが起動し、プログラムが実行されます。

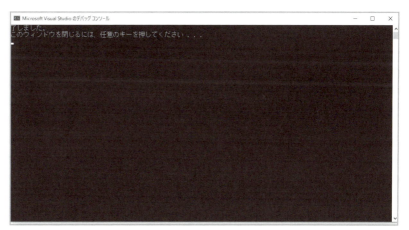

別のソースプログラムを試したいときは、ビルドの前に、現在のプログラムをプロジェクトから除外する必要があります。1つのプロジェクトには、1つのmain()しか許されないからです。

除外するソースファイルを右クリックして「プロパティ」をクリックします。

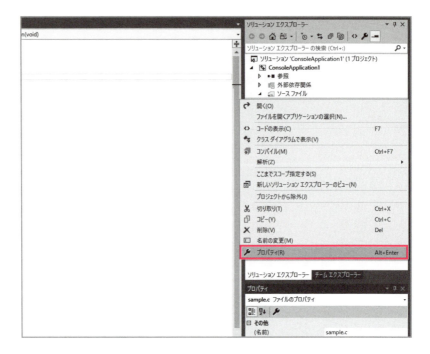

「ビルドから除外」を「はい」にして「OK」します。新たなソースファイルをビルドしたり実行したりできます。

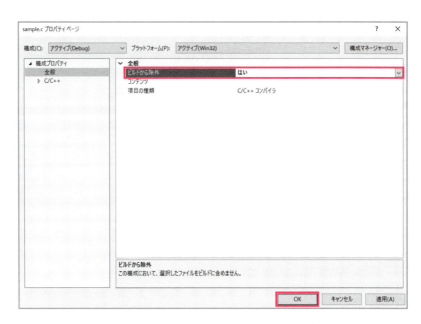

主なライブラリ関数一覧

▼ 入出力に関する関数　ヘッダファイル：stdio.h

機能	型	形式	ページ
書式付き標準出力	int	printf("書式"，変数の並び);	p86
書式付き標準入力	int	scanf("書式"，変数へのポインタの並び);	p113
ファイルオープン	FILE *	fopen("ファイル名"，"モードを表す文字列");	p283
ファイルクローズ	int	fclose(ファイル識別子);	p288
ファイル入力	int	fscanf(ファイル識別子，"書式"，変数へのポインタの並び);	p286
ファイル入力	char *	fgets(読み込み先配列名，最大文字数，ファイル識別子)	p285
書式付きファイル入力	char *	fprintf(ファイル識別子，"書式"，変数の並び);	

▼ 文字列に関するライブラリ関数　ヘッダファイル：string.h

機能	型	形式	ページ
文字列の長さ	int	strlen(文字列)	p297
文字列のコピー	char *	strcpy(コピー先のアドレス，コピー元文字列のアドレス);	p360
文字数制限付き文字列のコピー	char *	strncpy(コピー先のアドレス，コピー元文字列のアドレス，最大文字数);	p360
文字列の比較	int	strcmp(文字列1，文字列2);	p298
文字数制限付き文字列の比較	int	strncmp(文字列1，文字列2，最大文字数);	
文字列中の文字検索	char *	strchr(文字列，検索文字);	p387

▼ 数値文字ユーティリティ　ヘッダファイル：stdlib.h

機能	型	形式	ページ
文字列整数変換	int	atoi(文字列へのポインタ)	p361
文字列浮動小数点数変換	double	atof(文字列へのポインタ)	p361

索引

INDEX

記号・数字

'	80
"	63
#define	88
%c	86
%d	86
%f	86
%lf	114
&	113, 318
*	97, 317, 354
.c	49
/*	64
//	64
;	63
¥n	63
2進数	72
2の補数	74
16進数	73
32ビット	78
64ビット	78

A-C

ANSI	45
ASCII文字コード	75
atof	361
atoi	361
bcc32c	41
bit	72
break	202
byte	73
C:	23
C++ Compiler	30
C11	45
C99	45
Call by Reference	245
Call by Value	243
case	201

D-F

cd	24
char	78
cmd	22
continue	208
dir	26
do while	173
double	78
else	186
else if	196
FALSE	165
fclose	288
fgets	285
FILE	283
float	79
fopen	283
for	174
free	388
fscanf	286

I-P

i++	104
IEEE754形式	75
if	186
int	78
ISO	45
JIS X3010	45
long	81
LSB	77
main()	220
malloc	388
mkdir	24
MSB	77
NULL	284, 320
OS	20
Path	38

476

pop	271
printf	63
push	271

R-S

return 0;	53
scanf	113
short	81
sizeof	111
static	235
stdin	295
stdio.h	53
stdout	295
strchr	387
strcmp	298
strcpy	360
strlen	297
strncpy	360
strrchr	387
strstr	387
struct	403
switch	201

T-W

TeraPad	42
The C Programming Language	45
TRUE	165
type	62
typedef	404
UNIX	20
unsigned int	79
Visual Studio	22, 467
void	53
while	167

あ行

アセンブラ	15
アセンブリ言語	15
値渡し	243
アドレス	77, 310
アドレス演算子	318
アプリケーションソフトウェア	20

アルゴリズム	17
アロー演算子	439
暗黙の型変換	100
移植性	15
入れ子	27, 206
インターフェイス	293
エスケープシーケンス	80
エラーメッセージ	41
オペランド	100

か行

改行	63
階層	27
外部設計	19
拡張子	51
拡張子表示	33
拡張表記	80
型	72
仮引数	221, 241
カレントフォルダ	23
関係演算子	166
関数	21, 220
関数定義	221
関数の再利用	238
関数呼び出し	221
間接演算子	319
記憶域指定子	236
機械語	15
基本型	81
基本交換法	254
基本選択法	273
基本ソフトウェア	20
キャスト演算子	100
繰り返し構造	159
繰り返し条件	171
グローバル変数	234
継続条件	161
結合テスト	293
減分演算子	104
高級言語	15
構造化プログラミング	20
構造体	398

477

構造体型の配列	399
構造体型の変数	402
構造体メンバ	407
後置演算子	105
コーディング	19
コマンド	22
コマンドプロンプト	22
コマンドライン引数	368
コメント文	64
コンパイラ	14
コンパイル	19
コンパイルエラー	58
コンピュータ	10
コンピュータの仕事	11

さ行

最下位ビット	77
再帰	303
最上位ビット	74, 77
最大フィールド幅	119
先入れ後出し	271
算術演算子	99
参照渡し	357
自己参照型	453
字下げ	67
システム環境変数	37
システムの詳細設定	36
実行可能ファイル	47
実行可能プログラム	15
実行時エラー	320
実行文	83
実引数	242
自動翻訳	14
シフト演算子	110
修飾子	119
終了条件	159
出力	11
順次構造	160
小数点以下の桁数	94
初期化	93
書式指定	86
処理	11

真偽	165
シンボルテーブル	49
真理値表	110
スタック	270
スタブ	293
精度	79
絶対パス	28
宣言文	83
選択構造	162
前置演算子	105
相対パス	29
増分演算子	104
添字	125
ソースファイル	16
ソースプログラム	15
ソーティング	256
ソフトウェア	13

た・な行

ターミナル	22
代入	85
代入演算子	85
多次元配列	327
多分岐	163
単項	100
単精度浮動小数点数	79
単体検査	292
定数	88
定数名	82
ディレクトリ	27
データ型	72
テキストエディタ	42
デバッグ	19, 182
トップダウン	18
ドライバー	293
トレース	182
内部設計	19
内部表現	73
流れ図	160
二次元配列	147
二分探索法	303
入力	11

は行

ハードウェア	13
倍精度浮動小数点数	79
バイト	73
配列	124
配列名	125
配列要素	125
バグ	19
パス	28
パスの設定	34
ハッシュ関数	122
ハッシュ値	122
番地	77, 310
反復	160
引数	240
ビット	72
ビット演算子	110
ビット数	72
標準入出力	53
ビルド	19
ファイル操作	283, 419
ファイルの解凍	31
ファイルの関連付け	52
ファイルの種類	52
ファイル有効範囲	234
フィールド幅	94
フォルダ	23
複合代入演算子	105
複文	63
符号ビット	74
浮動小数点型	78
浮動小数点数	75
負の値	74
フラグ	98
プリプロセッサ	88
プログラミング	14
プログラミング言語	14
プログラム	14
ブロック	63
ブロック有効範囲	233
プロトタイプ宣言	224
プロンプト	23

分岐条件	163
ヘッダファイル	281
変換指定子	86
変数	81
変数名	81
ポインタ	310
ポインタ型の配列	345
ポインタ型の変数	316
補数演算	111
ボトムアップ	18

ま・や・ら行

マイコン	10
無限ループ	299
命名規則	84
命令	13
メモリ	77
メモリリーク	388
文字コード	75
モジュール化	21
戻り値	260
ユーザ環境変数	37
ライブラリ関数	280
リスト構造	437
リテラル値	79
リンク	19
ルート	27
ローカル変数	232
ロード	312
論理演算子	166
論理値	165

■著者略歴
髙田 美樹（たかた みき）
慶應義塾大学工学部卒。大手電機メーカーにて組込みソフトウエア開発に従事。退職後は在宅でのソフトウエア開発の傍ら、プログラミング教育に注力。「楽しいこそものの上手なれ」をモットーに、いかに面白いと感じてもらえる授業をするかを日々研究中。法政大学・東洋大学・東京女子大学にて講師を勤めている。

主な著書は以下のとおり。
らくらく突破C言語、アセンブリ言語スタートブック、Javaスタートブック、C言語スタートブック問題集

　　カバーデザイン　◆　平塚 兼右・新井 良子（PiDEZA Inc.）
　　カバーイラスト　◆　新井 良子（PiDEZA Inc.）
　　本文レイアウト　◆　SeaGrape
　　　　　　担当　◆　早田 治

改訂第4版　C言語スタートブック

2000年10月8日　初　版　第1刷発行
2019年11月16日　第4版　第1刷発行

著　者　髙田 美樹
発行者　片岡 巖
発行所　株式会社技術評論社
　　　　東京都新宿区市谷左内町 21-13
　　　　電話　03-3513-6150　販売促進部
　　　　　　　03-3513-6160　書籍編集部
印刷／製本　図書印刷株式会社

定価はカバーに表示してあります

本書の一部または全部を著作権法の定める範囲を越え、無断で複写、複製、転載、テープ化、ファイルに落とすことを禁じます。

ⓒ 2019　髙田美樹

造本には細心の注意を払っておりますが、万一、乱丁（ページの乱れ）や落丁（ページの抜け）がございましたら、小社販売促進部までお送りください。送料小社負担にてお取り替えいたします。

ISBN978-4-297-10600-3　C3055

Printed in Japan

■ご質問について
本書に関するお問い合わせは、以下の宛先までファックスや書面、または弊社Webサイトのお問い合わせフォームにてお願いいたします。電話によるご質問、および本書に記載されている内容以外のご質問には、一切お答えできません。あらかじめご承知置きください。

宛先：〒162-0846
東京都新宿区市谷左内町 21-13
株式会社技術評論社　書籍編集部
『改訂第4版　C言語スタートブック』質問係
FAX：03-3513-6167
Web：https://book.gihyo.jp/116

※なお、ご質問の際に記載いただきました個人情報は、ご質問への回答以外の目的には使用いたしません。参照後は速やかに削除させていただきます。